高等学校"十三五"重点规划
机械设计制造及其自动化系列

JIXIE DIANZIXUE

机械电子学

第3版

郭 健 张立勋 王 岚 ◆ 编 著

U0285198

哈尔滨工程大学出版社
Harbin Engineering University Press

内 容 简 介

本书针对机电系统中"电"与"机"之间的接口问题,以模拟式机电伺服控制系统中常用电路的设计为主线,具体阐述了常用放大器和滤波器电路,电平转换及信号隔离电路,直流、步进及交流电动机的控制及驱动电路,常用集成稳压电源电路的工作原理。同时,通过对应用实例的分析介绍了以上电路的设计方法。

本书可作为高等学校机械设计制造及其自动化专业的教材,也可供有关工程技术人员阅读参考。

图书在版编目(CIP)数据

机械电子学 / 郭健,张立勋,王岚编著. — 3 版
. — 哈尔滨:哈尔滨工程大学出版社,2019.7(2022.8 重印)
ISBN 978 – 7 – 5661 – 2361 – 9

Ⅰ. ①机… Ⅱ. ①郭… ②张… ③王… Ⅲ. ①机电一体化 Ⅳ. ①TH – 39

中国版本图书馆 CIP 数据核字(2019)第 152811 号

出版发行	哈尔滨工程大学出版社
社　　址	哈尔滨市南岗区南通大街 145 号
邮政编码	150001
发行电话	0451 – 82519328
传　　真	0451 – 82519699
经　　销	新华书店
印　　刷	哈尔滨午阳印刷有限公司
开　　本	787 mm × 1 092 mm　1/16
印　　张	15.25
字　　数	375 千字
版　　次	2019 年 7 月第 3 版
印　　次	2022 年 8 月第 2 次印刷
定　　价	39.80 元

http://www.hrbeupress.com
E-mail:heupress@hrbeu.edu.cn

前　言

随着大规模、超大规模集成芯片技术的发展,电子技术和微型计算机技术的应用日益广泛。这些技术逐渐渗透到机械工程技术领域中,使机械产品向着机电一体化的方向发展。把机械技术与电子技术有机结合,设计新型的机电产品成为机械工程技术的主要发展方向。机械电子学是机械技术与电子技术有机结合的产物。机电一体化技术在我国越来越受到广大科技工作者的重视,而"机械电子学"是机电一体化技术的重要基础。为适应我国机电一体化这一学科的发展,我们编写了本书。

《机械电子学》(第3版),主要作为机械设计制造及其自动化专业的教材,也可以作为有关工程技术人员的参考资料。本书在前两版的基础上做了适当修订,但仍保留原教材的基本结构和大部分内容,以模拟式机电伺服系统中常用接口电路的设计问题为主线,具体阐述了常用传感器信号放大和滤波电路、强弱场之间和不同类型信号之间的电平转换及隔离电路、电机伺服控制电路和驱动电路,以及机电接口电路中所需要的稳压电源和抗干扰电路的工作原理及设计方法。在此基础上,每章都增加了至少一个应用实例,有助于加深读者对基本内容的理解,促进对电路工作原理的掌握。

本书第3版由具有丰富教学经验的教师编写。全书共分9章,第1章至第5章由郭健副教授负责编写;第6章、第9章由张立勋教授负责编写。第7章、第8章由王岚教授负责编写和修改。郭健负责全书的统稿和定稿工作。

由于编者水平有限,本书编写时虽力争严谨,但疏漏欠妥之处在所难免,恳请读者批评指正,以便进一步完善。

编　者
2019 年 2 月

符 号 表

U_i　输入直流电压；

U_o　输出直流电压；

U_{imax}　最大输入电压；

U_{omax}　最大输出电压；

U_{omin}　最小输出电压；

U_{ref}　参考电压；

I_{omax}　最大输出电流；

I_{omin}　最小输出电流；

I_b　输入偏置电流；

I_{Adj}　调整电流；

I_d　静态工作电流；

I_{sc}　短路电流；

I_o　输出电流；

S_I　电流调整率；

S_V　电压调整率；

S_T　电压温度系数；

S_{nip}　纹波抑制比；

A_{uf}　放大器的闭环增益或放大倍数；

A_{uo}　放大器的开环电压增益；

A_{uc}　放大器的共模电压增益；

K_{CMR}　放大器的共模抑制比；

u_{iCMR}　共模输入电压；

u_{oCMR}　共模输出电压；

u_{id}　差模输入电压；

V_{cc}　模拟器件正电源电压；

V_{ee}　模拟器件负电源电压；

U_c　逻辑器件电源电压；

U_p　功率供电电源；

U_{pp}　纹波电压峰－峰值；

U_{opp}　输出信号纹波电压峰－峰值；

U_{ipp}　输入信号纹波电压峰－峰值；

U_{os}　输入失调电压；

I_{os}　输入失调电流；

u_i　输入信号电压；

u_+　同相端输入电压；

u_-　反相端输入电压；

U_{om}　输出饱和电压；

u_o　输出信号电压；

U_N　输出噪声电压；

R_o　输出电阻；

R_∞　开环输出电阻；

R_i　输入电阻；

R_{id}　差模输入电阻；

R_{th}　器件在规定散热条件下的热阻；

ω_c　截止角频率；

f_c　截止频率；

ω_n　固有角频率；

f_n　固有频率；

ω_0　中心角频率；

f_{CLK}　时钟频率；

P_{CM}　最大耗散功率；

P_C　静态功耗；

P_{PM}　最大瞬态耗散功率；

T　周期；

t_p　脉冲宽度；

T_{jM}　允许的最高结温；

T_A　工作的环境温度；

S_R　运算放大器的输出电压摆率；

β　晶体管的电流放大倍数；

u_a　直流电动机的电枢电压；

U_a　直流电动机电枢平均电压；

M　电动机输出转矩；

i_a　直流电动机的电枢电流；

L_a　直流电动机的电枢电感；

E　电动势；

p　电动机的极对数；

S　转差率；

u_N　额定电压；

u_c　控制电压。

目　　录

第1章 绪 论

1.1 机械电子学的基本概念

随着生产和技术的发展,在以机械技术、电子技术、计算机技术为主的多门学科相互渗透、相互结合的过程中,逐渐形成和发展起来了一门新兴边缘技术学科,称为机电一体化技术。

机电一体化技术产生与迅速发展的根本原因在于社会的发展和科学技术的进步。第三次技术革命开创的核能技术、空间技术和电子计算机技术,使整个社会的生产和生活观念发生了根本的变化。进入20世纪60年代以来,一大批逐步形成的高新技术群体,如微电子技术、信息技术、自动化技术、生物技术、新材料技术等,已经且继续向经济、军事和社会生活的各个领域渗透,以空前的规模向现实生产力迅速转化,引发了第四次技术革命。微电子技术和微型计算机技术又带动了整个高新技术群体的飞速发展。高新技术向传统产业渗透,引起了传统产业的深刻变革。作为传统产业之一的机械工业,在这场新技术革命的冲击下,产品结构和生产体系结构发生了质的跃变。微电子技术、微型计算机技术,使信息、智能与机械装置和动力设备有机结合,一方面极大地提高了机电产品性能和产品竞争性,另一方面又极大地提高了生产系统的生产效率和企业的经济竞争能力,促使机械工业开始了一场大规模的机电一体化技术革命。

机械技术与微电子技术、计算机技术等高新技术的有机结合是机电一体化技术的灵魂。这种结合不是简单的组合、拼凑,而是相互融合。在技术上体现为机械技术与微电子技术、计算机技术等高新技术的横向交叉、渗透和综合集成,从而产生了一种新的学术思想和技术手段,达到各自单独所不能达到的境界。在产品结构上体现为机械装置与电子设备、计算机硬件与软件合理配置,形成一个互相联系的有机整体,协调一致地实现其功能。这种结合的目的在于设计和开发性能优良、功能完善、效率高、柔性自动化的工程系统,为人类生产和生活领域的自动化服务。

在机电一体化系统中,要通过一定的接口将系统的驱动元件(各种电机和电液、电气驱动元件)与传感器、伺服控制器(控制计算机和模拟控制器)有机地结合在一起,构成机电伺服控制系统。这部分接口电路是连接"电"与"机"的桥梁,这项技术被称为机械电子学,它是机电一体化技术的相关技术之一。

1.2 典型机电控制系统组成

1.2.1 伺服驱动系统的一般组成

任何机电一体化产品都有伺服系统,接受来自信息处理部分的信息,完成所规定的动作,它相当于人的手足,是机电一体化系统的重要组成部分。伺服就是在控制指令的作用下,控制驱动元件,使机械的运动部件按照指令的要求进行运动,并满足一定的技术性能指标。伺服系统定义:伺服系统是以机械参数(位移、速度、加速度、力和力矩等)作为被控量的一种自动控制系统。这种系统的基本要求是输出量能迅速而精确地响应指令输入的变化,所以伺服系统也常称为随动系统或自动跟踪系统,如 CNC 机床工作台的控制系统、雷达跟踪控制系统、机械手的运动控制系统等。

一般形式的伺服系统如图 1-1 所示,其包括控制器部分、功率放大部分、执行元件部分、机械部件部分和检测装置部分,通过这些部分的协同作用,实现相应的闭环控制功能。

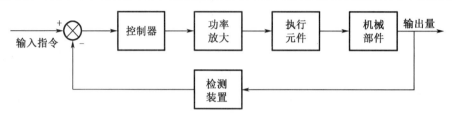

图 1-1　伺服系统的一般组成

1.2.2　伺服驱动系统分类

(1)按执行元件分类

执行元件位于电子装置与机械部件之间,它根据指令进行能量的转换,将输入的各种形式的能量转换为机械部件运动所需的机械能。常用的执行元件如图 1-2 所示。根据执行元件的不同,伺服系统可分为电气式、液压式和气动式,它们各有其特点和应用范围。

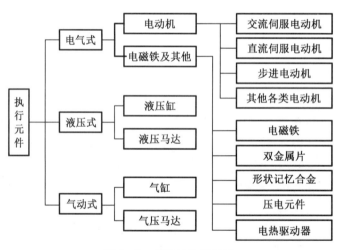

图 1-2　常用的执行元件

电动执行机构是过程控制系统的重要执行单元,接受模拟量或数字量,并将此信号转变成机械位移操纵调节阀、风门、挡板等,以此完成自动控制任务。它以电能作为动力,并把电能转变成角位移或直线位移,以实现对被控对象的速度、流量、压力等参数的控制。电气式伺服系统频响范围大,功率输出为中小范围,控制灵活,成本低。随着电机技术和电力电子技术的发展,电气式伺服系统可输出的功率也越来越大。本书研究的执行元件为电气式,主要是对交流伺服电机、直流伺服电机、步进电机等的驱动及控制。

液压执行机构是利用有压液体作为动力源的执行机构。可用水作为介质,目前大多用油。液压执行机构主要由液压缸、液压电动机或摆动油缸与有关液压元件组成。液压式伺服系统动态响应范围较宽(1 Hz～1 kHz),且可输出很大的功率,常用于大功率高频响应场合。

气动执行机构,又称气动执行器,是利用有压气体作为动力源的执行机构,其介质可以是廉价的空气,也可以用惰性气体。气动执行机构由气缸、气阀或气动电动机等部件组成,有活塞式、薄膜式和齿轮条式。活塞式行程长,适用于要求有较大推动力的场合;薄膜式行程气动执行机构较小,只能直接带动阀杆;齿轮条式气动执行机构具有结构简单、输出推力大、动作平稳可靠、安全等优点,在发电、化工等对安全要求较高的生产过程中有广泛的应用。气动式伺服系统适应很宽的功率范围,但其频响很低,通常用于频响要求不高并控制精度较低的场合。

(2)按控制原理分类

伺服系统根据控制原理分有无检测环节及其检测部件,可分为开环、半闭环和闭环三种基本的控制方式。

没有检测环节的伺服系统称为开环式伺服系统,对于电气式伺服系统,它所采用的执行元件一般是步进电机或电液脉冲马达。由于没有检测元件,系统运行的误差不能修正,其伺服精度主要取决于执行元件和传动部件的精度,故开环式伺服系统的精度较低,一般可达 ±(0.01～0.03)mm,且速度也受到限制。但开环伺服系统结构简单,成本低,调整和维修方便,在精度和速度要求不高的场合被广泛采用。

闭环控制系统基于反馈控制原理工作。它根据检测方式的不同又可以分为半闭环方式和全闭环方式两种。半闭环方式是从电机轴上进行检测(或者从传动链中间轴上),因此它能有效地控制电机的转速和电机的角位移,然后通过滚珠丝杠之类的传动机构,把它转换成工作台或其他移动部件的直线位移。半闭环的伺服精度一般不会很高,可达 ±(0.005～0.01)mm。全闭环方式是直接从机床的移动部件上进行位置检测,因此它的控制精度不受机械传动的影响。全闭环的伺服精度高,一般可达 ±(0.001～0.003)mm。全闭环的环路中不仅有电机,还包括机械传动机构。机械系统的动态参数非常复杂,它不仅与部件的刚性和惯量有关,而且还与静压阻尼、油的黏度、滑动面的摩擦特性等因素有关,尤其是这些参数在不同的条件下经常变化,给伺服系统的稳定性带来影响。

1.2.3　机电系统对伺服系统的要求

对伺服系统的要求可以用“稳、快、准”三个字加以概括,即要求有高的稳定性、快速性和准确性。

1. 高的稳定性

稳定性是一个系统正常工作的先决条件,同时又是系统动作保持一致性的重要条件。为了保证系统的运动精度,要求伺服系统在工作过程中尽量减少受负载变化和电压波动等各种因素的干扰所造成的影响。

2. 快速性

在机电一体化产品中起控制作用的微机运算速度大大高于机械部分的运行速度,故系统的实际响应速度就取决于机械部分的响应速度。提高伺服系统的响应速度可以提高运动精度及跟踪性能,进而提高整个系统的响应速度。

3. 准确性(高精度)

伺服系统必须具有良好的稳态和动态准确性,才能很好地完成预期的工作目标。伺服系统的精度指标有两个:定位精度和综合精度。定位精度是指机械部件由某点移动到另一点时,指令值与实际移动距离的最大差值,它主要是由伺服系统的稳态精度决定。综合精度受到许多因素的影响,既受到测量装置、机械部件的几何尺寸、装配间隙等硬件部分固有误差的影响,又受到控制算法、运算误差等软件质量的影响,更受到负载、电源变化及材料热变形等干扰发生对伺服系统调节性能的影响,因此综合精度是由伺服系统的稳态和动态精度共同决定。

除此之外伺服系统对参数变化的灵敏度要小,即系统性能不因参数变化受到太大的影响,结构要简单、成本要适当、调整与维修要方便。

1.2.4 伺服系统的三种基本组成形式

从某种意义上机电系统的关键点在于伺服系统,为区分机电一体化或非机电一体化机械系统,核心是看其是否具有计算机控制的伺服系统。随着计算机技术的发展,大量的伺服系统直接在控制环路上使用了计算机,用软件代替了大量的硬件,这使得计算机控制的伺服系统硬件线路简单,且具有精度高、稳定性好的优点,尤其是能够用计算机对伺服系统实现最优控制、自适应控制、模糊控制等现代控制手段,从而可使整个伺服系统的性能和效益提高到一个崭新的水平,所以伺服系统的设计应先考虑怎样才能适应计算机控制的需要,这是机电一体化系统设计的总的指导思想。

伺服控制技术的发展与计算机技术和微电子技术的发展密切相关,后者是促进伺服控制技术向高性能发展的技术基础。从伺服系统控制技术的发展来看,伺服系统出现过三种基本方式:模拟式、数字式和混合式,如图1-3所示。

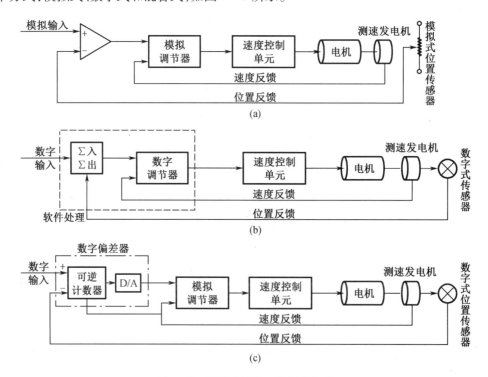

图1-3 伺服系统的三种组成方式

(a)模拟式;(b)数字式;(c)混合式

1.3 机电接口的作用

图 1-4 是典型的机电控制系统的原理图,它由人机接口、控制计算机系统、信号变换电路、局域控制回路、传感器、驱动元件和执行装置所组成。在图 1-4 中,局域控制回路、信号变换电路和这些电路的供电电源都是机械电子学的研究内容,即机电接口技术。机电接口是实现系统集成的关键技术之一,它对机电一体化系统中的"机"与"控制"部分起到连接和协调作用。

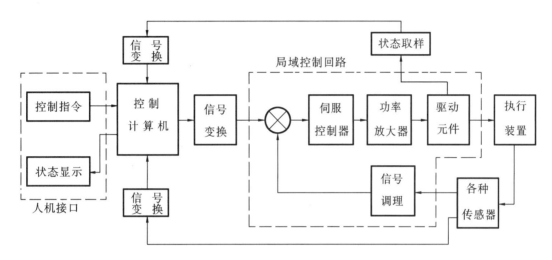

图 1-4 典型的机电控制系统

1. 信号处理接口

信号处理接口主要起到信号的放大、电平转换、信号状态检测、信号变换(U/I)等。它主要包括模拟信号放大器、电平转换器、电平检测、U/I 变换、精密整流等接口电路。

2. 信号隔离接口

信号隔离接口的主要作用是通过隔离接口电路实现计算机与外设或设备之间电气信号的隔离,以保护计算机系统,提高系统的抗干扰能力。它具体包括开关量的光电隔离、电磁隔离接口电路和模拟量之间的光电隔离、电磁隔离接口电路。

3. 调节器和滤波器

调节器的主要作用是改善系统的控制特性;滤波器的主要作用是对信号进行滤波处理,滤去干扰和噪声,保留有用信号。它包括 PID 调节器电路、典型校正网络电路和各种滤波器电路。

4. 功率驱动电路

在机电一体化系统中经常会用到功率驱动或控制元件,如继电器、阀门、电机、电磁铁等。这些器件不能与计算机的接口直接连接,需要有一些具有驱动能力的电路。功率驱动电路主要包括晶闸管电路、晶体管驱动电路、固态继电器、达林顿输出型光电耦合器,以及一些专用功率驱动模块。

5. 电动机驱动控制电路

直流电动机、步进电动机和交流伺服电动机等动力元件都需要配备专用的驱动控制电路才能工作。它主要包括步进电动机的环分器和驱动电路、直流电动机的 PWM 控制及驱动电路、交流伺服电动机的调速控制和驱动电路。

1.4　机械电子学的应用与发展

基于机械电子学设计和制造出的机电一体化系统,不管是以机械装置为主体的机械电子产品或是以电子装置为主体的电子机械产品,所要达到的目的就是简化机械结构、提高生产效率、提高精度、易于实现多功能、增加可靠性和稳定性,且产品开发周期短、竞争能力强。目前机械电子学的应用领域不仅仅局限于工业、石油化工、农林牧渔、通信、交通、服务、航空航天、国防军事等各行各业,更是扩大到人们生产和生活的方方面面,以智能化为代表的机电技术已经取得广泛应用,其典型应用主要归纳为以下几个方面。

1. 生产与制造

机械工业中的数控机床、工业机器人、加工中心等用计算机的指令来控制各种操作的自动化加工生产设备,是典型的带有智能的机械电子技术产品,它们综合应用了计算机、自动控制、精密测量等机械电子学的各项技术成果,已经解决了价格、可靠性和编程等问题,在生产企业中大量普及。另外还有自动化仓库、数控锻压机械、数控铸造机械、数控切割机、数控焊接设备、生产线机器人等。

在能源和化工工业的流量测量、化学成分在线分析、催化裂化过程控制、品质控制、过程在线监控及诊断系统、防爆与泄漏报警等诸多领域,机械电子技术与传统生产工艺紧密结合,不但提高了生产效率和生产质量,而且节省了资源,提高了出险的预警能力,极大地保证了生产的可靠性和安全性。

2. 测量与控制

微处理器与仪器仪表的结合使传统的仪器仪表有了"大脑",如可使过程监测控制仪表具有程序控制的功能,能适应被测参数的变化,能自动补偿、校准、记录、显示、自诊断故障、自动进行指标判断,还能方便地与其他电子设备进行通信与互联;特别是精密量仪,由于广泛采用微电子、光、计算机和精密机械等技术,其测量范围和效率比传统量仪大为提高,如数控三坐标测量仪、数据记录仪、数位式仪表、自动测量仪、分析仪、调节控制仪表、医疗仪表等。

3. 交通工具和工程机械

飞机、火车、汽车、轮船等交通工具和挖掘机、起重机等工程机械,都用了大量机械电子学技术,高速列车、无人自动驾驶汽车等更是当前研究的热点。以汽车为例,用微处理器系统(车载电脑)和电子技术控制发电机准时开火、燃油喷射、空燃比、废气再循环和排气,使燃烧完全、节约能源并减少污染;微处理器系统还用来控制车辆速度、挡位及发动机转速,使其在不同的工况下均处于尽可能经济、合理的运转状态;为了提高车辆的安全性,工程师还以微处理器为核心设计了车辆电子稳定系统、防死锁制动车系统、安全气囊、防撞车及防撞行人控制系统等;此外还有大量用于提供方便性和舒适性的装置,如各种数字显示和调节仪表、导航仪和行车记录仪、倒车雷达、可视自动泊车装置等。

4. 产业机械

产业机械包括微电子控制的农业机械、纺织机械、印刷机械、食品生产、包装机械、制浆造纸、皮革加工、塑料加工机械及各种监测装置等。如微电子控制的纺织机械,对于提高纺织品的质量、更新花色品种、提高效率和节能都有明显效益;现代印刷机械中,微机控制已成为保证印刷质量的重要手段,电子照相排字机、电子分色机、雕刻机、电子制版和印刷、自动装订机等早已成为现代印刷不可或缺的自动化设备;医疗器械目前正向大型、精巧、精密、自动化方向发展,其核心就是智能化、集成化和信息化,如医学成像设备、放射治疗设备、医用生化分析仪器、医用光学仪器和医疗康复保健器械等。

5. 办公自动化和信息化产业

当今社会办公和信息机械,如移动电话、计算机、网络设备、打印机、复印机、传真机、机电一体化、自动绘图仪、软盘储存器、传真机、缩微设备等机械电子产品,以及广播电视通信设备、图像处理装置等,是传递、存储、处理文字、图像、多媒体信息必不可少的工具。计算机、服务器在信息化高速发展的今天越来越普及,需求量越来越大,已经在国民经济中占有重要地位。

6. 消费性电子产品和家用电器

随着人民生活水平提高,对家用电器的需求与日俱增,人们对产品性能、质量、操作性能和品种的要求也越来越高。数字电视、电冰箱、影碟机、家用计算机、数码照相机、个人通信设备、空调设备、自动洗衣机、电子炊具、吸尘器和控温器等家用电器,随着机械电子技术水平的提高,不但越来越简单易用,而且功能也越来越丰富。这类产品与民众日用机电产品密切相关,应用广泛。

与其他科学技术一样,机械电子学也经历了较长时期的自然产生和发展过程。早在机械电子学概念出现之前,世界各国从事机械总体设计、控制功能设计和生产加工的科技工作者,已为机械技术与电子技术的有机结合做了许多工作,研究和开发了不少机电一体化的产品。人们对机电一体化的长期实践和最新应用成果加以系统的总结,才形成比较完整的机械电子学概念。机械电子学一诞生就显示出强大的影响力,对传统的机械加工技术思想、生产、加工方式产生极大的冲击,使之产生深刻的变革。

当前机电一体化的发展趋势可以概括为以下三个方面:性能上向高精度、高效率、智能化方向发展;功能上向小型化、轻型化、多功能方向发展;层次上向系统化、复合集成化方向发展。

高精度、高效率、高性能、智能化是性能发展的主要特点,如 CNC 数控机床,其控制精度能实现 $0.1~\mu m$ 的高精度,甚至更高,其联动和控制的轴数能实现 $9 \sim 15$ 轴,同时增加了人机对话功能,设置了智能 I/O 通道和智能工艺数据库,给使用、操作和维护带来极大的方便。今后随着专用集成电路特别是超大规模集成电路的发展,机电一体化产品会越来越向高性能方向发展。

小型化、轻型化、多功能是功能发展的特点。所谓小型化、轻型化是精细加工技术发展的必然,也是提高效率的需要,通过结构优化设计和精细加工,机械设备的质量大大减轻;所谓多功能也是自动化发展的要求和必然结果。对于一般的机电一体化的产品,为了适应自动化控制规模的不断扩大和高速技术的发展,不仅要求它们具有数据采集、检测、记忆、监控、执行、反馈、自适应、自学习等多种功能,甚至还要求其具有神经系统的功能,实现整个生产系统的最佳化和智能化。

系统化、复合集成化是层次发展的特点。复合集成化既包含各种技术的相互渗透、相互融合和各种产品不同结构的优化与复合，又包括在生产过程中同时处理加工、装配、检测、管理等多种工序。为了实现多品种、小批量生产的自动化和高效率，应使系统具有更广泛的柔性。首先可将系统分解为若干层次，使系统功能分散，并使各部门协调而又安全地运转，然后再通过硬、软件将各个层次有机地联系起来，实现性能最优、功能最强。柔性制造系统就是这种层次结构的典型。

在当前激烈的国际竞争中，机电一体化具有举足轻重的作用，其发展水平在很大程度上反映了一个国家的技术经济实力，因而各工业国家极其重视。许多先进工业国家将机电一体化的前沿技术，作为国家高新技术发展战略的一个重要方向，如智能和自动化加工系统等。

1.5　服务机器人设计实例

随着科技的发展，服务机器人的发展存在着巨大的潜力。国际机器人联合会给服务机器人下了一个初步的定义：服务机器人是一种半自主或全自主工作的机器人，它能完成有益于人类的服务工作，但不包括从事生产的设备。

国际上把以下机器人都规划为服务机器人：清洁机器人、建筑机器人、医用及康复机器人、娱乐机器人、老年及残疾人护理机器人、救灾机器人、办公及后勤服务机器人、酒店售货及餐厅服务机器人等。

随着社会经济的不断发展，我国人口的老龄化问题，以及我国残疾人口占总人口比重位居全世界较高国家之列，对于智能移动机器人的需求量逐渐增大。可以预见在不远的将来，老年人和残疾人的护理将成为社会的一个重要负担，需要一大批护理机器人来帮助、照顾老年人和残疾人的日常生活，提高他们的生活质量，从而满足整个社会对护理人员数量和质量的需求；同时家用机器人的需求量也将会增加，家用机器人可以完成对室内环境的查看以及清洁等功能，替主人分担一部分劳动，因此需要大力发展服务机器人相关产业，使人民的生活水平更上一个台阶。

本书以一种基于结构环境下进行移动的服务机器人作为设计实例进行阐述。

1.5.1　服务机器人的机械结构

该服务机器人的结构环境是指在地面铺设磁道，由磁道来构成服务机器人移动的环境，而该机器人以磁道这个结构环境下的小车为载体进行移动，来完成如取水、送水等相应的服务功能，同时小车上装有摄像头，可以完成室内的查看等功能。

作为一个能够移动的系统，机械本体为系统提供结构支撑。机械本体的结构、材料及工艺均应满足系统的高效、稳定、质量轻，以及造型美观等方面的要求。该服务机器人主要包括两大部分：一部分为机器人本体；另一部分为底层小车。

服务机器人本体由头部、躯干、上肢构成，由底层小车带动行走。头部内置摄像头，实现特定位置的查看功能，躯干做装饰，为本体提供支撑。由上肢右臂实现水杯的抓取功能。左臂做装饰，无抓取功能。机器人的机械结构如图1-5所示。

机器人右臂共4个自由度，包括肩关节、肘关节、腕关节和手部夹取关节，如图1-6所示，每一个自由度都由一个直流电机进行驱动，故整个机器人系统需要四个电机。肩部、肘部及腕部电机均由蜗轮蜗杆减速器来实现关节的传动，进而实现手臂的俯仰运动。手部夹取关节由拉线来带动,完成手爪的张合。

图 1-5 机械结构

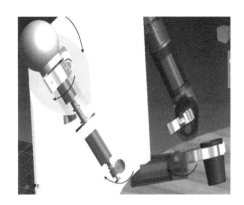

图 1-6 机械臂结构

在选择机器人手臂的材料时,综合考虑到材料的强度、刚度、可加工性及价格等方面,机器人手臂选取材料为高强度硬铝。机器人躯干由方形钢管焊接而成,用于支撑机器人的手臂,并由螺栓螺母与底层小车相连接。底部小车采用四轮轮式结构,小车由前、后、左、右四轮支撑,为左右双轮差速移动平台,左右两轮各由 24 V 直流电机进行驱动,前后两轮为随动轮,如图 1-7 所示。这样既保证了机器人系统的稳定性,同时小车的运动还不失灵活性。系统所选电机各参数如表 1-1 所示。

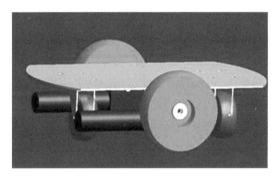

图 1-7 底部小车

表 1-1 电机相关参数

被控对象	电机		减速器		编码器	
	功率/W	额定转速/(r/min)	减速比	减速器类型	分辨率/(p/r)	标定形式
肩关节	40	2 000	30	蜗轮蜗杆减速器	500	旋转式电位计
肘关节	17	8 100	64	行星轮减速器	12	旋转式电位计
腕关节	17	8 100	64	行星轮减速器	12	旋转式电位计
手爪	5	3 000	50	行星轮减速器	—	霍尔开关
左轮电机	90	3 600	30	行星轮减速器	500	—
右轮电机	90	3600	30	行星轮减速器	500	—

由上述可知系统共有六路电机驱动,在六个电机中除手爪张合关节电机为开环控制外,其余五路均为闭环控制。控制系统通过采集电机尾部编码器反馈相应的位置和速度信息来实现速度闭环或位置闭环控制。由于所选电机自带编码器为光栅增量式编码器,需要在服务机器人每次重新启动后进行初始位置的重新标定。在该服务机器人系统中,要对机械臂部分的肩关节、肘关节和腕关节进行复位,所选复位方式为旋转式电位计,当各关节电机带动电位计旋转后使电位计输出电压发生变化,关节到达复位位置后,电位计输出电压达到某个定值被系统检测到,使电机停止转动,完成复位。

1.5.2　服务机器人的控制系统

对该服务机器人的控制主要是对移动机器人底盘小车的控制,包括两个驱动电机,多个传感器采集信息,采用上位机—下位机系统的方式实现远程控制。

上位机主要负责人机交互。选择 PC 机作为系统的上位机,需要实现的功能:采用无线通信的方式实现上位机和下位机的信息交互;向下位机发送控制命令并接收下位机返回的信息;实时监测机器人的工作状态;观看下位机返回的视频信息,完成对室内环境的巡视。

下位机主要负责采集传感器信息。由 ARM 微处理器来实现系统的下位机控制,整个下位机由一个主 ARM 和几个从 ARM 构成,需要实现的功能:执行上位机下发的命令并向上位机发送信息;完成系统的导航任务;具有较强的数据处理及运算能力;具有 A/D 接口、编码器接口,以及一定数量的输入输出接口等。

上位机与下位机协同工作的具体过程如图 1-8 所示。主 ARM 通过网络模块连接无线路由器然后与上位机建立无线网络通信,与其他从 ARM 之间通过 CAN 总线进行通信。主 ARM 接收上位机发送的控制命令,实时进行处理,完成算法、规划等任务并向从 ARM 发送控制命令,同时向上位机返回机器人当前状态。传感器与主 ARM 连接,通过 RS232 串口和 I/O 端口完成信息采集,此外还有摄像头采集的视频信息,摄像头直接选用网络摄像头,直接用网线和无线路由器相连,通过无线路由器把视频信息返回上位机观看。

从 ARM 主要完成移动机器人底盘小车电机的伺服控制,并实时通过 CAN 总线向主 ARM 传输机器人状态信息。底盘小车的两个驱动电机分别由单个 ARM 控制,通过 PWM 信号和 H 桥电路实现电机的驱动控制,通过对安装在电机输出轴上的编码器信息进行采集,实现电机的速度闭环控制,从而实现伺服驱动。

1. 控制量分析

移动机器人导航过程中,需要控制的信息有 RFID 系统的 RS232 串行通信信息、电子罗盘的 RS232 串行通信信息、红外传感器的开关量输入、光电编码器的采集信息、CAN 总线通信信息、以太网通信信息、电机 PWM 控制信息等,另外还有视频信息显示、无线信息传输等,综上可得控制量和采集量,如表 1-2 所示。

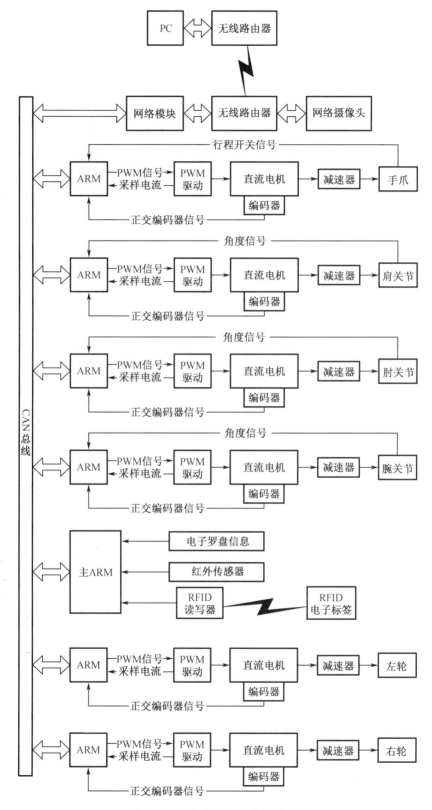

图 1-8 服务机器人总体控制方案

表1-2　控制量、采集量分析

控制量、采集量	硬件需要
传感器串口通信	至少两路的串行通信接口
传感器开关量输入	开关量输入接口
光电编码器的采集信息	编码器输入接口
CAN 总线通信信息	CAN 总线接口
以太网通信信息	以太网接口
电机 PWM 控制信息	定时器 PWM 功能
无线通信信息	无线通信
视频显示信息	视频显示

2. 系统硬件体系结构

　　服务机器人的主控芯片是基于 RISC 的高性能 ARM 芯片 STM32F107,这款芯片的标准外设包括两个 12 位 AD 转换器、2 个高级定时器、4 个普通定时器、两个 12 位 DA 转换器、两个 I2C 接口、五个 RS232 串口,以及高质量数字音频接口,另外 STM32F107 拥有全速 USB(OTG)接口、两路 CAN2.0B 接口,以及以太网 10/100 MAC 模块,内部集成了编码器信息接口,可以满足控制系统需求。无线通信功能通过无线路由器来实现,视频显示和状态检测则通过 PC 机完成,系统硬件体系结构如图 1-9 所示。

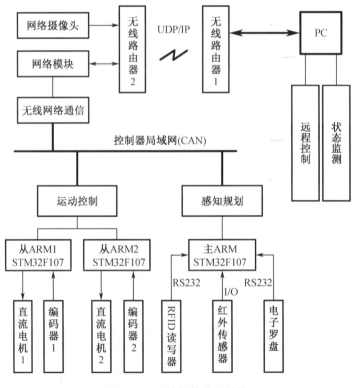

图1-9　系统硬件体系结构

3. 软件系统结构

在机器人技术的研究中,通常把机器人的功能分为三类:感知类、规划类和执行类。该服务机器人涉及的几种传感器中,光电编码器和 RFID 标签的信息是为了实现机器人的定位,红外传感器的信息是为了完成导航过程中的避障,电子罗盘的信息是应用于导航过程机器人底盘小车的转弯,属于感知类功能。上位机接收下位机返回的信息并实时向下位机发送控制命令,总体规划导航工作的各个步骤,主 ARM 通过接收上位机和从 ARM 传输的信息,实现机器人的导航定位及路径规划等工作,同时向从 ARM 下发执行命令,这些都属于规划类功能。最后从 ARM 根据主 ARM 下发的命令控制底盘小车驱动硬件完成各个任务,属于执行类功能。

系统软件体系结构如图 1 - 10 所示,上位机实现机器人导航系统的全局监测和人机交互,如查看机器人状态、查看视频信息、发送与接收控制命令等,通过 UDP/IP 协议与下位机通信;下位机主要负责系统的导航控制与信息的处理和分配任务,如向执行机构发送命令、运动控制与状态检测等,下位机主要通信方式为 CAN 总线通信。

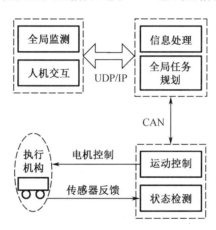

图 1 - 10 控制系统软件体系结构

第2章 直流集成稳压电源及抗干扰技术

电源是各种电子设备不可缺少的一部分,其性能的优劣直接关系到电子设备的技术指标及能否安全可靠地工作。目前常用的直流稳压电源可分为线性稳压电源和开关稳压电源两大类。线性稳压电源又称串联调整式稳压电源,其稳压性能好,输出纹波小,但它必须使用笨重的工频变压器与电网进行隔离,并且调整管的功率损耗大,致使电源的体积大、效率低。开关稳压电源内部关键元器件工作在高频开关状态,本身消耗的能量很低,电源效率可达80%~90%,比普通线性稳压电源提高近一倍。开关稳压电源亦称作无工频变压器电源,它是利用体积较小的高频变压器来实现电压变换及电网隔离,不仅能去掉工频变压器,还可采用体积较小的滤波元件和散热器,使开关稳压电源的体积更小。

本章将主要介绍由集成稳压器构成的直流稳压电源的工作原理和设计方法、开关稳压电源的工作原理、单片开关稳压电源 TOPSwitch – Ⅱ 及 LM2576 的应用电路,还将介绍工业控制系统的干扰来源及抗干扰设计方法。

2.1 线性集成稳压器的工作原理及参数

所谓集成稳压器,就是用半导体工艺和薄膜工艺将稳压电路中的二极管、三极管、电阻、电容等元件制作在同一半导体或绝缘基片上,形成具有稳压功能的集成电路。由于这种集成稳压器的各种元件在同一工序中制成,因此其可靠性高,并且有利于提高稳压精度、缩小体积及减少质量。

2.1.1 基本工作原理

线性集成稳压器电路工作原理与分立晶体管稳压器电路工作原理基本相同,由调整电路、误差放大器、基准电压源、比较电路、采样电路等几个主要部分组成。集成稳压器充分利用集成技术的优势,在线路结构和制造工艺上采用了很多模拟集成电路的方法,如偏置电路、电流源电路、基准电压源电路,以及各种形式的误差放大器和集成稳压器所特有的启动电路、保护电路等。与分立元件稳压器相比,集成稳压器具有体积小、成本低、使用方便、性能指标较高等优点。

线性集成稳压器的等效电路如图 2 – 1 所示,它可以看作是一个带有负反馈的放大器。若加于直流稳压器电源的纹波电压变化值为 ΔU_i,输出纹波电压变化值为 ΔU_o,在基准电压不变的情况下,由图 2 – 1 可得

$$\Delta U_o = A\Delta U_i - AK\Delta U_o \qquad (2-1)$$

式中　A——放大器的增益;
　　　　K——反馈系数。

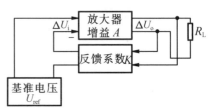

图 2 – 1　线性集成稳压器的等效电路

由式(2-1)可得

$$\frac{\Delta U_o}{\Delta U_i} = \frac{A}{1 + AK} \qquad (2-2)$$

因 $AK \gg 1$，由式(2-2)可知，当输入纹波电压变化 ΔU_i 时，输出电压变化值 ΔU_o 仅为 ΔU_i 值的 $1/K$。

线性集成稳压器的反馈单元由采样电路和比较电路组成，如图2-2所示，图中非稳定直流电源通过调整电路与负载相接。当输入电压变动或负载变动等因素引起输出电压变化时，由采样电路对输出电压采样，与内部基准电压相比较，得到一个差值。差值信号经过放大器放大后控制调整电路，对输出电压进行补偿，从而达到稳定输出电压的目的。

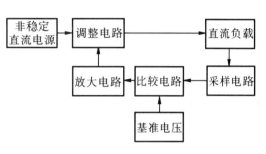

图2-2 线性集成稳压器的工作原理

2.1.2 极限参数

极限参数是反映集成稳压器所能承受的最大的安全工作条件，超过这些参数值可能会使稳压器损坏。它是由生产厂家通过设计和制造来保证可靠性参数。

1. 最大输入电压 U_{imax}

集成稳压器最大输入电压是指保证该器件能够安全工作的最大输入电压值。应用时输入电压超过最大输入电压值会使该器件损坏。这个数值是由稳压器内部元器件击穿电压的高低和稳压器的最大功耗决定。

2. 最大输出电流 I_{omax}

集成稳压器的最大输出电流是指该器件在安全工作的条件下能够提供的最大输出电流，它受调整管的最大允许功耗和最大允许电流的限制。

3. 最大耗散功率 P_{CM}

集成稳压器的耗散功率由两部分组成：一部分是稳压器内部电路工作时的静态功耗；另一部分是调整管输出电流时必需的压降所引起的功耗。集成稳压器在正常工作条件下，静态功耗较小。稳压器的最大耗散功率除了受稳压器的输入电压、输出电压和输出电流的限制外，还受到器件的散热特性和使用环境温度的影响，因此在忽略电路本身静态功耗后，集成稳压器调整管上的耗散功率可以表示为

$$P_{CM} = (U_i - U_o)I_o \qquad (2-3)$$

根据器件安全工作的最高结温及环境温度的条件，可以得出最大功耗为

$$P_{CM} \leqslant \frac{T_{jM} - T_A}{R_{th}} \qquad (2-4)$$

式中　T_A——工作的环境温度；

　　　T_{jM}——允许的最高结温；

　　　R_{th}——器件在规定散热条件下的热阻。

4. 最大瞬态功耗 P_{PM}

集成稳压器在瞬时所能承受的外加最大功率称为最大瞬态功耗。它反映了该器件工

作在过渡过程中,可以承受的超出最大耗散功率的能力。

5. 最高结温 T_{jM}

半导体本体材料的温度特性决定了半导体器件的最高结温。硅器件最高结温一般为 175 ℃,但由于受到结温散热条件的限制,因此在集成稳压器内部电路的设计中采取了芯片过热保护措施来保证该器件不受损坏。

2.1.3 工作参数

工作参数反映了集成稳压器能够正常工作("正常工作"是表示该器件能够达到所规定的输出精度)的范围和所必需的条件。

1. 输出电压范围 $U_{omin} \sim U_{omax}$

对于固定输出的集成稳压器,输出电压值是由电路内部设定,但由于设计和工艺上的偏差,往往造成实际输出电压值与设计值之间存在偏差,本参数为用户提供了该器件正常工作的输出电压最小值到最大值的范围。

2. 输出电流范围 $I_{omin} \sim I_{omax}$

对于任何一种集成稳压器,都必须具有一定的负载能力,同时该器件在其允许的输出电流范围内,都能达到正常工作的要求。该参数为稳压器正常工作时,能够输出电流的最小值与最大值。

3. 最小输入与输出电压差$(U_i - U_o)_{min}$和最小输入电压 U_{imin}

对于任何一种集成稳压器,在它正常工作的情况下,调整管必须承受一定的压降,这就造成了输入电压与输出电压之间的差值。为了保证器件能达到正常工作的要求,输入电压与输出电压差值必须大于该参数。当集成稳压器设定在固定的输出电压下工作时,用户可以根据最小的输入与输出电压差,确定最小的输入电压。

4. 最大输入与输出电压差$(U_i - U_o)_{max}$

集成稳压器在正常工作的前提下,最大输入与输出电压差也有一定的限制,这是由于受到调整管能够承受的电压特性和功率的限制。有些产品通过保护电路来限制最大输入与输出电压差。

5. 最小输出电流(或泄放电流)I_{omin}

有些集成稳压器缺少泄放回路,因此为了保证集成稳压器能正常工作,通常在其输出端需要接有最小负载来提供泄放回路。

6. 静态工作电流 I_d

集成稳压器内部电路在一定的工作电压下需要一定的工作电流,称为静态工作电流。通过恒流源的设计和应用,集成稳压器的静态电流可以不随或很少跟随输入、输出电压的变化而变化。

2.1.4 质量参数

集成稳压器的质量参数是反映器件基本特性的参数,它为使用者提供了选择的依据。

1. 电压调整率 S_V

该参数反映了器件在输入电压变化时维持输出电压不变的能力,该参数越小,器件质量越好。

$$S_V = \frac{\Delta U_o}{U_{oV}} \times 100\% \qquad (2-5)$$

式中　U_{oV}——在固定输入电压 U_i 时,输出电压的测量值;

　　　ΔU_o——在输入电压变化 ΔU_i 时引起的输出电压的变化值。

2. 电流调整率 S_I

该参数反映了器件在负载变化时维持输出电压不变的能力,该参数越小,器件质量越好。

$$S_I = \frac{\Delta U_o}{U_{oI}} \times 100\% \qquad (2-6)$$

式中　U_{oI}——在固定的输出电流 I_o 下,规定的输出电压值;

　　　ΔU_o——在固定的输出电流 I_o 下,输出电压变化值。

3. 纹波抑制比 S_{nip}

该参数反映了器件对输入端引入交流纹波电压的抑制能力,该参数越大,器件质量越好。

$$S_{nip} = 20\lg \frac{U_{ipp}}{U_{opp}} \qquad (2-7)$$

式中　U_{ipp}——输入纹波电压峰 – 峰值;

　　　U_{opp}——输出纹波电压峰 – 峰值。

输入端纹波信号通常是频率为 50 Hz 或 100 Hz 的信号。

4. 电压温度系数 S_T

它是指在集成稳压器所允许的工作温度范围内,输入电压及输出电流保持不变时,单位温度变化所引起的输出电压的相对变化。该参数反映了器件输出电压随环境温度变化而变化的程度,因此在测量时必须注意排除芯片本身的发热效应和外接元件特性随温度变化对被测器件输出电压的影响。输出电压温度变化系数为

$$S_T = \frac{U_{o2} - U_{o1}}{T_2 - T_1} \qquad (2-8)$$

式中　U_{o1}——在较低的恒定温度 T_1 下测得的输出电压值;

　　　U_{o2}——在较高的恒定温度 T_2 下测得的输出电压值。

5. 输出电压时漂(长期稳定性)ΔU_{ot}

它是指当输入电压、输出电流及环境温度都保持不变时,在规定时间内稳压器输出电压随时间的最大变化值。对于要求长期稳定工作的设备必须考虑这一特性。其用规定时间内测得的电压最大变化值表示

$$\Delta U_{ot} = U_{omax} - U_o \qquad (2-9)$$

式中　U_{omax}——在规定时间内的最大输出电压值;

　　　U_o——稳压器开始工作时的输出电压值。

6. 输出噪声电压 U_N

它是指在规定的直流输入电压下,测得的稳压器输出端的噪声电压均方根。噪声电压频宽通常规定在 100 Hz ~ 10 kHz,因此测试时所采用的带通滤波器频宽为 100 Hz ~ 10 kHz。

7. 短路电流 I_{sc}

它是在规定输入电压下,稳压器输出端短路时的电流。该参数给出了器件在瞬态短路

时的输出电流,但瞬态短路的持续时间不得超过规定值。

8. 输出阻抗 Z_o

在规定的输入电压和输出电流条件下,输出端加上给定频率的交流恒流源,然后测得的交流电压和交流电流之比为该器件的输出阻抗。该参数是反映器件在动态负载下的质量指标。对于外加的交流恒流源有一定的频率要求,一般可在 $1 \sim 10$ kHz 的范围内选择。

2.2　线性集成稳压器的分类及应用

工程上常用的集成稳压器为固定输出电压型、可调输出电压型与基准电压源。固定输出电压型稳压器的稳压精度不高,可以作为一般测试仪器系统的供电电源。可调输出电压型稳压器一般适用于补充固定输出电压型稳压器不能够实现的供电场合,如 3 V 供电的语音芯片。基准电压源一般作为参考电源,稳压精度高。

2.2.1　固定型正电压输出稳压器——7800 系列

7800 系列集成稳压器实现的功能是将一个脉动的直流电压变换为一个稳定的直流电压,其输入电压一般为 $8 \sim 36$ V,输出稳压电压一般为 $5 \sim 24$ V。常用的 7800 系列集成稳压器有:小功率 78L00 系列、78N00 系列,中功率 78M00 系列、7800 系列,以及大功率 78T00、78P00 系列六种产品,输出电流分别为 100 mA、300 mA、500 mA、1 A、5 A 和 10 A,输出固定电压分别为 5 V、6 V、7 V、8 V、9 V、10 V、12 V、15 V、18 V、24 V 等。最小输入与输出电压差为 2 V。常用的 7800 系列集成稳压器的参数如表 2 - 1 所示,其封装如图 2 - 3 所示。

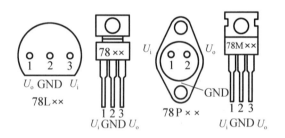

图 2 - 3　7800 系列集成稳压器封装及引脚功能

表 2 - 1　常用的 7800 系列集成稳压器参数

参数名称	单位	7805	7808	7812	7815	7824
输出电压 U_o	V	$5 \pm 5\%$	$8 \pm 5\%$	$12 \pm 5\%$	$15 \pm 5\%$	$24 \pm 5\%$
输入电压 U_i	V	10	14	19	23	33
电压调整率 S_V	%	50	80	120	150	240
静态工作电流 I_d	mA	6	6	6	6	6
最小输入电压 U_{imin}	V	7.5	10.5	14.5	17.5	26.5

1. 固定型正电压输出稳压器的一般应用

7800 系列芯片的一般用法电路原理如图 2 - 4 所示。在电路的输入端与公共地之间,加上经整流滤波后的脉动直流电压,在输出端便能得到固定的输出电压。为了改善纹波特性,在输入端并接电容 C_i,作为高频旁路电容,一般 C_i 小于 0.33 μF,并紧接在稳压电路的输入端;C_1:将脉动的直流变成相对稳定平滑的直流(平波作用);C_2:抵抗负载变化引起输出电压的波动;C_o:去耦电容滤掉电路的高频噪声。一般 C_o 选为 0.1 μF。输入电压 U_i 的选择依据是

$$U_{imax} > U_i > U_o + U_e$$

式中 U_{imax}——稳压电路允许的最大输入电压;

         U_o——稳压电路的输出电压;

         U_e——稳压电路输入与输出之间的最小压差, $U_e = 2$ V。

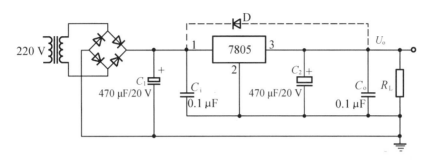

图 2 - 4   7800 系列稳压器的一般应用原理图

在输入、输出之间外接二极管 D,用来保护输出极,防止在输入端断电后容性负载向输出端放电。

2. 扩大输出电流的应用

电路原理图如图 2 - 5 所示。在图 2 - 5 中, T_1 为外接扩流功率管,它所能提供的输出电流为 I_{c1},而稳压器本身输出电流为 I_{o1},则此电路输出电流为 $I_o = I_{c1} + I_{o1}$。

T_2 和 R_2 组成限流保护电路,其中 R_2 为电流取样电阻,随着输出电流的增加, R_2 两端的电压逐步升高, T_2 管两端的电压变小,使 T_1 管输出电流减小,起到了保护功率管的作用。

3. 提高输入电压的应用

对稳压器来说,最高输入电压 U_{imax} 要受到电路内部器件击穿电压的限制,因此 U_i 不能超过 U_{imax}。在实际使用中为了提高输入电压,则可以采用图 2 - 6 所示电路。这样实际输入到稳压器的电压为 $U_i = U_Z + u_{be}$, U_Z 为稳压管的稳压值, u_{be} 为功率三极管的基极和发射极之间的压降, u_{be} 约为 0.7 V。稳压器 D_Z 的值根据稳压器所需的输入电压来选取,但从 V_{cc} 降到 U_i,降低电压所产生的功耗全由三极管来消耗。

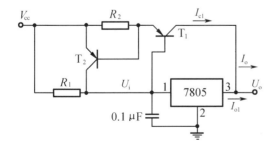

图 2 - 5   扩大输出电流应用原理图

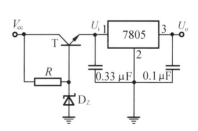

图 2 - 6   提高输入电压应用原理图

2.2.2 固定型负电压输出稳压器——7900系列

由于一般系统当中负电源功率消耗较小,所以7900系列主要有79L00系列、79N00系列和7900系列三种类型产品,其输入电压一般为 $-8 \sim -36$ V,输出电压为 $-5 \sim -24$ V,输出电流分别为100 mA、500 mA、1 A。常用的7900系列集成稳压器参数如表2-2所示,其封装及引脚功能如图2-7所示,随封装形式不同,其引脚的功能也不同。

表2-2　常用的7900系列集成稳压器参数

参数名称	单位	7905	7908	7912	7915	7924
输出电压 U_o	V	$-5 \pm 5\%$	$-8 \pm 5\%$	$-12 \pm 5\%$	$-15 \pm 5\%$	$-24 \pm 5\%$
输入电压 U_i	V	-10	-14	-19	-23	-33
电压调整率 S_V	%	50	80	120	150	240
静态工作电流 I_d	mA	6	6	6	6	6
最小输入电压 U_{imin}	V	-7	-10	-14	-17	-26

1. 固定型负电压输出稳压器的一般应用

对于7900系列产品,一般应用的原理图与7800系列产品应用原理图相似,如图2-8所示。对于输出、输入电容的选择,最好采用漏电流小的钽电容,C_i 为1.0 μF,C_o 为1.0 μF,电容 C_1 和 C_2 的作用与图2-4一样。当采用电解电容时,为了达到同等程度的抑制纹波效果,电容量要比钽电容增加10倍。

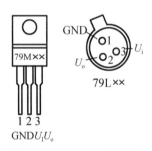

图2-7　7900系列稳压器封装及引脚功能

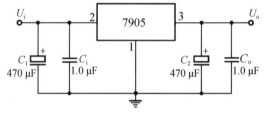

图2-8　7900系列稳压器的一般应用原理图

2. 扩展输出电流的应用

在图2-9中,采用 T_1 来扩展输出电流,并由 T_2 管和 R_2 电阻组成限流保护电路。最大输出电流由 T_1 管的输出能力和限流控制电阻 R_2 决定。

3. 正、负输出稳压器

图2-10是采用7815和7915组成的正、负输出稳压器原理图,在输出端接有保护二极管 D_1 和 D_2。在正常情况下,D_1 和 D_2 均为截止状

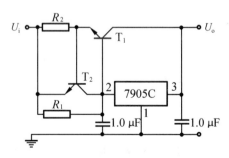

图2-9　扩展输出电流应用原理图

态,一旦 7915 输入端电压未接入,此时 7815 的输出电压通过外接负载加到 7915 的输出端,使 D_2 正向导通,7915 的输出端与公共地之间的电压控制在 0.7 V。如果没有 D_2 管,同样发生上述情况时,7915 的输出端与公共地之间将产生一个反向电压,这个反向电压值相当于7815 的输出电压,就有可能造成稳压器的损坏。

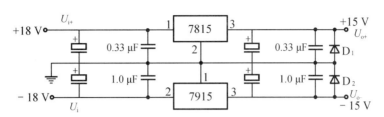

图 2 – 10　正、负输出的稳压器原理图

2.2.3　三端可调型正电压输出稳压器——317 系列

317 系列集成稳压器是最具有代表性的稳压器,其输出电压可调范围为 1.25 ~ 37 V;输出电流为 0.1 ~ 1.5 A;工作温度可以分为 – 55 ~ + 150 ℃、– 25 ~ + 125 ℃ 和 0 ~ + 125 ℃三类;电压调整率的典型值为 0.01%/V;负载调整率的典型值为 0.1%;内部含有过流、过热和调整管安全工作区保护电路,具有安全可靠、应用方便和性能优良等特点。国外的代表型号是 LM317,国产型号为 CW317。317 系列集成稳压器封装引脚功能如图 2 – 11 所示。对于不同后缀的 317 芯片,其引脚排列不相同,使用时要参考器件手册。

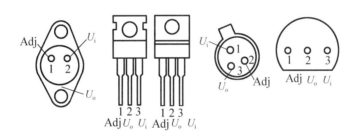

图 2 – 11　317 系列稳压器封装及引脚功能

1. 一般应用电路

317 系列集成稳压器的一般应用电路如图 2 – 12 所示,输出端 U_o 与调整端 Adj 之间的基准电压值为 $U_{ref} = 1.25$ V。为了保证稳压器正常工作,推荐流过 R_1 的电流为 5 ~ 10 mA,因此 R_1 一般选 120 ~ 240 Ω,输入端外接电容 C_i,有利于提高纹波抑制能力,输出端外接 C_o能消除振荡,确保电路稳定工作。此时输出电压 U_o 为

$$U_o = 1.25 + \left(I_{Adj} + \frac{1.25}{R_1} \right) R_2$$

故
$$U_o = 1.25 \left(1 + \frac{R_2}{R_1} \right) + I_{Adj} R_2 \qquad (2 – 10)$$

I_{Adj} 一般为 50 μA,可以忽略不计。通过改变 R_2 的值即可改变输出电压 U_o。

2. 固定低压输出

如图 2 – 13 所示电路,在不采用外接电阻情况下,能够获得 1.25 V 的固定低压输出,而

温度漂移完全由基准源的温度系数决定。

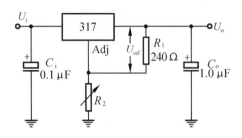

图 2-12 一般应用电路原理图

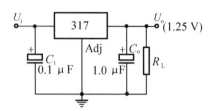

图 2-13 固定低压输出原理图

3. 带有保护电路的接法

由于外接输出电容 C_o 及负载电容的存在,容易发生因电容放电而损坏稳压器的情况。如图 2-14 所示,在外接 D_1 后,当电容放电时,能够使 D_1 导通而稳压器免受损坏。D_2 是为了防止调整端旁路电容 C_{Adj} 放电时损坏稳压器的保护二极管,C_{Adj} 的作用是用于提高纹波抑制比。当外接 C_{Adj} 为 10 μF 时,能提高纹波抑制比 15 dB。

4. 慢启动电源

对于显像管、电子管和灯丝一类的负载,因为冷电阻比较小,不宜马上加至满载电压,往往需要用慢启动电源供电。在图 2-15 中,R_2、C 组成充电回路,当刚接入输入电源时,调整端通过 R_2 对 C 充电,晶体管 T 在 R_2 的偏置条件下,饱和导通而使 R_3 短路,输出电压 U_o 为

$$U_o = U_{ref} + U_{ce} = 1.55 \text{ V}$$

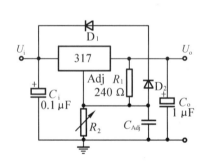

图 2-14 带有保护电路的应用原理图

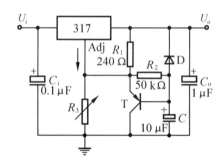

图 2-15 慢启动电路原理

随着电容 C 两端电压逐渐升高,晶体管 T 逐渐退出饱和区,U_{ce} 逐步上升,直至充电停止,输出电压最大值 U_{omax} 为

$$U_{omax} = U_{ref}\left(1 + \frac{R_3}{R_1}\right) + I_{Adj}R_3 \qquad (2-11)$$

启动时间长短由 R_2 和 C 决定。二极管 D 作为 C 的放电通道,起保护作用。

2.2.4 三端可调负电压输出稳压器——337 系列

337 系列产品是三端可调负电压输出集成稳压器,输出电压可调范围为 -1.25 ~ -37 V;输出电流为 0.1~1.5 A;工作温度同样分为 -55 ~ +150 ℃、-25 ~ +150 ℃、0 ~ +125 ℃ 三类;电压调整率的典型值为 0.01%/V;电路内部设有过流、过热及调整管安全工作区的保护电

路,能很方便地与 317 系列产品组成正负对称、性能一致的双电源电路。337 系列稳压器封装形式及引脚功能排列如图 2 - 16 所示。

1. 一般应用电路

图 2 - 17 为 337 系列产品的一般应用电路原理图,图中 C_o 为 1 μF 固体钽或 10 μF 铝电解电容器,为稳定性所需。R_1、R_2 为调节输出电压的取样电阻,R_1 常选为 120 Ω,释放电流为 10 mA,此时输出电压 U_o 为

$$U_o = -1.25 \times \left(1 + \frac{R_2}{R_1}\right) \tag{2-12}$$

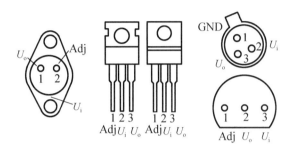

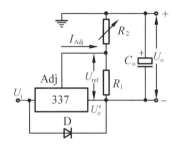

图 2 - 16　337 系列稳压器封装形式及引脚
功能排列图

图 2 - 17　一般应用电路原理图

2. 双电源应用

图 2 - 18 所示为由 317 和 337 组成的正、负输出可调式稳压器的电路原理图。如果正、负输入电压 +U_i 和 -U_i 分别为 ±25 V,则输出电压可调范围分别为 ±(1.25 ~ 23) V,但必须注意输入输出电压差与输出电流的关系应遵循特性曲线的规定,以确保电路在安全工作区内工作。

3. 恒流源应用

图 2 - 19 是由 337 系列稳压器构成的恒流源电路。此电路可向负载提供恒定的输出电流 I_o,在将 337 系列稳压器用做恒流源应用时,必须正确选择 R_1。对于 337,图 2 - 19 中 R_1 一般选用范围为

$$0.8 \ \Omega \leqslant R_1 \leqslant 120 \ \Omega$$

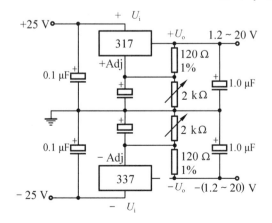

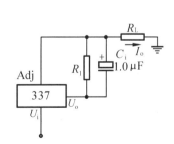

图 2 - 18　正、负输出应用电路原理图

图 2 - 19　恒流源应用电路原理图

此时输出电流 I_o 可表示为

$$I_o = -\frac{1.25\text{ V}}{R_1}$$

即 $10\text{ mA} \leqslant I_o \leqslant 1.5\text{ A}$。对于 337M 产品,$R_1$ 一般选用范围为

$$2.5\ \Omega \leqslant R_1 \leqslant 120\ \Omega$$

即 $10\text{ mA} \leqslant I_o \leqslant 0.5\text{ A}$。对于 337L 产品,$R_1$ 一般选用范围为

$$12.5\ \Omega \leqslant R_1 \leqslant 120\ \Omega$$

即 $10\text{ mA} \leqslant I_o \leqslant 0.1\text{ A}$。

2.2.5　基准电压源

前面介绍的几种稳压源一般作为功率供电使用,其稳压精度不高,但功率大。对于稳压精度要求较高的场合必须选用基准电压源。基准电压源用于产生精密基准电压,为其他电路提供参考电压,如在测量系统中使用 D/A、A/D 转换器时,要求高精度、低温度漂移的基准电压源。12 位的转换器的分辨率为 $1/2^{12} = 0.025\%$,基准电压所要求的稳定度在 0.01% 以下,即使把实时的温度变动控制在 $10\ ℃$ 以内,温度漂移也必须在 $10^{-4}/℃$ 以下。

半导体集成基准电源一般分为电压源和电流源两种。本节介绍的都属于半导体集成基准电压源。基准电源在早期只是作为集成稳压器的一个组成部分,而目前它已成为一个独立的产品系列。

理想的基准电源电压特点为输出恒定电压,该电压与温度、负载变化、输入电压变化以及时间无关。基准电源的性能特点是稳压精度高,温度漂移、时间漂移小。

带隙基准电路的原理:任何硅三极管 be 极的电压 U_{be} 都为负温度系数,大约为 $-2\text{ mV}/℃$,这可以利用晶体管 be 极间的电压差 $U_{be1} - U_{be2}$ 的正温度系数进行补偿。理论上证明:当正温度系数的补偿电压与负温度系数的 U_{be} 之和为 1.205 V 时,总电压的温度系数为零。1.205 V 为硅半导体的带隙电压,因此得名为带隙基准。该恒定的电压 1.205 V 被放大(或缓冲),就可产生 2.5 V、5 V、10 V 等要求的基准电压。AD580(2.5 V)、AD581(10 V)及 AD584(2.5 V、5 V、7.5 V、10 V)为带隙原理的基准电压器件。

离子注入淹埋齐纳二极管基准可得到低噪声、低漂移的齐纳基准,后面接缓冲放大器及精密增益级以提供标准的输出电压。AD588、AD586 及 AD537 为淹埋齐纳二极管基准源,起始精度为 $\pm 1\text{ mV}$,温度漂移低于 $1.5 \times 10^{-6}/℃$。

1. 带隙基准电源——AD580

AD580 是一个三端式带隙基准电源,输入电压范围为 $4.5 \sim 30\text{ V}$,能提供 2.5 V 的基准电压,温度稳定性达 $1.0 \times 10^{-5}/℃$,长时间漂移小于 $250\ \mu\text{V}$,静态电流为 1 mA。封装形式及外引脚功能如图 $2-20$ 所示。

AD580 的电路原理如图 $2-21$ 所示。设 T_1 的电路 be 电路极电压为 U_{be1},T_2 的 be 极电压为 U_{be2},令 $I_{c1} = I_{c2}n$,则有

$$
\begin{aligned}
U_1 &= (I_{c1} + I_{c2})R_1 = (1+n)I_{c2}R_1 \\
&= (1+n)\frac{\Delta U_{be}}{R_2}R_1 = (1+n)\frac{U_{be1} - U_{be2}}{R_2}R_1 \\
&= (1+n)\frac{kT}{q}\frac{R_1}{R_2}\ln\frac{I_{c1}}{I_{c2}} = (1+n)\frac{kT}{q}\frac{R_1}{R_2}\ln n \qquad (2-13)
\end{aligned}
$$

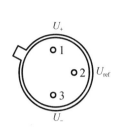

图 2 – 20　AD580 的封装

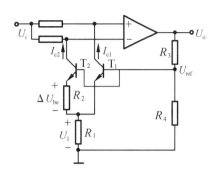

图 2 – 21　AD580 电路原理图

得

$$U_{ref} = U_{be1} + (1 + n)\frac{kT}{q}\frac{R_1}{R_2}\ln n \qquad (2-14)$$

式中　k, q——物理常数;

　　　T——绝对温度。

由式(2 – 14),第一项为晶体管 T_1 的 U_{be1},为负温度系数;第二项 T 为绝对温度,其他为常数,故第二项为正温度系数。理论上当 U_{ref} 为 1.205 V时,正负温度系数相等,总的温度系数为零,从而得到零温度系数的基准电压。再通过缓冲放大器及电阻 R_3、R_4 便可得到要求的基准电压值。

$$U_o = U_{ref}\left(1 + \frac{R_3}{R_4}\right) \qquad (2-15)$$

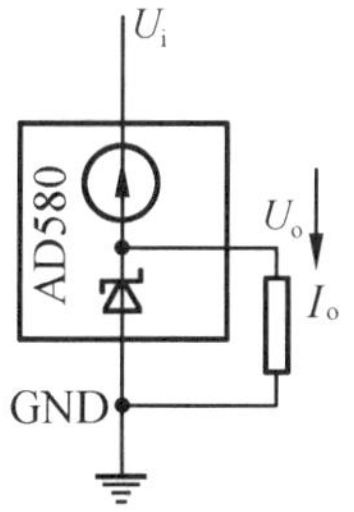

图 2 – 22 为 AD580 的基本应用原理图,当输入电压在 4.5 ~ 30 V 范围内,工作电流控制在 1 ~ 1.5 mA 条件下,输出电压为 2.5 V,最大偏离值为 ±25 mV,最大输出电流 I_o 为 10 mA。

图 2 – 22　AD580 的基本应用原理图

图 2 – 23 为 AD580 作为精密基准源应用时的电路图,AD580 作为 12 位 D/A 转换器 AD7542 的精密基准源,它在 5 V 电源电压下,输出 2.5 V,并通过 500 Ω 精密电阻进行调节,以获得 D/A 转换器所必需的精密基准电压。

2. 齐纳基准电压源——CW399

(1)产品特点

CW199/299/399 是一组带有恒温器的齐纳基准电压源,由于它采用了恒温结构,因此温度系数能达到 0.000 1%/℃,电路工作电流为 500 μA 至 10 mA,稳定输出电压为 6.9 V,1 000 h 漂移为 2.0×10⁻⁵。CW199 工作温度范围为 -55 ~ +125 ℃;CW299 工作温度范围为 -25 ~ +125 ℃;CW399 工作温度范围为 0 ~ +70 ℃。CW199/299/399 采用图 2 – 24(a) 所示的金属壳四条引线的封装结构,为了保证管芯温度恒定,采取了图 2 – 24(b) 所示结构以防止散热和保持恒温。

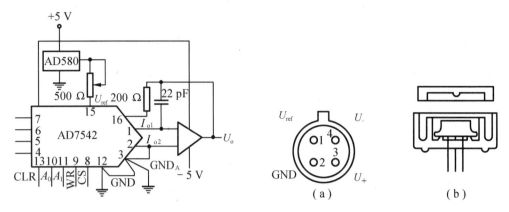

图 2-23　AD580 在 D/A 转换中的应用　　　图 2-24　CW199/299/399 封装形式及外引线图

(2)典型应用

图 2-25 为两种常用的连接方法,(a)图采用了双电源输入的连接方法,输出电压为 6.9 V;(b)图是单电源的连接方法,输出电压也为 6.9 V。

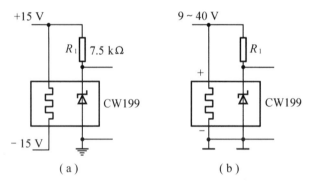

图 2-25　常用的两种连接方法

图 2-26 为输出可调方式的电路原理图,运算放大器 CF108A 接成电压跟随器,与 CW199 相连。设 CW199 的输出为 U_1,电位器 R_2 的分压比为 k。U_1 通过 R_1 接到 CF108A 的反相端,通过电位器 R_2 接到 CF108A 的同相端,利用叠加原理,分别求出两个输入电压产生的输出电压,然后将其叠加起来,即可求出 U_o:

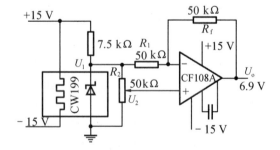

图 2-26　输出可调方式的电路原理图

$$U_o = -\frac{R_f}{R_1}U_1 + k\left(1 + \frac{R_f}{R_1}\right)U_1 = (2k-1)U_1$$

通过调节 k 值,就可得到 $-6.9 \sim +6.9$ V 范围内可调节的基准电压。

2.3　开关稳压电源

前面介绍的线性集成稳压电源,由于其具有稳压性能好、输出纹波小、过载能力强等优点,因而在控制系统中得到了广泛的应用。近年来开关稳压电源技术得到了很大发展。按控制方式分类,开关稳压电源有三种:脉冲宽度调制方式、脉冲频率调制方式、混合调制方式。目前生产的开关稳压电源大多采用脉宽调制方式,少数采用脉冲频率调制或混合调制方式。

2.3.1　开关稳压电源的控制方式

无工频变压器开关稳压电源的控制方式,大致有以下三种。

1. 脉冲宽度调制方式,简称脉宽调制式(PWM)

它是将开关频率固定,通过改变脉冲宽度来调节占空比。由于开关周期固定,这就为设计滤波电路提供了方便。其缺点是受功率开关管最小导通时间的限制,对输出电压不能做宽范围调节;另外输出端一般要接假负载,以防止空载时输出电压升高。目前集成开关稳压电源大多采用 PWM 方式。

2. 脉冲频率调制方式,简称脉频调制式(PFM)

它是将脉冲宽度固定,通过改变开关频率来调节占空比。在电路设计上要固定脉宽发生器来代替脉宽调制器中的锯齿波发生器,并利用电压/频率转换器。其稳压的原理:当输出电压 U_o 升高时,控制器输出信号的脉冲宽度不变而周期变长,使占空比减小,U_o 降低。PFM 式开关稳压电源的输出电压调节范围很宽,输出端可以不接假负载。

PWM 方式和 PFM 方式的调制波形分别如图 2−27(a)、(b)所示,t_p 表示脉冲宽度(功率开关管的导通时间 t_{ON}),T 代表周期,从中很容易看出二者的区别。它们的共同之处:①均采用时间比率控制(TRC)稳压原理,无论是改变 t_p 还是 T,最终调节的都是脉冲占空比。②当负载由轻变重,或者输出电压从高变低时,分别通过增加脉宽、升高频率的方法,使输出电压保持稳定。

3. 混合调制方式

它是指脉冲宽度与开关频率均不固定,两者都能改变的方式,它属于 PWM 和 PFM 的混合方式。由于 t_p 和 T 均可单独调节,因此占空比调节范围最宽,适合制作供实验室使用的输出电压,可以宽范围调节的开关电源。

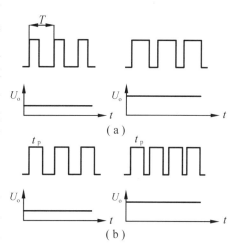

图 2−27　两种控制方式的调制波形

(a)PWM 方式;(b)PFM 方式

2.3.2　脉宽调制式开关稳压电源的基本工作原理

脉宽调制式开关稳压电源的基本原理如图 2−28 所示。交流 220 V 输入电压 u 经过整流滤波变成直流电压 U_1,再由功率开关管 VT(或 MOSFET)斩波、高频变压器 T 降压,得到高频矩形波电压,最后通过输出整流滤波器 VD、C_2 获得所需要的直流输出电压 U_o。脉宽调制器是这类开关稳压电源的核心,它能产生频率固定而脉冲宽度可调的驱动信号,控制功率开关管的通断状态便能调节输出电压的高低,达到稳压的目的。锯齿波发生器提供时钟信号,利用误差放大器和PWM比较器构成闭环调节系统。假如由于某种原因致使 U_o 下降,脉宽调制器就改变驱动信号的脉冲宽度,即占空比,使斩波后的平均值电压升高;反之亦然。

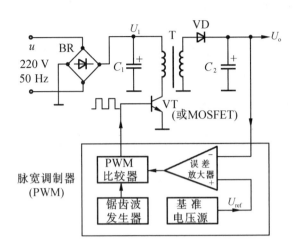

图2-28　脉宽调制式开关稳压电源的基本原理图

2.3.3　TOPSwitch-II的性能特点及应用

1. TOPSwitch-II的性能特点

TOPSwitch-II是美国PI公司研制出的第二代单片开关稳压电源集成电路,广泛用于仪器仪表、笔记本电脑、移动电话等领域。按封装形式,TOPSwitch-II可分为三种类型:①采用TO-220封装的TOP221Y-227Y型;②采用DIP-8封装的TOP221P-224P型;③采用SMD-8封装的TOP221G-224G型。TOPSwitch-II系列产品具有以下显著特点。

①将脉宽调制(PWM)控制系统的全部功能集成到三端芯片中。内含脉宽调制器、功率开关场效应管(MOSFET)、自动偏置电路、保护电路、高压启动电路和环路补偿电路,通过高频变压器使输出端与电网完全隔离,真正实现了无工频变压器、隔离、反激式开关稳压电源的单片集成化,使用安全可靠。由于采用CMOS电路,从而使器件功耗显著降低。它不需要外接大功率的过流检测电阻,外部也不必提供启动时的偏置电流。

②它属于漏极开路输出并且利用电流来线性调节占空比的DC/DC电源变换器,即电流控制型开关稳压电源。

③输入交流电压和频率的范围极宽。采用固定电压输入时可选110 V/115 V/230 V交流电,允许变化±15%;在宽范围电压输入时,适配85~265 V交流电,但 P_{CM} 值要比前者降低40%,这是因为后者的工作条件更为苛刻,必须对输出功率加以限制。输入频率范围是47~440 Hz。以由TOP223Y构成的开关稳压电源模块为例,其电压调整率(又称线性调整率) $S_V = \pm 0.7\%/V$,负载调整率(又称电流调整率) $S_I = \pm 1.1\%$。若采用光耦反馈式并且外接由可调式精密并联稳压器TL431构成的误差放大器,则 S_V、S_I 分别可达 $\pm 0.2\%$。

④TOPSwitch-II只有三个引出端,与三端线性集成稳压器相类似,能以最简单的方式构成无工频变压器的反激式开关稳压电源。为完成多种控制、偏置及保护功能,其控制端

属于多功能引出端,实现了一脚多用。它具有连续和不连续两种工作模式。反馈电路有四种基本类型,能构成各种普通型或精密型开关稳压电源。

　　⑤开关稳压电源频率的典型值为 100 kHz,允许范围 90 ~ 110 kHz,占空比调节范围是 1.7% ~ 67%。

　　⑥外围电路简单,成本低廉。外部仅需接整流滤波器、高频变压器、漏极钳位保护电路、反馈电路和输出电路。由 TOPSwitch – Ⅱ 构成 5 W 以上的开关稳压电源,在成本上可与相同功率的线性集成稳压电源相竞争。

　　⑦电源效率高。由于芯片本身功耗很低,因此电源效率可达 80% 左右,最高能达到 90%。

　　⑧若将它配以低压差线性集成稳压器,则可构成一种新型复合式开关稳压电源,既保留开关稳压电源体积小、效率高之优点,又具有线性稳压电源稳定性好、纹波电压低等优良特性。此外它还适配 L4960/L4960A 系列可调式单片开关式集成稳压器,组成电压连续可调、大电流输出的复合式开关稳压电源。

　　⑨采用这种芯片能够降低开关稳压电源所产生的电磁干扰。

　　⑩其工作温度范围是 0 ~ 70 ℃,芯片最高结温 $T_{jM} = 135$ ℃,开关稳压器的温度漂移量仅为 $\pm 50 \times 10^{-6}\%/℃$。

　　2. TOPSwitch – Ⅱ 系列单片开关稳压电源的典型应用

　　TOPSwitch – Ⅱ 适宜构成 150 W 以下的普通开关稳压电源、精密开关稳压电源、多路输出的开关稳压电源、后备式开关稳压电源,广泛用于电子仪器、测控系统、家用电器中。

　　由 TOP221P 构成的 +5 V、+12 V 双路输出的 4 W 后备式开关稳压电源电路如图 2 – 29 所示。电路中使用 TOP221P(IC_1)、线性光电耦合器 PC817A(IC_2)各一片。该电路能在主电源断电后继续供电,确保仪器设备中的 CPU 以及日历时钟芯片内部 RAM 中的数据不致丢失,亦可使遥控端口的工作状态维持一段时间。输入端接直流电压 U_i,U_i 值应视交流输入电压 u 的变化范围(如 85 ~ 245 V)而定。B 为高频变压器,N_P 为初级绕组,N_S 为次级绕组(亦称输出绕组),N_F 为反馈绕组。它采用带稳压管的光耦反馈电路。图上的黑点代表各绕组的同名端(亦称同相端)。隔离式 +5 V 输出专为需要掉电保护的电路供电,而非隔离式 +12 V 输出给主电源的 PWM 控制器等供电,使之处于待机状态;一旦通电,主电源立即转入正常工作状态。图中的 RTN 为输出 +5 V 的返回端(RETURN),即公共/接地端。

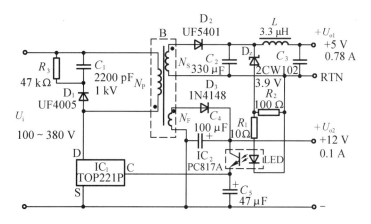

图 2 – 29　由 TOP221P 构成的 4 W 后备式开关稳压电源电路

该电路属于单端反激式开关稳压电源。所谓单端是指 TOP221P 只有一个脉宽调制信号功率输出端——漏极。反激式则是指当功率管导通时,就将电能储存在高频变压器的初级绕组上;仅当功率管关断时,才向次级输送电能。由于开关频率高达 100 kHz,从而使得高频变压器能够快速储存、释放能量,经高频整流滤波后即可获得直流连续输出。

鉴于在功率管关断的瞬间,高频变压器的漏感会产生尖峰电压 U_L,同时在 N_P 上还会产生感应电压(反向电动势)U_{OR},二者叠加在直流输入电压 U_i 上,而且在典型情况下,U_{imax} = 380 V,$U_L \approx 165$ V,$U_{OR} = 135$ V,$U_{cb} = U_{imax} + U_L + U_{OR} \approx 680$ V。这就要求功率管至少应能承受 700 V 的高压,即 $U_{(BR)DS} \geq 700$ V,同时还必须在漏极增加钳位电路,用以吸收尖峰电压,保护 TOP221P 中的功率管不受损坏。钳位电路由 D_1、R_3、C_1 组成,D_1 选用反向耐压为 600 V 的超快恢复二极管 UF4005。当功率管导通时,N_P 的电压极性上端为正,下端为负,使 D_1 截止,钳位电路不起作用。在功率管截止瞬间,N_P 变为下端为正,上端为负,此时 D_1 导通,尖峰电压就被 R_3 和 C_1 吸收掉。次级 N_S 上的高频电压经过 UF5401 型 100 V/3 A 的超快恢复二极管 D_2 整流,再经过 C_2、L、C_3 滤波后,获得 +5 V 输出电压 U_{o1}。滤波电感 L 选用被称作“磁珠”的 3.3 μH 穿心电感,可滤除 D_2 在反向恢复过程中产生的开关噪声。市售的磁珠外形与塑封二极管相仿,但是用磁性材料封装,内穿一根导线而制成的小电感。U_{o1} 的额定值由稳压管 D_2 的稳压值 U_Z(约 3.9 V)和 IC$_2$ 中发光二极管 LED 的正向压降 U_F(约 1 V)之和来设定。因 LED 的工作电流很小,而 LED 的限流电阻 R_1 的阻值也很小,故 R_1 上的压降可忽略不计。有公式

$$U_{o1} = U_Z + U_F \tag{2-16}$$

为提高高频整流的效率,降低损耗,图 2-29 中的 D_2 还可换成肖特基二极管。

N_F 上产生的反馈电压经 D_3、C_4 整流滤波,获得非隔离式 +12 V 输出(该路输出 U_{o2} 与 S 极共地),为光耦合器中接收管的集电极供电。由于 N_F 输出电流较小,因此 D_3 可采用高速开关二极管 1N4148,其最高反向工作电压 $U_{RM} = 75$ V,最大正向电流 $I_{FM} = 150$ mA,反向恢复时间 $t_{rr} = 4$ ns。光耦合器 PC817A 能将 U_{o1} 与电网隔离,其发射极电流送至 TOP221P 的控制端,用来调节占空比。

分析 U_{o1} 的稳压原理:当由于某种原因致使 $U_{o1} \uparrow$,$U_{o2} > U_Z + U_F$ 时,所产生的误差电压 $U_e = U_{o1} - (U_Z + U_F)$ 就令 LED 的 $I_F \uparrow$,经过光耦合器后,接收管的 $I_e \uparrow$,使控制端电流 $I_c \uparrow$,而占空比 $D \downarrow$,导致 $U_{o1} \downarrow$,从而实现了稳压目的。反之,$U_{o1} \downarrow \rightarrow I_F \downarrow \rightarrow I_e \downarrow \rightarrow I_c \downarrow \rightarrow D \uparrow \rightarrow U_{o1} \uparrow$,同样起到稳压作用。

C_5 为控制端旁路电容,能对控制环路进行补偿并设定自动重启动频率。当 $C_5 = 47$ μF 时,自动重启动频率为 1.2 Hz,周期为 0.83 s,即每隔 0.83 s 检测一次调节失控的故障是否已被排除,若确认已被排除,就自动重新启动开关电源恢复正常工作。

2.3.4 LM2576 的性能特点及应用

1. LM2576 的性能特点

LM2576 系列是 3 A 电流输出降压开关型集成稳压电路,它内含固定频率振荡器(52 kHz)和基准稳压器(1.23 V),并具有完善的保护电路,包括电流限制及热关断电路等,利用该器件只需极少的外围器件便可构成高效稳压电路。LM2576 系列包括 LM2576(最高输入电压 40 V)及 LM2576HV(最高输入电压 60 V)两个系列。每个系列均提供有 3.3 V、

5 V、12 V、15 V 及可调输出电压等多个电压数值。此外该电路芯片还提供了工作状态的外部控制引脚。

该系列开关稳压集成电路的主要特性:最大输出电流为 3 A;最高输入电压,LM2576 为 40 V,LM2576HV 为 60 V;输出电压为 3.3 V、5 V、12 V、15 V 和 ADJ(可调)等可选;振动频率为 52 kHz;转换效率为 75% ~88%,不同电压输出时的效率不同;控制方式为 PWM;工作温度范围为 -40 ~ +125 ℃;工作模式为低功耗或正常两种模式,可外部控制;工作模式控制为 TTL 电平兼容;所需外部元件为 4 个(不可调)或 6 个(可调);器件保护为热关断及电流限制;封装形式为 TO - 220 或 TO - 263。LM2576 的内部图及其对应的封装形式(5 脚 TO - 220)如图 2 - 30 所示。

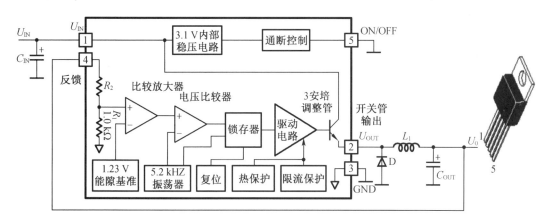

图 2 - 30 开关集成稳压器 LM2576 原理框图和封装

LM2576 内部含有开关管,适用于降压型开关稳压电路(串联开关稳压电路)。输入电压范围是 4.75 ~ 40 V。固定输出电压有 3.3 V、5.0 V、12 V、15 V。可调节输出电压系列的电压调节范围是 1.23 ~ 37 V。每个都能保证输出 3.0 A 的负载电流。从图 2 - 30 中看出,其内部包含 52 kHz 振荡器、1.23 V 基准稳压电路、热关断电路、电流限制电路、放大器、比较器及内部稳压电路等。为了产生不同的输出电压,通常将比较器的负端接基准电压(1.23 V),正端接分压电阻网络,这样可根据输出电压的不同选定不同的阻值,其中 R_1 = 1 kΩ(可调时开路),R_2 分别为 1.7 kΩ(3.3 V)、3.1 kΩ(5 V)、8.84 kΩ(12 V)、11.3 kΩ(15 V)和 0(可调时),上述电阻依据型号不同已在芯片内部做了精确调整,因而无需使用者考虑。将输出电压分压电阻网络的输出同内部基准稳压值 1.23 V 进行比较,若电压有偏差,则可用放大器控制内部振荡器的输出占空比,从而使输出电压保持稳定。

LM2576 系列开关稳压集成电路是线性三端稳压器件(如 78XX 系列三端稳压集成电路)的替代品,它具有可靠的工作性能、较高的工作效率和较强的输出电流驱动能力。

2. LM2576 的典型应用

根据前述内容,LM2576 在实际应用中主要包括两种情况:一种是输出电压为某个确定值;另一种是输出电压为可调电压值。下面对这两种情况,分别给出其典型应用电路。

(1)输出固定电压的典型应用电路

LM2576 输出固定电压的典型应用电路如图 2 - 31 所示。一般在实际应用中,如果其型号为 LM2576 - 5.0,即表示该芯片输出电压值为 5 V,也就是说芯片型号的后缀表示该开关电源固定输出的电压值。

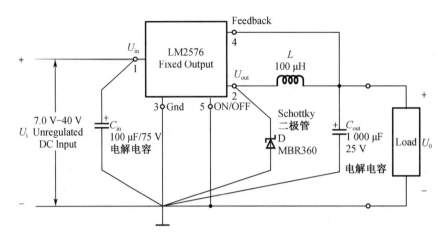

图 2 - 31　LM2576 固定输出电压器件应用电路

(2)可调输出电压的典型应用电路

LM2576 输出可调电压的典型应用电路如图 2 - 32 所示。此时 LM2576 内部的分压电阻网络不起作用,即电阻 R_1 为开路,电阻 R_2 阻值为零,需外接分压电阻网络,如图 2 - 32 所示。其中取样电阻 $R_1 = 1.0 \sim 5.0$ kΩ,输出电压为

$$U_o = \left(1 + \frac{R_2}{R_1} \right) U_{ref} \qquad (2 - 17)$$

其中 $U_{ref} = 1.23$ V。

调节 R_2 可调整输出电压,输出电压的调节范围是 1.23 ~ 37 V。

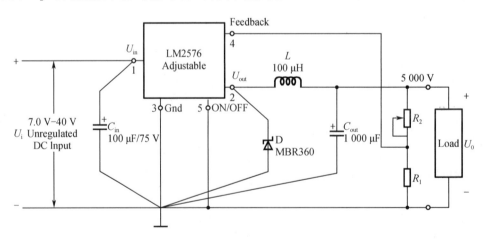

图 2 - 32　LM2576 可调输出电压器件的应用电路

2.4　地线系统和电源抗干扰技术

2.4.1　干扰来源及抗干扰设计

1. 干扰来源

工业生产中的干扰一般以脉冲的形式进入控制系统。干扰窜入系统的渠道主要有三条,如图2－33所示,即空间干扰(场干扰),通过电磁波辐射窜入系统的干扰;过程通道干扰,干扰通过与主机相连的前向通道、后向通道及其他与主机相互联系的通道进入;供电系统干扰。一般情况下空间干扰可用良好的屏蔽与正确的接地、滤波加以解决,故微机系统中应重点防止供电系统与过程通道的干扰。

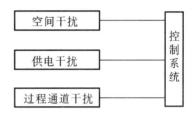

图 2－33　计算机控制系统的
干扰渠道

任何电源及输电线路都存在内阻,正是这些内阻引起了电源的噪声和干扰。如果没有内阻存在,无论何种噪声都会被电源短路吸收,在线路中不会建立起任何干扰电压。

如果把电源电压变化的持续时间定为 Δt,那么根据 Δt 的大小可以把电源干扰分为:

①过压、欠压、停电:$\Delta t > 1$ s;

②浪涌、下陷、降出:1 s $> \Delta t > 10$ ms;

③尖峰电压:Δt 为微秒量级;

④射频干扰:Δt 为毫秒量级;

⑤其他:半周期内的停电或过压、欠压。

过压、欠压、停电的危害显而易见,解决的办法是使用各种稳压器、电源调节器,对短暂时间的停电则可通过配置不间断电源来解决。

浪涌与下陷使电压快速变化,如果幅度过大则会毁坏系统,即使变化不大(10%～15%),但由于系统中接有反应迟缓的磁饱和或电子交流稳压器,往往会在这些变化点附近产生振荡,由此造成的振荡能产生30%～40%的电压变化,而使系统无法工作,解决办法是使用快速响应的交流电源调压器。

2. 供电系统的抗干扰设计

为了防止从电源系统引入干扰,可采用图2－34所示的供电系统,它由以下几部分组成。

(1)交流稳压器

它主要用来保证供电的稳定性,防止电源系统的过压或欠压,有利于提高整个系统的可靠性。

(2)隔离变压器

考虑到高频噪声通过变压器时主要不是靠初、次级线圈的互感耦合,而是靠初、次级间的寄生电容耦合,因此隔离变压器的初级和次级之间采用屏蔽层隔离,以减少其分布电容,从而提高抗共模干扰的能力。

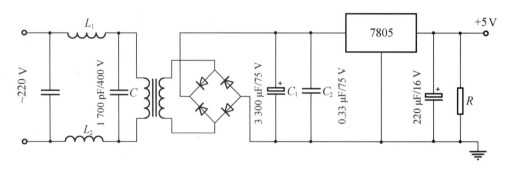

图 2 – 34 常用计算机电源系统

（3）低通滤波器

由谐波频谱分析可知，电源系统的干扰源大部分是高次谐波，采用低通滤波器可以让 50 Hz 市电基波通过，滤去高次谐波，以改善电源波形。因受元器件耐压能力的限制，在低压情况下，当滤波电路载有大电流时，宜采用小电感和大电容构成的滤波网络；当滤波电路处于高压工作时，则可采用小电容和允许的最大电感构成滤波网络。

在整流电路之后可采用图 2 – 35 所示的双 T 滤波器，以消除 50 Hz 工频干扰。其优点是结构简单，对固定频率的干扰滤波效果好。其频率特性为

$$H(\mathrm{j}\omega) = \frac{u_\mathrm{o}}{u_\mathrm{i}} = \frac{1 - (\omega RC)^2}{1 - (\omega RC)^2 - 4\mathrm{j}\omega RC} \tag{2 – 18}$$

当 $\omega = \omega_\mathrm{c} = \dfrac{1}{RC}$ 时，$u_\mathrm{o} = 0$，$f = \dfrac{1}{2\pi RC}$。将电容 C 固定，调节电阻，当输入 50 Hz 信号时，使输出 $u_\mathrm{o} = 0$。

（4）采用分散独立功能模块供电

在每块系统功能模块上用三端稳压集成块 7805、7905、7812、7912 等组成稳压电源。每个功能块单独对电压过载进行保护，不会因某块稳压电源故障而使

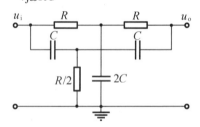

图 2 – 35 50 Hz 干扰滤波电路

整个系统破坏，也减少了每个模块公共阻抗的相互耦合，以及和公共电源的相互耦合，可大大提高供电的可靠性，也有利于电源散热。

为了抑制浪涌干扰，在电源变压器的输入端增加了双轭流圈滤波器，如图 2 – 34 所示。当电流通过轭流圈 L_1 和 L_2 两绕组时，所产生的内磁通互相抵消。若工频电流通过 L_1 和 L_2，由于频率低，阻抗极小，很容易通过；而当高频干扰电流通过时，双轭流圈的阻抗将呈现很大值，因此它在微机系统和电网之间起到高频隔离作用。对进入电源线上的差分干扰信号，双轭流圈的滤波作用不大。为了弥补这一不足，在轭流圈的输入和输出端并上滤波电容 C，使这一类干扰信号被旁路。

主要元件参数在图中均已标出，但电源所带负载不同，这些元器件的主要参数也随之变化，上述参数适应于负载 0.5 A、+5 V 的情况。轭流圈选用 MXQ – 2000，内径为 18 mm，外径 24 mm，厚 8 mm 的磁芯。L_1 和 L_2 各绕 50 ~ 70 圈后用环氧树脂封装。绕制时应注意绕线排列不可太密，而且只能单层绕制，否则会增加线间分布电容，提供高频通道。由于 L_1 接于一次绕组两端，所以应与变压器一次绕组线径相同。

2.4.2　地线系统

在实时控制系统中,接地是抑制干扰的主要方法之一。在设计和施工中如能把接地和屏蔽正确地结合起来使用,可以解决大部分干扰问题,因此在系统设计中对接地方法必须加以充分地考虑。

诚然接地技术并不是一门精密的科学,因为首先接地体的几何形状比较复杂;其次地层的结构也各有差异,不同土壤的电阻率相差很大,其变化范围为 $500 \sim 5\,000\ \Omega/m$,而河水的电阻率也相差 20 倍左右,变化范围为 $30 \sim 600\ \Omega/m$;三是接地电阻的测量难以做到很精确。由于这些原因应该避免两种极端:一种是只考虑了理论上的完备,而使计算相当烦琐,脱离了工程实际的需要和可能;另一种是只简单地规定一个接地电阻值作为接地标准,而忽视上述多种因素的综合分析。

接地设计有两个基本目的:①消除各电路电流流经一公共地线阻抗时所产生的噪声电压;②避免磁场和地电位差的影响,即不使其形成地环路,如果接地方式处理不好,就会形成地环路,造成噪声耦合。

众所周知,地球是导体而且体积非常大,其静电容量也非常大,电位比较恒定,所以人们把它作为基准电位,也就是零电位。当雷雨云集结并靠近地面时,由于正负电荷相吸引,往往也会使地面上部分地区的电位产生变化,但一般情况下都为恒定。

当用导体与大地相连,即使有少许接地电阻,只要没有电流导入大地,则导体的各部分以及与该导体连接的其他导体,全都和大地一样,仍为零电位。计算机及其他电气设备在工作时,它和基准电位之间存在着微小的电位差,因为实际上要完全不让电流流入接地点是困难的,因此接地电位的变化是产生干扰的最大原因之一。接地可分为保护接地和工作接地两大类:保护接地主要是为了避免工作人员因设备的绝缘破坏或下降遭受触电危险和保证设备的安全;工作接地则主要为了保证控制系统稳定可靠地运行,防止地环路引起的干扰。

计算机实时控制系统的地线标准要求比较高。就地线形式而言,一般应以机房周围埋设网状地线,其阻值应小于 $10\ \Omega$,最好在 $4 \sim 5\ \Omega$ 之内。

2.4.3　计算机控制系统的接地方法

1. 计算机控制系统地线分类

(1)数字地

这种地作为逻辑开关网络的零电位,或叫逻辑地。

(2)模拟地

这种地作为 A/D 转换前置放大器或比较器的零电位。当 A/D 转换器在获取 $0 \sim 50\ mV$ 这类小信号时,模拟地必须认真地对待;否则将会给系统带来不可估量的误差。

(3)功率地

这种地为大电流网络部件的零电平,如内存磁芯体的驱动电流、打印机电磁铁的驱动电流。

(4)信号地

这种地通常为传感器的地。

（5）交流地

交流 50 Hz 地线，这种地线是噪声地。

（6）直流地

直流电源的地线。

（7）屏蔽地

为防止静电感应和磁场感应而设的地线，或叫机壳地。

以上这些不同的地线如何处理，采用浮地还是接地，一点接地还是多点接地，分散接地还是集中接地等，是计算机控制系统中设计、安装、调试的一个重要问题。本节就这些问题进行分析，并提出各种不同的处理措施。

2. 接地原则

（1）一点接地和多点接地的应用原则

根据常识高频电路应就近多点接地，低频电路应一点接地。在低频电路中，布线和元件间的电感并不会带来大问题，然而接地电路形成的环路，对于干扰影响很大，因此常以一点作为接地点。但一点接地不适用于高频电路，因为在高频电路中，地线上具有电感，因而增加了地线的阻抗，同时各地线之间又产生电感耦合。当频率很高时，特别是当接地线长度等于 1/4 波长的奇数倍时，地线阻抗就会变得很高。这时地线变成了天线，可以向外辐射噪声信号，所以这时的地线长度应小于 25 mm，并要求地线镀银。一般来说频率在 1 MHz 以下，可用一点接地；而高于 10 MHz 时，应多点接地。频率在 1～10 MHz 之间时，如用一点接地，其地线长度不得超过波长的 1/20；否则应采用多点接地。

（2）交流地与信号地不能共用

因为在一段电源地线的两点间会有毫伏级，甚至几伏的电压降，所以对低电压信号电路，这是一个非常严重的干扰，必须加以隔离和防止。

（3）浮地和接地的比较

全机浮地即机器各个部分全部与大地浮置起来，这种方法简单，但全机与地的绝缘电阻不能小于 50 MΩ。这种方法有一定的抗干扰能力，但是一旦绝缘下降便会带来干扰；另外浮空容易产生静电，导致干扰，这是一个缺点。

还有一种方法就是将计算机机壳接地，其余部分浮空。这种方法抗干扰能力强，而且安全可靠，不过制造工艺复杂，这在国产机比较少见。日本生产的 HQC – 700E 计算机系统属于这种形式的接地，如图 2 – 36 所示。

HQC – 700E 计算机接地电阻约为 3.3 Ω，接地引线为 15～20 m，由直径为 10～15 mm 的多股铜线编织而成。逻辑地与大地的绝缘电阻大于 50 MΩ。

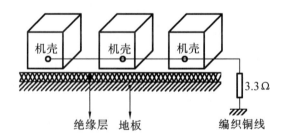

图 2 – 36 HQC – 700E 计算机接地系统

由以上分析可见，多数计算机还是以接大地为好，而飞机、舰船上的计算机则采用浮地方式适宜。

（4）数字地

主要是 TTL、CMOS 印刷板等地线。印刷板中的地线应成网状，而且其他布线不要形成环路,特别是环绕外周的环路,在噪声干扰上这是很重要的问题。印刷板中的条状线不要长距离平行,应加隔离电极和跨接线或屏蔽。实验证明当条状线宽为 $W(\mathrm{mm})$,间隔为 d (mm) 时,每 100 m 长的平行条状线的杂散电容如图 2-37 所示。

例如当条状线宽 $W=2\ \mathrm{mm}$,间隔 $d=2\ \mathrm{mm}$,平行长度为 4 cm 时,从图 2-37 中读取 A 点的纵坐标为 0.35 pF/cm,即杂散电容为

$$C = 0.35 \times 4 = 1.4\ \mathrm{pF}$$

当频率低时,这样量级的电容问题不大,但对于极高频来说(如前沿陡峭的脉冲电路),这就是一个绝对不可忽视的数值;还有印刷电路板上的接地线要根据电流通路逐渐加宽,最好不要小于 3 mm;印刷电路板的旁路电容引线不能太大,特别是高频旁路电容器不能带引线;还有每块集成芯片(IC)的 U_{c} 与地之间都要加接旁路电容器为好,并注意极性。

当安装大规模集成电路芯片时,要让芯片跨越平行的地线和电源线,这样可以减少干扰,如图 2-38 所示。

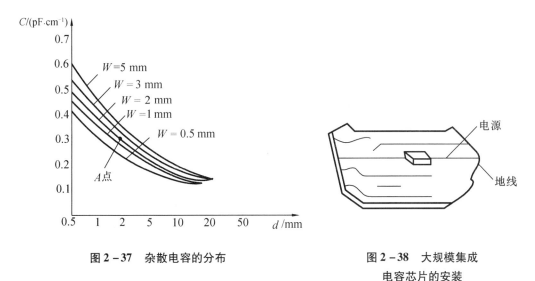

图 2-37　杂散电容的分布　　　　　图 2-38　大规模集成
电容芯片的安装

(5)模拟地

当 A/D 转换器采集 0~50 mV 的微弱信号时,模拟地接法极为重要。为了提高抗共模干扰的能力,可以采用三线采样双层屏蔽浮地技术,如图 2-39 所示。所谓三线采样就是将地线和信号线一起采样,这样的双层屏蔽技术是抗共模干扰最有效的办法。

由于传感器和机壳之间容易引起共模干扰,所以 A/D 转换器模拟接地

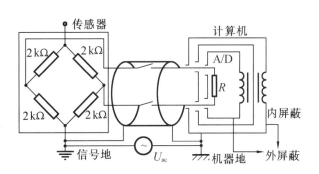

图 2-39　A/D 转换器的屏蔽

一般采用浮空隔离,即 A/D 转换器不接地,它的电源自成回路。A/D 转换器和计算机的连接通过脉冲变压器或光电耦合器来实现。

（6）功率地

这种地线因电流较大，所以线径较粗，而且应与小信号地线分开，并与直流地相连。

（7）信号地

即传感器的地，一般以 5 Ω 导体（接地电阻）一点入地，这种地不浮空。

（8）屏蔽地

这类地用于对电场的屏蔽。根据屏蔽目的的不同，屏蔽接法也不一样。电场屏蔽解决分布电容问题，一般接大地。电磁场屏蔽主要为了避免雷达、短波电台的干扰。这种高频电磁场辐射干扰，可利用低阻、高导流的金属材料制成，可以接或不接大地，但一般以接大地为好。磁路屏蔽采用以防磁铁、电机、变压器、线圈等磁感应、磁耦合的方式用高导磁材料使磁路闭合，一般接大地为宜。

高增益放大器常用金属罩屏蔽起来，但屏蔽层怎样接地？如图 2-40 所示，放大器与屏蔽层间存在寄生电容。由等效电路可以看出，寄生电容 C_3 和 C_1 使放大器的输出端到输入端有一反馈通路，如不将此反馈消除，则放大器将产生振荡。解决的办法就是将屏蔽体接到放大器的公共端，将 C_2 短路，从而防止反馈。这种屏蔽连接方式在放大器不接公共端的电路中也适用。

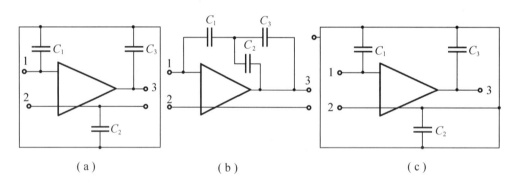

图 2-40　高增益放大器的屏蔽
(a)实际关系；(b)等效电路；(c)屏蔽体连接公共端

当信号电路是一点接地时，低频电缆的屏蔽层也应一点接地。如果电缆的屏蔽层接地点有一个以上时，即将产生噪声电流。对于扭绞电缆的芯线，屏蔽层中的电流便在芯线耦合出不同的电压，形成干扰噪声源。

当一个电路有一个不接地的信号源与一个接地的放大器相连时，输入端的屏蔽应接至放大器的公共端。相反，当接地的信号源与不接地的放大器连接时，即使信号源接的不是大地，放大器的输入端也应接到信号源的公共端。

（9）电缆和接插件的屏蔽

在用电缆连接时，常会发生无意中的地环路以及屏蔽不良，特别是当不同的电路在一起时更是如此。正确的布线应该清除这些现象，这里应该注意下面几点。

①高电平线和低电平线不要走同一条电缆。当不得已时，高电平线应组合在一起，并单独加屏蔽，同时要仔细选择低电平线的位置。

②高电平线和低电平线不要走同一接插件。要将高电平端子和低电平端子分立两端，中间留备用端子，并在中间接高电平引线地线和低电平引线地线，如图 2-41 所示。

③设备上出入电缆部分应保持屏蔽完整。电缆的屏蔽体也要经接插件予以连接。当两条以上屏蔽电缆共用一个插件时,每条电缆的屏蔽层都要单独用一个接线端子;否则易造成地环路,使电流在各屏蔽层中间流动。

④低电平电缆的屏蔽层要一端接地,屏蔽层外面要有绝缘层,以防与其他地线接触相碰。

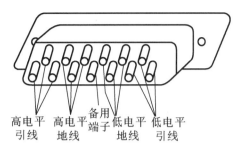

高电平引线　高电平地线　备用端子　低电平地线　低电平引线

图 2－41　接插件端子接法

2.5　服务机器人设计中的电源设计

在前述的服务机器人系统中,每个自由度处所选电机额定电压不同,根据设计的要求,该系统所需的电压值包括 +12 V、+5 V、+3.3 V、+2.5 V,而该系统的外部供电电源为 24 V,因此需要设计出该系统的电压转换电路。

由于 +24 V 用来驱动直流电机,控制系统中所需供电电压最高只有 +12 V,若采用线性稳压器件作为电压调节器,工作中会有较大的热损失,工作效率低,从而使控制系统稳定性变差,所以考虑选用开关电源。开关电源的工作频率目前基本上工作在 50 kHz,是线性稳压电源的 1 000 倍,从而使整流后的滤波效率也几乎提高了 1 000 倍,这样对来自于外部电源的高频干扰具有较强的抑制作用。功率板的 +24 V 转换为 +12 V,+12 V 转换为 +5 V,电源电路原理图如图 2－42 所示。

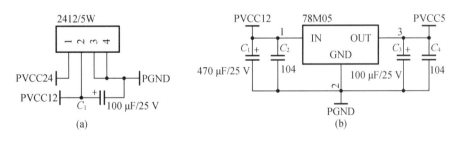

图 2－42　功率板电源电路原理图
(a) +12 V 电源;(b) +5 V 电源

功率板上主要芯片包括 6N137、IR2112 等,所需电压为 +12 V 和 +5 V,从图 2－42(a) 中可看出,选取开关隔离电源(DCDC2412)来提供 +12 V(图中 PVCC12)电压,图 2－42(b) 所示为由芯片 78M05 来提供 +5 V(图中 PVCC5)电压。

控制板中所需电压为 +3.3 V 和 +5 V,如图 2－43 所示。控制板中主要控制芯片需要 +3.3 V 电源,而系统 AD 转换滤波芯片 MAX7401 以及电压匹配芯片 SN74LVC4245 则需要 +5 V 电压。该 +5 V 不同于功率板所用到的 PVCC5 电压,该电压主要用于系统的数字电路部分,用 DVCC5 表示;并且两者对应的地也不同,前者对应功率地 PGND,后者对应数字地 DGND,将两者隔离,主要是为了防止下层板大功率信号对上层板数字信号的干扰。从图 2－43(a) 中可看出,选取开关隔离电源(DCDC2405)来提供 +5 V 电压,可将数字地与功率地隔离开;考虑到上层控制板功耗较小,而对供电的质量要求较高,由芯片 ASM1117 来提供

+3.3 V(图中用 +3.3 V 表示)电压,如图 2 –43(b)所示,对于 +3.3 V 的生成,放弃效率较高但输出噪声较大的开关电源降压方案,使用线性电源转换芯片; +2.5 V 用于为模数转换器 ADC 提供基准电压,用于旋转式电位计来测量角度,为了保证模拟电路在不同环境下的温漂最小,可用高精度基准电压源芯片 AD580 来提供,如图 2 –43(c)所示。

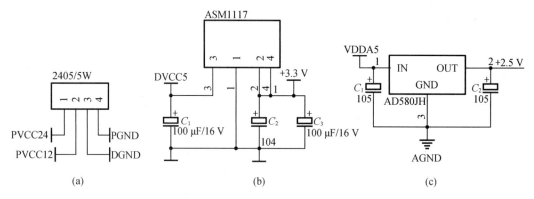

图 2 –43　控制板电源电路原理图

(a) +5 V 电源;(b) +3.3 V 电源;(c) +2.5 V 参考电源

习　题

2 – 1　常用线性集成稳压器有哪几种?

2 – 2　语音芯片供电电压为 3 V,设计由 317 芯片构成的 3 V 稳压电源。

2 – 3　与普通线性电源相比,开关稳压电源有哪些优缺点?

2 – 4　设计输出为 +5 V、–8 V 的直流稳压电源。

2 – 5　说明图 2 –19 恒流源电路的工作原理。

2 – 6　开关稳压电源有哪几种控制方式?

2 – 7　一般测控系统的干扰来源有哪几种?

2 – 8　提高系统抗干扰能力有哪些方法?

2 – 9　一般稳压电源与电压基准源有何异同?

2 – 10　说明图 2 –29 所示电路中各元件的作用,并简单说明工作原理。

第3章 线性放大及运算电路

3.1 概 述

3.1.1 线性放大及运算电路在机电系统中的作用

在机电系统中,一般都要使用传感器、控制器、伺服放大器和驱动元件。传感器的信号处理、模拟式控制器的应用以及伺服放大器的实现都不可避免地要使用模拟信号处理电路。

传感器在系统中测量对象的信息,主要有两个作用:供观察和记录信息;用来实现系统的闭环反馈控制。按输出信号的性质,传感器可分为数字式和模拟式两类。对于模拟输出型的传感器,经常需要对其输出信号进行放大和滤波处理,如应变式力传感器的输出仅为毫伏级,必须经过放大和滤波才能使用;直流测速发电机的输出电压,可以很高(几伏至几十伏),但脉动很大,且含有高频噪声信号,需要进行滤波处理。传感器在机电系统中的典型应用原理如图3-1所示。

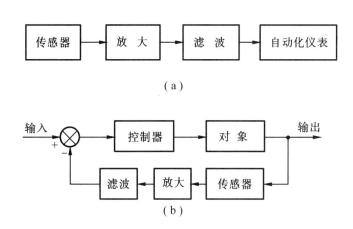

图3-1 传感器在机电系统中的应用原理

(a)用于显示和记录信息;(b)用于闭环反馈控制

在机电系统中还涉及一些数学运算,如求取输入信号与反馈信号的偏差、控制器调零和信号比例放大等,所有这些都离不开线性运算和放大电路。这类电路的特点是输出与输入之间呈线性关系,满足线性运算的基本法则,它主要包括比例放大器电路和加减法运算电路。

线性运算及放大电路的核心元件是运算放大器,运算放大器的使用是否得当,以及运算放大器的质量如何将会直接影响电路的性能。

运算放大器是一种多功能的通用放大器件,最初用在电子模拟计算机上。它本质上是一个高增益的直流放大器,加上外部反馈网络,能完成加、减、乘、除、微分、积分等运算,因此而得名。

最初的运算放大器是由电子管组成,因此价格昂贵、体积较大。由于电子技术的发展,从而使运算放大器得到了不断的改进和提高。运算放大器由电子管发展到晶体管,又由晶体管发展到集成电路,从而大大降低了温漂,减少了功耗,提高了可靠性,降低了成本。随着集成技术的不断发展,集成运算放大器的品种越来越多,其应用领域目前已远远超出数值运算的范围,被广泛地应用于信号的测量和处理、信号的产生和转换,以及自动控制、无线电技术等领域,它已成为电子技术领域中应用最为广泛的电子器件之一。

3.1.2 运算放大器的基本特性

1. 集成运算放大器的基本构成

任何一种集成运算放大器,不管其内部电路如何复杂,总是由一些基本的单元电路组成。这些单元电路包括:输入级、中间放大级、输出级和偏置电路四部分。它可用如图3-2所示的方框图来表示。

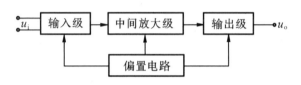

图3-2 集成运算放大器的组成

输入级又称前置级,它是一个高性能的差动放大器。输入级的好坏是决定集成运算放大器性能的关键。一般要求其输入电阻高、放大倍数大、抑制温度漂移的能力强、输入电压范围大,且静态电流小。

中间放大级的作用是使运算放大器获得很高的电压放大倍数,常由一级或多级带有源负载的共射级或共基级放大电路构成,其中有源负载可用电流源电路实现。

输出级主要使运算放大器有较强的带负载能力,因此要求输出级能提供较大的输出电压和电流,输出电阻要尽可能小。大多数集成运算放大器的输出级采用互补对称功率放大电路。

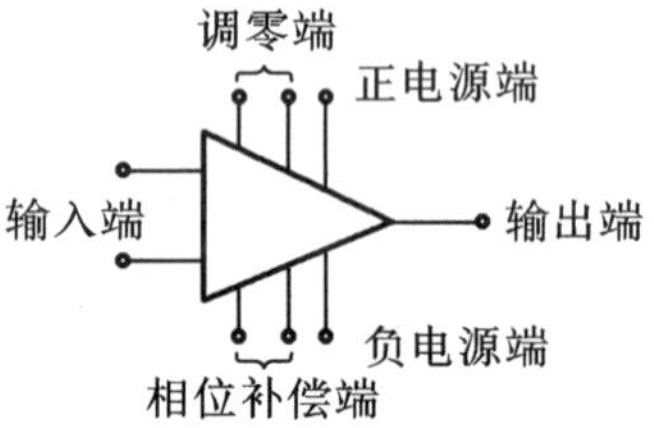

2. 集成运算放大器的引出端及表示符号

集成运算放大器共有五类引出端,通常采用图3-3所示的三角形符号和相应的引出端来表示。

图3-3 集成运算放大器的
符号表示

(1)输入端

信号电压输入端,它有两个,通常用符号"+"和"-"来表示同相输入端和反相输入端,它们的对地电压分别用u_+和u_-来表示。

(2)输出端

放大信号的输出端只有一个,通常对地电压为输出端。

(3)电源端

集成运算放大器为有源器件,工作时必须外接电源,一般有两个引出端,对于双电源运算放大器,其中一个为正电源V_{cc}端,而另一个为负电源V_{ee}端;对于单电源运算放大器,一端接正电源,另一端接地。

（4）调零端

它一般有两个引出端。常将其外接到电位器的两个外端,而将电位器中心调节端接正电源或负电源端。有些运算放大器不设调零端,要调零则需外接调零电路。

（5）相位补偿端

其引出端数目因型号不同而各异,一般为两个引出端,多者有 3 ~ 4 个,而有些运算放大器不设补偿端。

运算放大器的输入端、输出端、电源端在三角形符号上标示的位置比较固定,而调零端、相位补偿端则不同,可在两斜边任一位置上标出。为简化电路图,经常只标出两个输入端和一个输出端,而将电源端、调零端和相位补偿端略去。必要时可标出需说明的引出端,如调零端等。在用于施工的运算放大器电路图中,必须将全部引出端和所连元件、连接方式完整地表示出来,并在相应的引出端标出器件管脚号,在相应的三角形符号内或附件标出器件型号和器件编号。

3. 集成运算放大器的特性参数

实际上集成运算放大器并非是理想运算放大器,因此由集成运算放大器构成的各种运算放大器电路,在实际的电路与要实现的理想电路的特性之间存在一定的差别,由此带来误差。另外在设计电路时,需要合理选用器件,即在保证电路技术指标的前提下,使用便宜的器件以降低成本,同时充分利用手头已有的器件来提高电路的性能或解决器件的代用。这样就必须充分熟悉和掌握实际运算放大器的特性及表述其性能的各项技术参数或指标。正确理解和运用其特性参数,是正确评价和选择集成运算放大器,设计、计算和实验调试运算放大器电路所必需的前提。

集成运算放大器的特性参数分工作特性参数和极限参数两大类;而工作特性可按输入特性参数、传输特性参数、输出特性参数、电源特性参数来分类。

（1）输入特性参数

这一类特性参数与集成运算放大器输入端有关,因此它主要是与输入级有关的输入端等效特性参数。

①输入失调电压 U_{os}

理想的集成运算放大器,当输入电压为零（把两个输入端短接）时,输出电压应为零。但实际上由于输入差分级不完全对称,以及后续电路不完善,使集成运算放大器在输入为零时,仍存在一定的输出电压。在标称电源电压、室温 25 ℃时,为了使集成运算放大器在输入为零时输出为零,在输入端加微小的补偿电压,叫作输入失调电压 U_{os}。

一般集成运算放大器的输入失调电压在 20 μV ~ 20 mV 范围内。双极型集成运算放大器比场效应管型集成运算放大器的输入失调电压小。大多数运算放大器均有调零引出脚,通过外接调零电位器进行调零。并非一切运算放大器电路都需要调零,在非线性应用中以及对闭环增益较低且精度要求不高的线性电路中就不一定要求调零。

②输入失调电压温度系数 $\dfrac{\Delta U_{os}}{\Delta T}$

在规定的工作温度范围内,集成运算放大器的输入失调电压将随温度的变化而变化,把输入失调电压对温度的平均变化率称为输入失调电压温度系数,简称温漂。

集成运算放大器的失调及温漂,不仅会降低放大器的精度,而且会降低其分辨率。虽然放大器的失调可通过调零装置予以补偿,但任何调零装置都无法跟踪并补偿运算放大器的温度漂移,因此器件的输入失调及温漂是评价"高精度"运算放大器(或称"低漂移"运算放大器)的重要指标。

③输入失调电流 I_{os}

在标称的电源电压、室温 25 ℃下及输入信号为零时,在运算放大器的失调电压被补偿后,两输入端偏置电流之差的绝对值定义为输入失调电流,即 $I_{os} = |I_{b+} - I_{b-}|$。它主要反映了输入级差分对管的不对称度,一般为纳安数量级。

④输入失调电流的温度系数 $\dfrac{\Delta I_{os}}{\Delta T}$

在规定的工作温度范围内,输入失调电流随温度的变化而变化。我们把输入失调电流 I_{os} 对温度的变化率 $\dfrac{\Delta I_{os}}{\Delta T}$ 称为输入失调电流的温度变化系数。一般低漂移集成运算放大器的输入失调电流的温度系数为每摄氏度失调电流的 $10^{-3} \sim 10^{-2}$ 量级。

⑤输入偏置电流 I_b

在标称电压及室温 25 ℃情况下,集成运算放大器的失调电压被补偿后,使其输出电压为零时,集成运算放大器两个输入端电流的平均值,即 $I_b = \dfrac{I_{b+} + I_{b-}}{2}$。$I_b$ 值一般在 10 μA ～ 1 nA 范围内。输入级晶体管的放大倍数 β 越大,则 I_b 越小。失调电流 I_{os} 越小,输入电阻 R_i 越大。由此可见,减小运算放大器的输入偏置电流很重要。

⑥差模输入电阻 R_{id}

差模输入电阻 R_{id} 是指集成运算放大器在开环条件下两个输入端之间的动态电阻。它可以用加在两个输入端之间的差模电压的变化量 ΔU_{id},以及由它所引起的电流变化量 ΔI_i 之比来确定,即 $R_{id} = \dfrac{\Delta U_{id}}{\Delta I_i}$。差模输入电阻与输入级晶体管类型、工作状态以及环境温度有关。双极型运算放大器差模输入电阻不如场效应管型运算放大器的输入电阻高,一般为几百千欧到几十兆欧,而场效应管型运算放大器的输入电阻一般为 $10^{12} \sim 10^{14}$ Ω,甚至更高。一般偏置电流小的集成运算放大器,其差模输入电阻高。差模输入电阻的高低反映了集成运算放大器输入端向差动输入信号源索取电流的大小,故希望其值越大越好。

(2)传输特性参数

这是在信号电压从输入端到输出端传输过程中所表现出来,是与输入和输出电压有关的一些特性参数。

①开环电压增益 A_{uo}

它是指在没有外接反馈电路时,集成运算放大器的输出电压与两个输入端的信号电压之比,也称开环电压放大倍数或开环差模电压放大倍数,常用分贝数表示,定义为

$$A_{uo} = 20 \lg \frac{u_o}{u_i}$$

常用集成运算放大器的 A_{uo} 一般为 $10^4 \sim 10^7$,即 80 ～ 140 dB。

②−3 dB 带宽 f_0 和单位增益带宽 f_{BW}

当集成运算放大器的开环增益频响特性从直流开环增益下降 −3 dB 时,所对应的频率范围称为 −3 dB 带宽,又称为开环带宽。当开环增益下降到 0 dB 时,所对应的频带宽度 f_{BW},称为单位增益带宽。

③输出电压摆率 S_R

集成运算放大器在输入信号为阶跃脉冲条件下,输出电压对时间的最大变化率,即输出电压转换率,称为输出电压摆率,简称压摆率,即

$$S_R = \frac{du_o}{dt}\bigg|_{max}$$

压摆率是由集成运算放大器内部电路中的电容和晶体管电流驱动能力所限定,它也与相位补偿网络的特性和负载电容有关,这是输出电压对快速变化的输入信号所能达到的最快响应速率。

④共模电压增益 A_{uc} 和共模抑制比 K_{CMR}

集成运算放大器在两个输入端上所加的共同的对地电压为共模输入电压 u_{iCMR}。由共模输入电压引起的输出电压 u_{oCMR} 与此共模输入电压之比,定义为共模电压增益

$$A_{uc} = \frac{u_{oCMR}}{u_{iCMR}}$$

理想运算放大器的共模电压增益为零,而实际的集成运算放大器尽管内部电路采用共模负反馈,但总有一定的共模增益。一个集成运算放大器,希望它的共模增益越小越好,而差模增益越大越好。为了便于比较,常采用共模抑制比来表示,其定义:差模电压增益 A_{uo} 与共模电压增益 A_{uc} 之比,用分贝数表示为

$$K_{CMR} = 20\lg\left(\frac{A_{uo}}{A_{uc}}\right)$$

(3)输出特性参数

①最大输出电压幅度 $\pm U_{omax}$

在额定电源电压和额定输出电流条件下,输出波形不出现限幅或非线性失真时,集成运算放大器所能提供的最大输出电压,即为最大输出电压幅度或称峰–峰值电压 U_{opp}。最大输出电压幅度与电源电压、负载和信号频率有关,其一般低于电源电压 $1\sim2$ V。

②最大输出电流幅度 $\pm I_{omax}$

在额定电源电压和额定负载条件下,输出电压达到最大输出电压幅度时,集成运算放大器所能给出的最大输出电流,即为最大输出电流幅度。当输出电流超过 I_{omax} 时,集成运算放大器的输出电压将会明显下降。采用正、负电源的运算放大器,其正向最大输出电流和负向最大输出电流的大小可能不同,则应分别规定 I_{omax+}、I_{omax-}。通常集成运算放大器的最大输出电流为 $5\sim20$ mA,而功率运算放大器其最大输出电流可在 1 A 以上。

③输出短路电流 I_{sc}

接成同相跟随器的集成运算放大器在规定的输入正、负电压下,运算放大器输出端对地短路时的电流即为输出短路电流。

④开环输出电阻 R_∞

集成运算放大器开环时,从其输出端视入的等效电阻,称为开环输出电阻 R_∞。R_∞ 的大小表示集成运算放大器带负载的能力,其值愈小愈好。集成运算放大器的输出级几乎都采用射极输出器电路,因而均具有较低的开环输出电阻。一般 R_∞ 约为几百欧姆。

(4)电源特性参数

集成运算放大器是有源器件,它必须在电源支持下进行工作,而电源电压对集成运算放大器的特性参数有一定的影响。

①额定电源电压

保证集成运算放大器达到技术指标所规定的电源电压值,称为额定电源电压。一般双电源运算放大器的额定电源电压为 ±15 V,也有 ±12 V、±6 V。高压运算放大器的额定电源电压大于 ±20 V。一些运算放大器也可工作在单电源下。另外在集成运算放大器手册中还给出电源电压使用范围,如 ±(3 ~ 18) V, +3 ~ +32 V,在此电源电压范围内,集成运算放大器能正常工作,但并不能保证达到所有给出的技术指标。

②静态功耗 P_C

它是指输入信号为零时,集成运算放大器消耗正、负电源的总功率。

(5)极限特性参数

为了保证运算放大器的性能和使用寿命,而规定的最大值被称为极限特性参数。在实际使用中若有任何一项超出极限参数值,则可能造成永久性损坏或特性变差。

①极限电源电压

允许加到集成运算放大器电源端的最大直流电压为极限电源电压。一般集成运算放大器极限电源电压为 ±18 V,或正、负电源电压之差为 36 V。

②最大差模输入电压

集成运算放大器同相端和反相端之间所能承受的最大差模电压为最大差模输入电压,一旦超过这个电压,可能造成输入端损坏或与输入端有关的一些特性参数变差。

③最大共模输入电压

集成运算放大器的两个输入端对地间所允许施加的最大共模电压为最大共模输入电压。超过这个电压,共模抑制比将明显下降。这也是集成运算放大器用于同相放大器时所允许的输入电压的极限值。

④允许总功耗

在不引起集成运算放大器热损坏的条件下,集成运算放大器所能消耗的最大功率。

⑤工作温度范围

集成运算放大器能正常工作的温度范围称为工作温度范围。

⑥储存温度范围

集成运算放大器在这个温度范围内保存,其特性参数不发生变化。储存温度范围比工作温度范围宽,一般金属壳和陶瓷封装的集成运算放大器的储存温度范围为 −65 ~ +150 ℃,塑封的集成运算放大器的储存温度范围为 −55 ~ +125 ℃。

4. 集成运算放大器的电压传输特性

集成运算放大器的输出电压 u_o 与其差模输入电压 u_{id}($u_{id} = u_+ - u_-$,同相输入端与反相输入端之间电压的差值)之间的关系曲线称为电压传输特性,即

$$u_o = f(u_{id})$$

如图 3 - 4 所示,图中特性曲线可分斜线和水平两部分。斜线部分表明输出电压 u_o 与差模输入电压 u_{id} 呈线性关系,符合放大规律,特性曲线的斜率为 $A_{uo} = \dfrac{u_o}{u_{id}}$,称其为差模电压放大倍数。通常 A_{uo} 很高(与集成运算放大器的类型有关,一般为 $10^4 \sim 10^7$),所以集成运算放大器的线性区非常窄。当 u_{id} 很小(一般为几毫伏或更小)时,集成运算放大器输出级的

晶体管便趋向饱和,从而形成曲线的水平部分(非线性区)。此时输出电压 u_o 达到了最大值:当 u_{id} 为正值时,u_o 趋向正饱和值 U_{om+};当 u_{id} 为负值时,u_o 趋向负饱和值 U_{om-}。显然 U_{om+} 的大小接近正电源 V_{cc},U_{om-} 的大小接近负电源 V_{ee}。实际的传输特性曲线并不通过零点,且偏离零的值可正可负。引起这种情形的基本原因是集成运算放大器的差动输入级存在零点漂移。

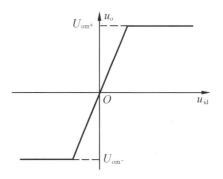

图 3 – 4 集成运算放大器的
电压传输特性

为了便于分析和计算,常把实际的集成运算放大器视为理想集成运算放大器。理想集成运算放大器的主要技术指标:开环电压放大倍数 $A_{uo} = \infty$,差模输入电阻 $R_{id} = \infty$,共模抑制比 $K_{CMR} = \infty$;开环输出电阻 R_∞、输入偏置电流 I_b、输入失调电流 I_{os} 及输入失调电压 U_{os} 均为零。

工作在线性区的理想运算放大器,利用其理想化参数,可以在输入端导出两条重要结论。

①理想运算放大器的两个输入端不取电流,通常称为"虚断",即 $i_i = 0$。这是因为 $R_{id} = \infty$。

②理想运算放大器的两个输入端之间的电压为零,常称为"虚短",即 $u_+ = u_-$。这是因为输出电压为有限值,而开环电压放大倍数 $A_{uo} = \infty$。

利用"虚短"和"虚断"这两个重要概念,把实际运算放大器由理想运算放大器来代替不会造成很大误差,而分析却大为简化,因此通常都利用理想运算放大器对各种工作于线性区的运算放大器电路进行分析,得出基本规律,在有必要时再进行误差分析。

3.2 比例放大器

所谓比例放大器,就是输出电压(或电流)与输入电压(或电流)之间呈线性关系的运算放大器,此时运算放大器工作于线性放大区。根据信号加在输入端方式的不同,可分为反相比例放大器和同相比例放大器。

3.2.1 反相比例放大器

图 3 – 5 为反相比例放大器的电路图。输入信号 u_i 经 R_1 加在反相输入端,同相输入端通过电阻 R_2 接地,反馈电阻 R_f 跨接在输出端和反相输入端之间,构成电压并联负反馈电路。为了保证电路处于对称状态,就要使运算放大器的反相输入端和同相输入端的外接电阻相等,即应满足 $R_2 = R_1 \parallel R_f$,故 R_2 称为平衡电阻。

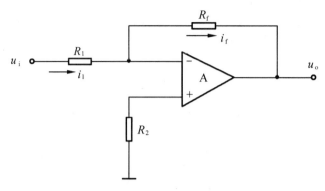

图 3 - 5　反相比例放大器电路

由图 3 - 5,并根据理想运算放大器的两个重要结论"虚断"和"虚短"得

$$\left.\begin{array}{l} u_- = u_+ = 0 \\[2mm] i_1 = \dfrac{u_i - u_-}{R_1} \\[3mm] i_f = \dfrac{u_- - u_o}{R_f} \\[3mm] i_1 = i_f \end{array}\right\}$$

由以上各式联立解得

$$u_o = - \frac{R_f}{R_1} u_i \tag{3-1}$$

即反相比例放大倍数为

$$A_{uf} = \frac{u_o}{u_i} = - \frac{R_f}{R_1} \tag{3-2}$$

式(3-2)中的负号表示输出电压 u_o 和输入电压 u_i 反相,且其比值由反馈电阻 R_f 与 R_1 决定,而与运算放大器本身的参数无关,因此可以通过选择合适的电阻元件来获得所需的电压增益。

当 $R_f = R_1$ 时, $u_o = - u_i$ 或 $A_{uf} = -1$,表明输出电压与输入电压大小相等,极性相反,此时的电路就称为"反相器"。

在图 3 - 5 中,尽管反相输入端未接地,但其电位趋近于零,这种现象称为"虚地","虚地"是集成运算放大器工作在闭环状态下的一个重要特点。应当指出"虚地"并非真正的地,不能把反相输入端看成与地短接,否则信号无法加到集成运算放大器中去,也就无法放大。另外若 $u_+ \neq 0$,或运算放大器工作于非线性区,则反相端并不是"虚地"。电路的输入电阻为 R_1,输入电阻低是反相输入的一个缺点。输出电阻为零,因此其带载能力强。

3.2.2　同相比例放大器

图 3 - 6 为同相比例放大器的电路图。输入信号从同相端加入,反相输入端经电阻接地,反馈电阻接在运算放大器的输出端与反相输入端之间,构成电压串联负反馈电路。

在理想运算放大器条件下,有

$$i_1 = i_f$$

$$i_1 = \frac{0 - u_-}{R_1}$$

$$i_f = \frac{u_- - u_o}{R_f}$$

$$u_- = u_+ = u_i$$

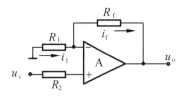

图 3-6　同相比例放大器电路

由以上各式得

$$u_o = \left(1 + \frac{R_f}{R_1}\right)u_i \qquad (3-3)$$

闭环电压放大倍数为

$$A_{uf} = 1 + \frac{R_f}{R_1} \qquad (3-4)$$

式(3-4)表明输出电压与输入电压同相,电路的电压放大倍数 A_{uf} 的值大于1,仅由外接电阻 R_f 和 R_1 决定,与运算放大器本身的参数无关。由于 $u_- = u_+ = u_i$,因此存在共模输入电压,这是与反相器不同,在选用运算放大器组件时,必须考虑其承受共模信号的能力。

电路的输入电阻和输出电阻分别为: $R_i = \infty$, $R_o = 0$。

当 $R_1 = \infty$(断开)并且 $R_f \neq \infty$(不断开)时,有

$$A_{uf} = 1 \qquad (3-5)$$

说明此时输出电压与输入电压大小相等,极性相同,故称之为电压跟随器。电压跟随器是同相放大器的一种特例,其特点仍然是具有高输入电阻,低输出电阻,因此常用作同相阻抗变换器。

3.3　加减法运算电路

3.3.1　反相加法器

图 3-7 所示为反相加法运算器的原理电路图。它由反相放大器的输入端加入三个输入信号构成。为使运算电路的两个输入端电路对称,要求平衡电阻 $R = R_1 /\!/ R_2 /\!/ R_3 /\!/ R_f$。

在理想运算放大器条件下,可列出

$$i_1 = \frac{u_{i1}}{R_1}$$

$$i_2 = \frac{u_{i2}}{R_2}$$

$$i_3 = \frac{u_{i3}}{R_3}$$

$$i_f = -\frac{u_o}{R_f}$$

$$i_f = i_1 + i_2 + i_3$$

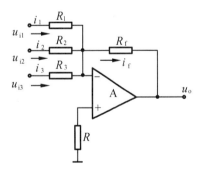

图 3-7　反相加法器的原理电路图

可得

$$u_o = -\left(\frac{R_f}{R_1}u_{i1} + \frac{R_f}{R_2}u_{i2} + \frac{R_f}{R_3}u_{i3} \right) \qquad (3-6)$$

当 $R_1 = R_2 = R_3 = R$ 时,上式变为

$$u_o = -\frac{R_f}{R}(u_{i1} + u_{i2} + u_{i3}) \qquad (3-7)$$

如果 $R_f = R$,则有

$$u_o = -(u_{i1} + u_{i2} + u_{i3}) \qquad (3-8)$$

反相加法器的优点:每增加一路输入信号,只需要增加一个电阻,而且加权值很容易计算。由于存在"虚地",各路输入信号之间互不影响,因而在计算和实验时调节都很方便。

2.3.2 同相加法器

图 3-8 所示为同相加法运算器的原理电路图,三个输入信号加在运算放大器的同相输入端,反相输入端通过一个电阻接地。这时反相输入端不再是"虚地",且有共模信号输入,它具有同相比例放大器的特点。

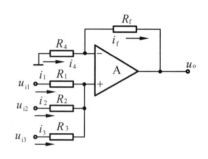

图 3-8 同相加法器的原理电路图

$$\left. \begin{array}{l} -\dfrac{u_-}{R_4} = \dfrac{u_- - u_o}{R_f} \\[3mm] \dfrac{u_{i1} - u_+}{R_1} + \dfrac{u_{i2} - u_+}{R_2} + \dfrac{u_{i3} - u_+}{R_3} = 0 \\[3mm] u_- = u_+ \end{array} \right\}$$

由上式可得

$$u_o = \left(1 + \frac{R_f}{R_4}\right)u_+ = \left(1 + \frac{R_f}{R_4}\right)(R_1 /\!/ R_2 /\!/ R_3)\left(\frac{u_{i1}}{R_1} + \frac{u_{i2}}{R_2} + \frac{u_{i3}}{R_3} \right) \qquad (3-9)$$

适当选择各电阻值,可得

$$u_o = u_{i1} + u_{i2} + u_{i3} \qquad (3-10)$$

同相加法器的缺点:各路输入电压相加的加权值比较复杂,不如反相加法器简单,当新加入一路输入信号时,不仅影响所有的加权值,而且还需重新调整,使运算放大器的反相输入端和同相输入端电阻平衡,即

$$R_1 /\!/ R_2 /\!/ R_3 = R_4 /\!/ R_f$$

这些调整都比较费时。此外各路输入信号之间的相互影响比较大;u_+ 还受到运算放大器的最大共模输入电压的限制。

例 3-1 试用理想运算放大器设计一个加减法电路,用来实现下面的运算:

$$u_o = -(2u_{i1} + 5u_{i2} - 0.5u_{i3})$$

解 题目要求实现加减运算,为此可利用反相加法器和反相比例放大器实现,电路如图 3-9 所示。

由电路可推导出

$$u_o = -R_f\left(\frac{u_{i1}}{R_1} + \frac{u_{i2}}{R_2} + \frac{u_{o1}}{R_3} \right)$$

式中 u_{o1} 为反相放大器 A_1 的输出电压,又

$$u_{o1} = -\frac{R_4}{R_3}u_{i3}$$

最后得

$$u_{o2} = -R_f\left(\frac{u_{i1}}{R_1} + \frac{u_{i2}}{R_2}\right) + \frac{R_f R_4}{R_5 R_3}u_{i3}$$

根据题目的要求,需要满足 $\dfrac{R_f}{R_1} = 2$, $\dfrac{R_f}{R_2} = 5$, $\dfrac{R_f R_4}{R_3 R_5} = 0.5$,为此可选择电阻值为 $R_f = 100\ \text{k}\Omega$,则 $R_1 = 50\ \text{k}\Omega$, $R_2 = 20\ \text{k}\Omega$, $R_4 = R_3 = 100\ \text{k}\Omega$, $R_5 = \dfrac{R_f}{0.5} = 200\ \text{k}\Omega$。

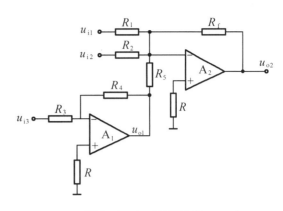

图 3 - 9 加减法器电路

3.3.3 差动放大器

集成运算放大器的反相输入端和同相输入端都有输入信号的方式称为差动输入方式,此时集成运算放大器就称为差动放大器,如图 3 - 10 所示。该运算放大器承受的共模电压为 u_+。

首先令同相端输入信号为零,此时集成运算放大器的反相输入端为"虚地"。在这种情况下,有

$$u_{o1} = -\frac{R_f}{R_1}u_{i1}$$

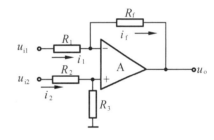

图 3 - 10 差动放大器电路

再令反相端输入信号为零,此时电路相当于同相比例放大电路,有

$$u_{o2} = \left(1 + \frac{R_f}{R_1}\right)u_+ = \left(1 + \frac{R_f}{R_1}\right)\frac{R_3}{R_2 + R_3}u_{i2}$$

由叠加原理得

$$u_o = u_{o1} + u_{o2} = \left(1 + \frac{R_f}{R_1}\right)\frac{R_3}{R_2 + R_3}u_{i2} - \frac{R_f}{R_1}u_{i1} \tag{3 - 11}$$

当 $R_1 = R_2$ 和 $R_f = R_3$ 时

$$u_o = \frac{R_f}{R_1}(u_{i2} - u_{i1}) \tag{3 - 12}$$

如果 $R_f = R_1$,可得

$$u_o = u_{i2} - u_{i1} \tag{3 - 13}$$

由于输出电压与两个输入电压的差值成正比,故而称为差动运算放大电路。

3.4 集成线性放大器

由于大规模集成电路技术的发展,因而线性放大电路不但可以由分立的运算放大器和电阻构成,也可以将它们集成在一起,构成高性能线性集成放大器。集成放大器除了可实现一些放大倍数外,还具有性能稳定、增益调整方便、体积小等特点。有些集成放大器采用自稳零技术和抗干扰技术,具有高增益、低噪声和低温漂等特点。

3.4.1 5G7650型斩波自稳零集成运算放大器

1. 5G7650型集成运算放大器简介

5G7650型CMOS斩波自稳零集成运算放大器,国外同类产品为ICL7650,采用动态校零方法,将MOS器件固有的失调和温漂加以消除。5G7650型运算放大器为双列直插式封装,有14根引出线,引出端排列如图3-11所示。14端是选择内、外时钟的控制端,13端为外时钟输入端,当需用外时钟时,14端接负电源V_{ee},并在13端接入外时钟信号;当需要用内时钟时,14端开路或接正电源V_{cc};12端为内时钟输出端,可用来观察时钟信号或提供给其他电路使用;8端为两个外接电容C_1、C_2的公共端,用CRETN表示;9端为输出钳位端,使用时可将9端与反相输入端4端短接,若输出电压达到电源电压V_{cc}或V_{ee}时,钳位电路工作。

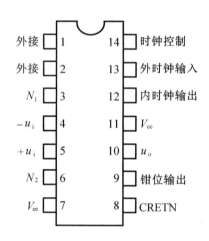

图3-11 5G7650引出端排列图

外接电容C_1、C_2应为高质量电容,电容量的值随时钟频率增大而减小,用内时钟($f_{CLK} = 200 \sim 300$ Hz)时,外接电容的取值为$C_1 = C_2 = 0.1$ μF。

5G7650型集成放大器的性能指标如下:

输入失调电压	U_{os}	5 μV
失调电压温漂	$\Delta U_{os}/\Delta T$	0.05 μV/℃
输入偏置电流	I_b	0.1 nA
开环电压增益	A_{uo}	120 dB
共模抑制比	K_{CMR}	120 dB
共模电压范围	U_{iCMR}	$-7 \sim +4.5$ V
上升速率	S_R	2 μV/μs
单位增益带宽	f_{BW}	2 MHz
输入电阻	R_i	10^{10} Ω
静态功耗	P_C	50 mW
内时钟频率	f_{CLK}	200~300 Hz
电源电压	V_{cc}	+7.5 V
	V_{ee}	-7.5 V

2. 5G7650 型运算放大器的典型应用电路

应用 5G7650 型运算放大器时,典型接法与普通运算放大器相同。图 3 - 12 为 5G7650 应用电路图。

选用内时钟工作,外接电容 $C_1 = C_2 = 0.1~\mu F$,接在 1,8,2 端子间;输出钳位端 9 与反相输入端 4 相接;R_1、R_f 为外接电阻。图 3 - 12(a)所示的反相放大器增益为

$$A_{uf} = \frac{u_o}{u_i} = -\frac{R_f}{R_1} \tag{3-14}$$

图 3 - 12(b)所示的同相放大器的增益为

$$A_{uf} = \frac{u_o}{u_i} = 1 + \frac{R_f}{R_1} \tag{3-15}$$

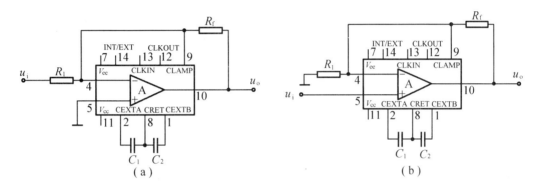

图 3 - 12 5G7650 应用电路

(a)反相型放大器;(b)同相型放大器

由于 5G7650 的工作电源最高为 ±7.5 V,因此最大输出电压一般小于 ±5 V。若希望扩大电压输出范围,可采用图 3 - 13 所示的电路,在 5G7650 放大器后面加一级双极型运算放大器。图 3 - 13 中的第二级运算放大电路采用的是工作电源为 ±15 V 的 OP07 型运算放大器,而 5G7650 的电源为 ±6 V。为使整个电路具有较好的性能,附加的运算放大器应选择低噪声、低漂移的器件,如 OP07、OP27 和 μA725 等。

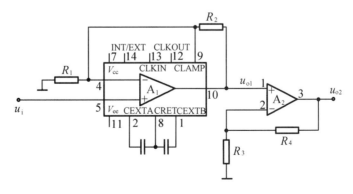

图 3 - 13 扩大输出电压值的电路

增加 OP07 后,输出为

$$u_{o2} = \left(1 + \frac{R_4}{R_3}\right)u_{o1} = \left(1 + \frac{R_4}{R_3}\right)\left(1 + \frac{R_2}{R_1}\right)u_i$$

调整 R_4 与 R_3 的比值,就可以得到需要的输出电压范围。

3.4.2 INA128 集成运算放大器

INA128 是低功耗、低漂移通用仪表用放大器,在高增益下仍有较大的带宽,只要改变一个外部电阻就可以使增益在 1 ~ 10 000 范围内调整,其内部原理功能引脚如图 3 – 14 所示。其主要特性参数如下:

最大零偏电压	50 μV
最大漂移	0.5 μV/℃
最大输入电流	5 nA
K_{CMR} 大于	120 dB
输入保护电压	±40 V
宽的电源范围	±(2.25 ~ 18) V
静态电流	700 μA

8 – PIN DIP 塑料封装或 SO – 8 封装

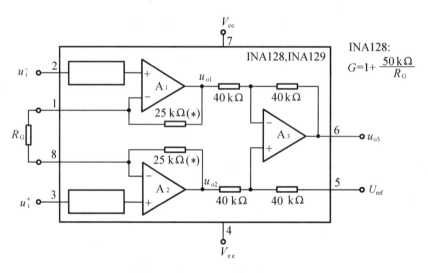

图 3 – 14　INA128 原理图

注:(*)表示当用 INA129 时,阻值为 24.7 kΩ

INA128 主要应用于电桥放大器、医用仪器放大器、电阻式温度传感器放大器和热电耦放大器等。INA128 的典型应用电路如图 3 – 15 所示。

通用仪表用放大器通常用来放大小/弱信号,而普通的运算放大器不能实现对小/弱信号的放大。小/弱信号主要指的是测量信号的变化反映在测量传感器上输出值的微小变化。如热电阻在测量温度时,温度每变化一度,热电阻的阻值变化在毫欧级;热电偶测量温度时,每变化一度,热电偶两端的电压变化在毫伏级;用应变片测量微应力且当应力发生变化时,应变片两端的电压变化在毫伏级;等等。这些小/弱信号不能直接被目前的显示仪器

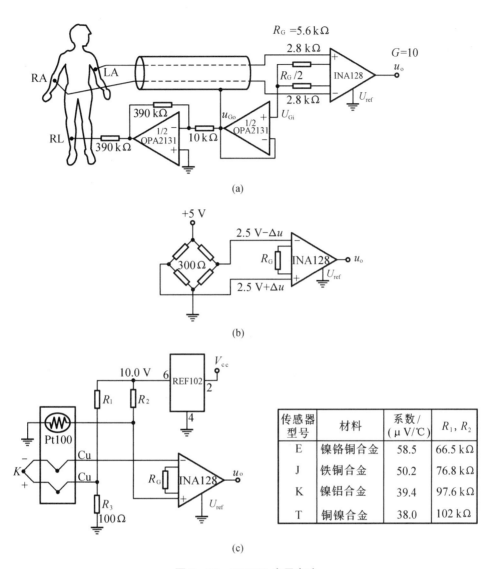

图 3－15　INA128 应用电路

(a)右腿驱动心电放大器；(b)桥式放大器；(c)电阻式温度传感器放大电路

所显示,也很难为记录仪所接收,不便于传输。必须借助于测量电路检测出这一微小变化量,并将其转换成单值函数关系的电压、电流或频率,方可实现对小/弱信号的测量。

3.5　应 用 实 例

3.5.1　加减法器应用实例

例 3－2　已知某 PWM 控制器件的输出电压范围为 1.2～3.6 V,而输入信号的变化范围为 $u_i = 0 \sim 10$ V,u_i 与 u_o 的关系如图 3－16 所示。试设计 u_i 到 u_o 的信号转换电路。

　　解　由题意,电路的功能应该包括两个部分,一是把 0 V 电压提升到 1.2 V,这可以用加法器来实现;二是需要 +10 V 输入对应 3.6 V,这需要进行信号压缩,可用电阻分压的方法来解决。按以上要求,量程变换电路如图 3 – 17 所示,其中 U_{ref} 为参考电压(U_{ref} = 10 V),R_P 为电位器。

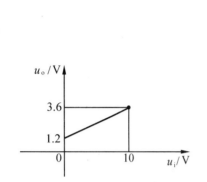

图 3 – 16 u_i 与 u_o 的关系图

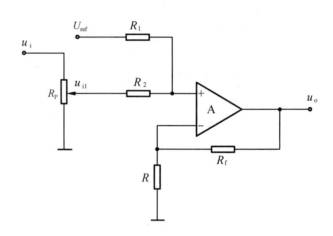

图 3 – 17 量程变换电路

由式(3 – 9)得

$$u_o = \left(1 + \frac{R_f}{R}\right)\left(\frac{U_{ref}}{R_1} + \frac{u_{i1}}{R_2}\right)(R_1 /\!/ R_2)$$

取 $R_f = R$,$R_1 = R_2$,则

$$u_o = U_{ref} + u_{i1} \tag{3 – 16}$$

由题意,应满足:

当 $u_i = 0$ 时,即 $u_{i1} = 0$ 时,$u_o = 1.2$ V,代入上式得

$$U_{ref} = 1.2 \text{ V}$$

当 $u_o = 3.6$ V 时,由式(3 – 16)得

$$u_{i1} = u_o - U_{ref} = 3.6 - 1.2 = 2.4 \text{ V}$$

因此只要调整电位计 P,使当 $u_i = 10$ V 时,$u_{i1} = 2.4$ V。通过以上电路即可把 0 ~ 10 V 信号转换为 1.2 ~ 3.6 V 信号。考虑阻抗匹配关系,取 P 的阻值为 10 kΩ,R 和 R_f 为 100 kΩ。运算放大器可选用 TL071。

上面采用的是同相加法器,亦可以采用反相加法器,由反向加法器构成的电路如图 3 – 18 所示。

在图 3 – 18 中,第二级运算放大器 A_2 的作用是相对 u_{o1} 的符号取反,比例系数取为 – 1,因此取 $R_{f2} = R_2$,则

$$u_o = -u_{o1} = -\left(-\frac{R_{f1}}{R_1}U_{ref} - \frac{R_{f1}}{R_p}u_i\right) = \frac{R_{f1}}{R_1}U_{ref} + \frac{R_{f1}}{R_p}u_i \tag{3 – 17}$$

依题意,当 $u_i = 0$ 时,$u_o = 1.2$ V,且取 $R_1 = R_{f1}$,得

$$U_{ref} = \frac{R_1}{R_{f1}}u_o$$

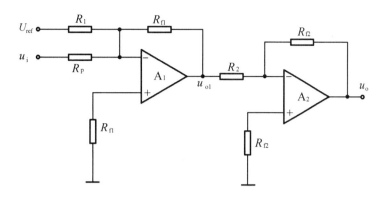

图 3 - 18　由反相加法器构成的信号变换电路

同理依题意,当 $u_i = 10$ V 时, u_o 为 3.6 V,由式(3 - 17)得

$$\frac{R_{f1}}{R_p} = \frac{u_o - U_{ref}}{u_i} = \frac{3.6 - 1.2}{10} = 0.24$$

因此电位器阻值应为 $R_p = \dfrac{R_{f1}}{0.24}$。

取 $R_1 = R_{f1} = R_2 = R_{f2} = 10$ kΩ,则

$$R_p = \frac{10}{0.24} \approx 41.67 \text{ kΩ}$$

因此 R_p 可选用 50 kΩ 多圈电位器。由于该电路需要两个运算放大器电路,可选用 TL072 型运算放大器。在一个 TL072 中封装两个相同运算放大器,只用一个芯片就可以满足使用要求。

例 3 - 3　图 3 - 19 是一个由加法器构成的调零电路。

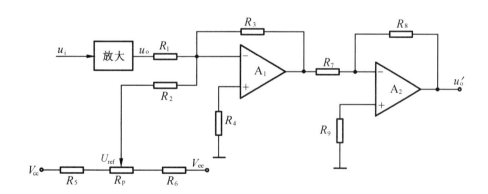

图 3 - 19　调零电路

由于运算放大器存在输入失调电压,在放大、滤波调节器中都会存在一定程度的零偏。现设零偏为 Δu,则实际输出等于理想输出加上偏差电压,即

$$u_o = f(u_i) + \Delta u$$

当 $u_i = 0$ 时, $u_o = \Delta u$。为了补偿这一偏差电压,可以使用由 A_1 和 A_2 构成的调零电路,

A_1 的作用是补偿前置电路的偏差,A_2 的作用是对 A_1 的输出取反,以使补偿后的输出 u'_o 与 u_o 的符号一致。

取 $R_1 = R_2 = R_3 = R_4 = R_7 = R_8 = R_9 = 100 \text{ k}\Omega$;$R_5 = R_6 = 10 \text{ k}\Omega$,电位器 R_p 的值为 $R_p = 1 \text{ k}\Omega$,$V_{cc} = 12 \text{ V}$,$V_{ee} = -12 \text{ V}$,则 U_{ref} 的范围为

$$U_{ref} = \pm \frac{R_p}{2(R_5 + R_6 + R_p)}(V_{cc} - V_{ee}) = \pm \frac{1}{2(10 + 10 + 1)} \times 24 = \pm 0.57 \text{ V}$$

由图 3 – 19 得

$$u'_o = u_o + U_{ref} = f(u_i) + \Delta u + U_{ref}$$

当 $u_i = 0$ 时

$$u'_o = \Delta u + U_{ref}$$

调整电位器 R_p,产生 $U_{ref} = -\Delta u$,则当 $u_i = 0$ 时,输出 $u'_o = 0$。

图 3 – 19 的调零电路使用了两个运算放大器,如果采用差动放大器,或者同相加法器可以只使用一个运算放大器实现调零。图 3 – 20 和图 3 – 21 分别为两种调零电路的原理图。

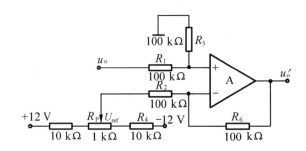

图 3 – 20   由差动放大器实现的调零电路

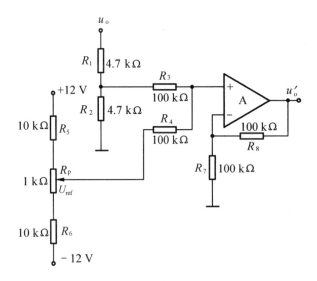

图 3 – 21   由同相加法器实现的调零电路

由于图 3 – 21 所示同相比例加法器的增益为 2,因此在输入端增加了分压电阻 R_1 和 R_2,实际信号输入为 $u_o/2$,输出为 $u'_o = \dfrac{u_o}{2} + U_{ref}$。

3.5.2　差动放大器应用实例

在闭环机电伺服控制系统中,多采用负反馈控制,这就不可避免地要对输入指令信号和反馈信号求取偏差信号。图 3 - 22 是一个直流调速系统的控制方框图,图中 $G_c(s)$ 是控制器、$G_s(s)$ 是电动机与负载一起构成的被控对象,n_i 是转速输入指令,n_o 是负载的转速。

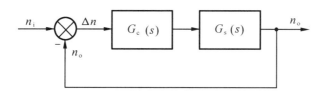

图 3 - 22　直流速度伺服控制系统方框图

由图 3 - 22 可知,通过对指令 n_i 和反馈信号 n_o 进行比较,求得转速差,然后送给控制器,实现对电动机速度的控制。这个比较运算就可以用差动放大器来实现。由图 3 - 22 可知,要实现的运算表达式为

$$\Delta n = n_i - n_o$$

这可以用一个增益为 1 的差动放大器来实现,差动放大器的实际电路如图 3 - 23 所示。

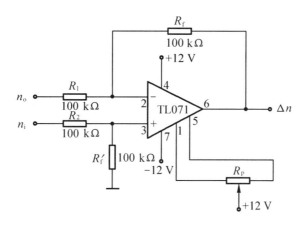

图 3 - 23　信号比较运算电路

由图 3 - 23 知,由于 $R_1 = R_2 = R_f = R_f'$,因此

$$\Delta n = \frac{R_f}{R_1}(n_i - n_o) = n_i - n_o \tag{3-18}$$

考虑到差动放大器的输入阻抗由输入电阻 R_1、R_2 决定,而指令信号和反馈信号的带负载能力较弱,因此 R_1、R_2、R_f'、R_f 的阻值取为100 kΩ。需要说明的是,当满足 $R_1 = R_2 = R_f = R_f'$ 时,式(3 - 18)的两端才严格相等,因此在选用器件时要对这四个电阻进行严格筛选,尽量使它们的电阻值接近或相等。运算放大器可选用精度较高、漂移较小的器件,如 TL071、CA3140等。图 3 - 23 中的 R_p 是 TL071 的调零定位器,当 n_i、n_o 都为零(同时接地)时,调整 R_p 使 $\Delta n = 0$,用来补偿运算放大器的输入失调电压。

3.5.3 线性比例放大器应用实例

1. 由通用运算放大器实现的比例放大器

（1）温度测量电路

①AD590 测温电路

AD590 是一个集成温度传感器，它的测温范围为 −50 ~ +100 ℃，最高正向电压为 +44 V，最高反向电压为 20 V，它有（I、J、K、L、M）几挡，其温度校正误差大小不同。AD590 低挡的校正误差很大，如 AD590I 的校正误差为 ±1 ℃，对精度有较大影响，要进行补偿才行。所谓温度校正误差，是指传感器输出的信号所对应的温度值与实际温度值之间的差值，如图 3 − 24 所示。

补偿方法有两种，即单点调整及双点调整。单点调整方法如图 3 − 25 所示，这是最简单的方法，只要在外接电阻中串接一个可变电阻 R_P。在 25 ℃ 时调节可变电阻，输出 298 mV（AD590 的灵敏度为 $k_t = 1$ μA/K，0 ℃ 时，$i_t = 273$ μA）。由于仅在一点上调整，在整个使用范围上仍然有些误差。

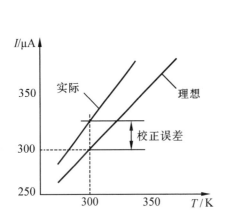

图 3 − 24 温度校正误差

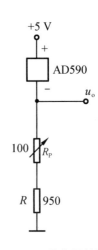

图 3 − 25 单点调整补偿

②双点补偿电路

双点调整方法电路如图 3 − 26 所示，其中 AD581 为基准电压源，输出 +10 V 基准电压，这样有利于提高测温的精度。该电路可以在 0 ℃ 及 100 ℃ 两点进行调整，实现输出灵敏度为 100 mV/℃。在 0 ℃ 时调整 R_{w1}，使输出为 0 V；在 100 ℃ 时，调整 R_{w2}，使输出为 10 V。这样使输出 0 ~ 10 V 对应 0 ~ 100 ℃ 温度。

由节点电流法，根据运算放大器的"虚短"和"虚断"假设，得

$$i_t = i_r + i_f$$

$$i_t = f(T)$$

$$i_r = \frac{U_{ref}}{R_1 + R_{w1}}$$

$$i_f = \frac{u_o}{R_2 + R_{w2}}$$

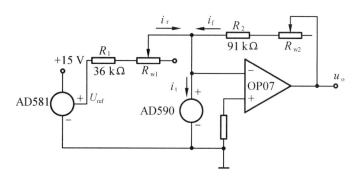

图 3 - 26　双点调整测温电路

因为
$$k_t f(T) = \frac{U_{ref}}{R_1 + R_{w1}} + \frac{u_o}{R_2 + R_{w2}}$$

所以
$$u_o = (R_2 + R_{w2}) \left[f(T) - \frac{U_{ref}}{R_1 + R_{w1}} \right]$$

当 $T = 0$ ℃时，$f(0) = 2.73 \times 10^{-4}$ A，应使 $u_o = 0$，得

$$f(0) - \frac{U_{ref}}{R_1 + R_{w1}} = 0$$

$$R_{w1} = \frac{U_{ref}}{f(0)} - R_1 = \frac{10}{2.73 \times 10^{-4}} - 36 \times 10^3 = 630 \ \Omega$$

同理，$T = 100$ ℃时，$f(100) = 2.73 \times 10^{-4} + k_t \times 10^{-6} \times 100 = 3.73 \times 10^{-4}$ A，使 $u_o = 10$ V，得

$$\left[f(100) - \frac{U_{ref}}{R_1 + R_{w1}} \right] (R_2 + R_{w2}) = 10$$

$$R_{w2} = \frac{10}{f(100) - \dfrac{U_{ref}}{R_1 + R_{w1}}} - R_2 = \frac{10}{3.73 \times 10^{-4} - \dfrac{10}{36 \times 10^3 + 0.63 \times 10^3}} - 91 \times 10^3 = 9 \ k\Omega$$

因此 R_{w1} 和 R_{w2} 应取大于计算值的电位计，取 R_{w1} 为 1 kΩ 的可变电阻，R_{w2} 为 10 kΩ 的可变电阻。

（2）高输入阻抗型放大器

图 3 - 27 是由三个运算放大器构成的高阻抗输入放大器，差动输入信号分别接耦合到两个运算放大器的同相输入端，可以获得很高的输入阻抗，适合于小信号的放大。

由图 3 - 27 知，A_1 和 A_2 的输出电压 u_{o1} 和 u_{o2} 分别为

$$u_{o1} = \left(1 + \frac{R_1}{R_G} \right) u_{i1} - \frac{R_1}{R_G} u_{2-} \tag{3-19}$$

$$u_{o2} = \left(1 + \frac{R_3}{R_G} \right) u_{i2} - \frac{R_3}{R_G} u_{1-} \tag{3-20}$$

根据运算放大器"虚短"假设，有

$$u_{2-} = u_{i2}$$

$$u_{1-} = u_{i1}$$

代入式（3 - 19）和式（3 - 20）并整理得

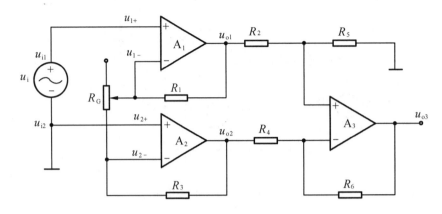

图 3-27 高阻抗输入放大器

$$u_{o1} = u_{i1} + \frac{R_1}{R_G}(u_{i1} - u_{i2})$$

$$u_{o2} = u_{i2} - \frac{R_3}{R_G}(u_{i1} - u_{i2})$$

令 $R_2 = R_5$，则 A_3 的输出电压为

$$u_{o3} = \frac{1}{2}\left(1 + \frac{R_6}{R_4}\right)u_{o1} - \frac{R_6}{R_4}u_{o2}$$

取电阻 $R_1 = R_2 = R_3 = R_4 = R_5 = R_6 = R$，得

$$u_{o3} = u_{o1} - u_{o2} = \left(1 + \frac{2R}{R_G}\right)(u_{i1} - u_{i2})$$

电路的放大倍数为

$$K = \frac{2R}{R_G} + 1$$

调整 R_G 的大小就可以改变放大器的放大倍数。如最大差模电压 $u_{o1} - u_{o2} = 20$ mV，要求满量程输出电压为 $u_{o3} = 10$ V，则放大器放大倍数为

$$K = \frac{u_{o3}}{u_{o1} - u_{o2}} = 500$$

当

$$1 + \frac{2R}{R_G} = 500$$

当 $R = 100$ kΩ，则

$$R_G = \frac{2R}{500 - 1} = 400 \ \Omega$$

R_G 可以选择阻值为 500 Ω 的电位器或 400 Ω 的电阻。

2. 集成线性放大器

在机电控制的测量中，经常使用桥式传感器，这种传感器的输出通常很小（毫伏级），需将信号放大才能使用。图 3-28 为由 5G7650 实现的高精度放大器电路。

图中 R 为固定电阻，R_x 为电阻式敏感元件，$R_x = R(1 + \delta)$。根据节点电流定律，对 B 点可得

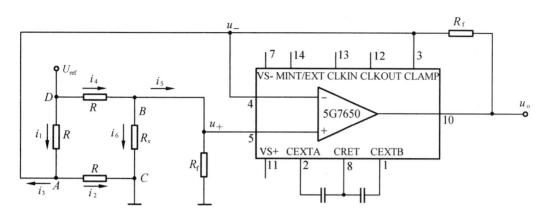

图 3 - 28   由 5G7650 实现的高精度电桥放大器

$$i_4 = i_5 + i_6$$

对 A 点可得

$$i_1 = i_2 + i_3$$

由图 3 - 28 可得

$$i_4 = (U_{ref} - u_+)/R$$
$$i_5 = u_+/R_f$$
$$i_6 = u_+/R_x$$
$$i_1 = (U_{ref} - u_-)/R$$
$$i_3 = (u_- - u_o)/R_f$$

由以上关系可解得

$$u_+ = \frac{U_{ref}/R}{\dfrac{1}{R} + \dfrac{1}{R_f} + \dfrac{1}{R_x}}$$

$$u_- = \frac{\dfrac{U_{ref}}{R} + \dfrac{u_o}{R_f}}{\dfrac{2}{R} + \dfrac{1}{R_f}}$$

因为 $u_+ = u_-$，可得

$$u_o = \frac{R_f}{R} \cdot \frac{U_{ref}\delta}{(1 + \delta) + \left(1 + \dfrac{R}{R_f}\right)}$$

当 $\delta \ll 1$ 时，上式可近似为

$$u_o = \frac{R_f}{R} \cdot \frac{U_{ref}\delta}{2 + \dfrac{R}{R_f}}$$

可见输出电压 u_o 与 δ 成正比。电桥平衡时，$\delta = 0$，$R_x = R$，输出 $u_o = 0$。当由于某一物理量变化使 R_x 偏离 R 值，即 $\delta \neq 0$ 时，电桥平衡被破坏，输出电压 $u_o \neq 0$。当 R_x 的相对变化较小时，u_o 正比于 δ 值。

　　如某应变式力传感器，应变片的基准值为 $R = 350\ \Omega$，供桥电压为 5 V，最大负载力为 1 000 N，$\delta = 2 \times 10^{-3}\ \Omega/\text{N}$，满量程输出 ± 5 V，利用上式可以求出放大器的增益，因为放大器增益一般要高达 10^3，认为 $\dfrac{R}{R_f} \ll \dfrac{R_f}{R}$，上式简化为

$$\frac{R_f}{R} = \frac{2u_o}{U_{ref} \cdot \delta}$$

可以近似得到放大器的增益为

$$A_{uf} = \frac{R_f}{R} = \frac{2 \times 5}{5 \times 2 \times 10^{-3}} = 1\ 000$$

所以

$$R_f = A_{uf} R = 1\ 000 \times 350 = 350\ \text{k}\Omega$$

　　实际选取 R_f 为 300 kΩ 的电阻与 100 kΩ 的可变电阻串联，实现放大倍数的精确调整。5G7650 的电源电压可以取 ±6 V，电容 C_1、C_2 取 0.1 μF。

3.6　服务机器人设计中的运算放大器应用

　　本书中服务机器人系统中输入到主控芯片的模拟量信号的电压变化范围为 ±10 V，而该主控芯片所允许的电压输入范围为 0 ~ +5 V，因此需要设计电压量程变换电路，以满足本设计的要求，如图 3 – 29 所示。输出电压与输入电压极性相同的电压变换电路为单极性电压变换电路，如本章例 3 – 2 所示。将双极性输入电压变换为单极性电压的变换电路为双极性电压变换电路，如本实例中所示。

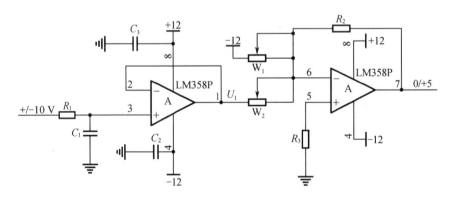

图 3 – 29　±10 V 转换为 0 ~ 5 V 的电压变换电路

　　从图 3 – 29 中可看出，该电压变换电路采用 LM358 运算放大器，供电电压为 ±12 V，在运算放大器的正负电源端分别对地连接了一个无极性电容，起到去耦电容的作用。该电压变换电路经过了 2 级运放，第 1 级为电压跟随，起到阻抗匹配的作用，输出电压用 U_1 表示；第 2 级实际上是一个反相加法器，反相端输入两路信号，一路信号为参考电压 – 12 V，其经过运放反相后，输出电压应该为正值，而另一路信号为 U_1，即为输入信号 ±10 V，经过运放反相后，输出电压应该与输入电压极性相反。经分析可得出输入电压与输出电压的对应关

系,如表 3 - 1 所示。

表 3 - 1　输入电压与输出电压的对应关系

输入电压/V	10	0	- 10
输出电压/V	0	2.5	5

为了实现这样的对应关系,可将输入设置为 0 V,调整 W_1 的阻值,使得第 2 级运放的输出电压为 2.5 V;然后再将输入设置为 10 V,调整 W_2 的阻值,使得第 2 级运放的输出电压为 0 V,可见第 2 级运放完成了电压变换及偏置。通过上述分析,该电路实现了电压变换的功能,即实现了将 ±10 V 转换为 0 ~ +5 V 电压,满足了本设计的要求。

习　　题

3 - 1　集成运算放大器由哪几部分组成,各部分都起什么作用? 它有哪几类引出脚,都有什么作用?

3 - 2　在运算放大器电路分析中,常用到"虚地"的概念,"虚地"端可以直接接地吗,为什么?

3 - 3　反相型、同相型和差动型加减运算电路在电路结构上各有什么特点?

3 - 4　用两种方法设计电路(分别采用反相输入加法器和差动放大器),使电路满足 $u_o = 2u_{i1} + u_{i2} - 3u_{i3}$。

3 - 5　求图 3 - 30 所示电路 u_o 与 u_{i1}、u_{i2}、u_{i3}、u_{i4} 之间的运算关系。

3 - 6　在图 3 - 31 所示电路中,$u_{i1} = 0.5$ V,$u_{i2} = 0.4$ V,试分别求出各电路中负载电阻 R_L 上的电流 i_L,以及集成运算放大器的输出电压 u_{o4} 和输出电流 i_o。

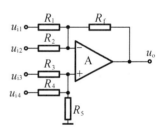

图 3 - 30　题 3 - 5 图

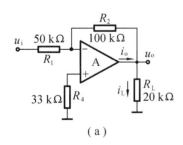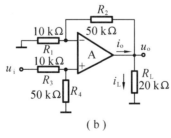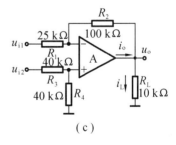

（a）　　　　　　　　　　（b）　　　　　　　　　　（c）

图 3 - 31　题 3 - 6 图

3-7　推导图3-32所示电路输出电压 u_{o4} 和输入电压 u_{i1}、u_{i2} 之间的关系式。

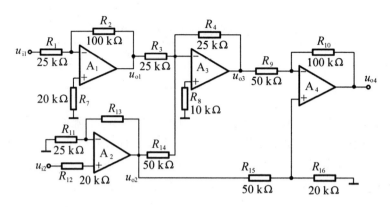

图3-32　题3-7图

第4章　调节器和滤波器

4.1　概　　述

机电控制系统一般分为两种类型,数字控制式和模拟控制式。在数字伺服控制系统中,控制算法由计算机或专门的自动化仪表来实现;而对于模拟式伺服控制系统,控制器主要由模拟电路来实现。图4-1是伺服系统的工作原理图。

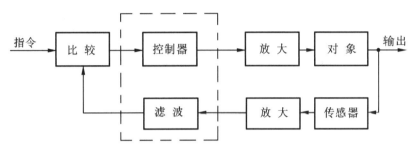

图4-1　伺服系统的工作原理图

由图4-1可知,在伺服控制系统中需要完成指令信号与反馈信号的比较;将比较得到的偏差输入给控制器,经过一定的控制调节算法后输出控制信号;控制信号经过放大后控制驱动元件产生相应的物理动作。在比较运算、控制算法、放大和传感器信号处理过程中,加减法、传感器信号放大和滤波、调节器算法(如PID)等运算,都可以通过运算放大器和一些电阻、电容器件来实现。

4.2　有源滤波器电路

在传感器获得的测量信号中,往往含有许多与被测量无关的频率成分需要通过信号滤波电路去除。如在机械加工中,常用电动轮廓仪来测量零件的表面粗糙度。在测量过程中,轮廓仪的电感传感器的测针沿被测表面划过,输出与表面形状相关的电压信号。由于是接触测量,必然会带来一些噪声信号,为了准确获得代表表面粗糙度的输出信号,必须将传感器的输出信号进行滤波处理。

又如直流测速发电机的输出信号,由于它是通过电刷引出,这样不可避免地要产生高频噪声信号,也需要进行滤波处理。

滤波器可以用 R、L、C 等一些无源元件组成,也可以用无源和有源元件组合而成。前者称为无源滤波器,后者称为有源滤波器。有源滤波器中的有源元件可以用晶体管,也可用运算放大器。特别是由运算放大器组成的有源滤波器具有一系列优点,可以做到体积小、质量轻、损耗低,并且可以提供一定的增益。

4.2.1　有源滤波器的分类和特点

1. 低通滤波器

低通滤波器是用来通过低频信号,抑制或衰减高频信号的滤波电路,其频率特性如图 4-2 所示。折线 1 表示理想频率响应,虚线 3 与实线 2 表示实际特性。

低通滤波器的输出电压与输入电压之比,叫作低通滤波器的增益或电压传递函数 $G(s)$。图 4-2 中允许信号通过的频段为 $0 \sim \omega_c$,该频段称为低通滤波器的通带。不允许信号通过的频段($\omega > \omega_c$)叫作低通滤波器的阻带,而 $\omega_c = 2\pi f_c$ 称为截止频率。图中曲线 2 在通带内没有共振峰,此时规定增益下降到 $K_p/\sqrt{2}$(-3 dB)时的频率为截止频率,如图中 a 点所示。曲线 3 在通带之内有共振峰,此时规定幅频特性从峰值 K_{pm} 回到起始值 K_p 处的频率为截止频率,如 b 点所示。

2. 高通滤波器

高通滤波器与低通滤波器相反,允许高频信号通过,抑制或衰减低频信号,其频率特性如图 4-3 所示,折线 1 为理想特性,曲线 2 和 3 为实际特性。对于通带中没有共振峰的特性曲线 2,规定增益比 K_p 下降到 $K_p/\sqrt{2}$(-3 dB)时所对应的频率为截止频率,如图中 a 点所示。对于通带中有峰值的特性曲线,规定通带中波动的起点为截止频率,如图中 b 点所示。

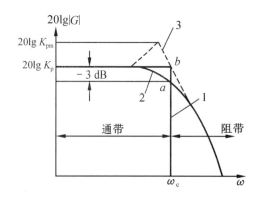

图 4-2　低通滤波器特性

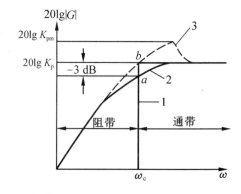

图 4-3　高通滤波器特性

3. 带通滤波器

带通滤波器是只允许通过某一频段信号的滤波电路,而在此频段两端以外的信号将被抑制或衰减,其特性曲线如图 4-4 所示,折线 1 为理想特性,曲线 2 为实际特性。可见在 $\omega_1 \leqslant \omega \leqslant \omega_2$ 的频带内,有恒定的增益;而当 $\omega > \omega_2$ 时,增益迅速下降。规定带通滤波器通过的宽度叫作带宽,以 f_{BW} 表示。带宽中点的角频率叫作中心角频率,用 ω_0 表示。

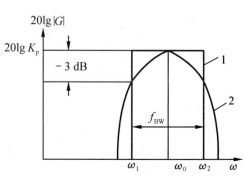

图 4-4　带通滤波器特性

4. 带阻滤波器

带阻滤波器与带通滤波器相反,是用来抑制或衰减某一频段的信号,而允许频段两端以外的信号通过。其特性曲线如图 4 - 5 所示,折线 1 和 2 为理想特性,曲线 3 为实际特性。

带阻滤波器抑制的频段宽度叫阻带宽度,称频宽,以 f_{BW} 表示。抑制频宽中点角频率称中心角频率,以 ω_0 表示。规定抑制频段的起始频率 ω_1 和终止频率 ω_2 按低于最大增益的 $1/\sqrt{2}$(- 3 dB)倍所对应的频率而定义,如图中 a、b 两点所示。

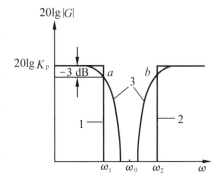

图 4 - 5　带阻滤波器特性

5. 主要特性参数

标志一个滤波器特性与质量的主要参数如下。

(1)谐振频率与截止频率

一个没有衰减损耗的滤波器,谐振频率就是它自身的固有频率。截止频率也称为转折频率,它是频率特性下降 3 dB 那一点所对应的频率。

(2)通带增益

它是指选通的频率中,滤波器的电压放大倍数。

(3)频带宽度

它是指滤波器频率特性的通带增益下降 3 dB 的频率范围。这是对低通和带通滤波器而言,高通和带阻滤波器的频带宽度是指阻带宽度。

(4)品质因数与阻尼系数

品质因数 Q 定义为谐振频率与带宽之比,阻尼系数定义为 $\zeta = Q^{-1}/2$,这是衡量滤波器选择性的一个指标。

(5)滤波器参数对元件变化的灵敏度

滤波器中某无源元件 x 变化,必然会引起滤波器某参数 y 的变化,则 y 对 x 变化的灵敏度定义为

$$S_x^y = \frac{\mathrm{d}y/y}{\mathrm{d}x/x}$$

它是标志滤波器某个特性稳定性的参数。

4.2.2　一阶有源滤波器

1. 一阶有源滤波器的传递函数

一阶有源滤波器传递函数的一般形式为

$$G(s) = \frac{b_1 s + b_2}{s + \omega_c} \tag{4 - 1}$$

①当 $b_1 = 0$,$b_2 = K\omega_c$ 时,为一阶低通滤波器。这时式(4 - 1)变为

$$G(s) = K\omega_c/(s + \omega_c)$$

用 $j\omega$ 代替 s 得其频率特性为

$$G(j\omega) = \frac{K}{1 + j\omega/\omega_c} \tag{4 - 2}$$

滤波器的幅频特性和相频特性分别为

$$|G(\text{j}\omega)| = K/\sqrt{1 + (\omega/\omega_c)^2} \tag{4-3}$$

$$\varphi(\omega) = -\tan^{-1}(\omega/\omega_c) \tag{4-4}$$

由此得到一阶低通有源滤波器的幅频特性如图 4-6 所示。

②当 $b_1 = K, b_2 = 0$ 时,为一阶高通滤波器。这时式(4-1)变为

$$G(s) = \frac{Ks}{s + \omega_c} \tag{4-5}$$

用 jω 代替 s 得其频率特性为

$$G(\text{j}\omega) = \frac{K}{1 - \text{j}\omega_c/\omega} \tag{4-6}$$

滤波器的幅频特性和相频特性分别为

$$|G(\text{j}\omega)| = \frac{K}{\sqrt{1 + (\omega_c/\omega)^2}} \tag{4-7}$$

$$\varphi(\omega) = \tan^{-1}(\omega_c/\omega) \tag{4-8}$$

由此得到一阶高通有源滤波器的幅频特性如图 4-7 所示。

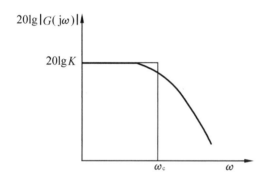

图 4-6　一阶低通滤波器的幅频特性　　　图 4-7　一阶高通滤波器的幅频特性

2. 一阶有源滤波器的实现

(1)一阶有源低通滤波器

一阶有源低通滤波器的电路形式如图 4-8 所示,其中图 4-8(a)为反相输入形式,图 4-8(b)为同相输入形式。假设元件为理想情况,图 4-8(a)的传递函数为

$$G(s) = \frac{U_o(s)}{U_i(s)} = -\frac{R_2}{R_1} \cdot \frac{1}{1 + R_2 Cs} = -\frac{R_2}{R_1} \cdot \frac{\omega_c}{s + \omega_c} = K\frac{\omega_c}{s + \omega_c} \tag{4-9}$$

式中 $K = -R_2/R_1$；$\omega_c = 1/(R_2 C)$。电路的通频带增益为(R_2/R_1),截止频率 ω_c 为 $1/(R_2 C)$。图 4-8(b)的传递函数为

$$G(s) = \frac{U_o(s)}{U_i(s)} = \frac{R_2 + R_1}{R_1} \cdot \frac{1}{1 + RCs} = K\frac{\omega_c}{s + \omega_c} \tag{4-10}$$

式中 $K = (R_2 + R_1)/R_1$；$\omega_c = 1/(RC)$。

(2)一阶有源高通滤波器

一阶有源高通滤波器的电路形式如图 4-9 所示。图 4-9(a)的传递函数为

$$G(s) = \frac{U_o(s)}{U_i(s)} = -\frac{R_2 Cs}{1 + R_1 Cs} = K\frac{s}{s + \omega_c}$$

式中 $K = -R_2/R_1$；$\omega_c = 1/(R_1 C)$。电路的通频带增益为 (R_2/R_1)，截止频率 ω_c 为 $1/(R_1 C)$。
图 4－9(b) 的传递函数为

$$G(s) = \frac{U_o(s)}{U_i(s)} = \frac{R_2 + R_1}{R_1} \cdot \frac{RCs}{1 + RCs} = K\frac{s}{s + \omega_c} \tag{4－11}$$

式中 $K = (R_2 + R_1)/R_1$；$\omega_c = 1/(RC)$。

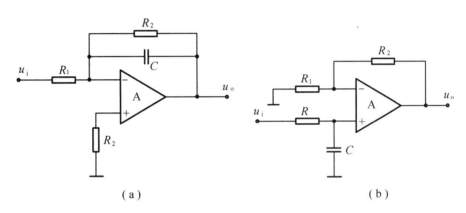

图 4－8　一阶有源低通滤波器

(a)反相输入型；(b)同相输入型

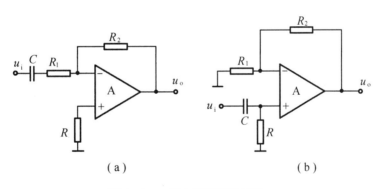

图 4－9　一阶有源高通滤波器

(a)反相型；(b)同相型

4.2.3　二阶有源滤波器

1. 二阶有源滤波器的传递函数

二阶有源滤波器传递函数的一般形式为

$$G(s) = \frac{b_0 s^2 + b_1 s + b_2}{s^2 + 2\zeta\omega_n s + \omega_n^2} \tag{4－12}$$

式中 ζ 是阻尼系数；ω_n 是固有频率。

①当 $b_0 = b_1 = 0, b_2 = K\omega_n^2$ 时,为低通滤波器。这时式(4-12)变为

$$G(s) = \frac{K\omega_n^2}{s^2 + 2\zeta\omega_n s + \omega_n^2}$$

令 $s = j\omega$,频率特性为

$$G(j\omega) = \frac{K}{(j\omega/\omega_n)^2 + 2\zeta(j\omega/\omega_n) + 1} = \frac{K}{1 - (\omega/\omega_n)^2 + 2\zeta(j\omega/\omega_n)} \tag{4-13}$$

幅频特性和相频特性分别为

$$|G(j\omega)| = \frac{K}{\sqrt{(1 - \omega^2/\omega_n^2)^2 + (2\zeta\omega/\omega_n)^2}} \tag{4-14}$$

$$\varphi(\omega) = -\tan^{-1}\left[\frac{2\zeta\omega/\omega_n}{1 - (\omega/\omega_n)^2}\right] \tag{4-15}$$

阻尼系数 ζ 取不同值时的幅频特性曲线如图4-10(a)所示。可见 $\zeta < 0.7$ 有峰值出现。

②当 $b_0 = K, b_1 = b_2 = 0$ 时,为高通滤波器。这时式(4-12)变为

$$G(s) = \frac{Ks^2}{s^2 + 2\zeta\omega_n s + \omega_n^2}$$

令 $s = j\omega$,有 $G(0) = 0, G(\infty) = K$,则二阶高通滤波器的频率特性为

$$G(j\omega) = \frac{K}{(j\omega_n/\omega)^2 - 2\zeta(j\omega_n/\omega) + 1} = \frac{K}{1 - (\omega_n/\omega)^2 - 2\zeta(j\omega_n/\omega)} \tag{4-16}$$

幅频特性和相频特性分别为

$$|G(j\omega)| = \frac{K}{\sqrt{(1 - \omega_n^2/\omega^2)^2 + (2\zeta\omega_n/\omega)^2}} \tag{4-17}$$

$$\varphi(\omega) = \tan^{-1}\left[\frac{2\zeta\omega_n/\omega}{1 - (\omega_n/\omega)^2}\right] \tag{4-18}$$

阻尼系数 ζ 取不同值时的幅频特性曲线如图4-10(b)所示。可见 $\zeta < 0.7$ 有峰值出现。

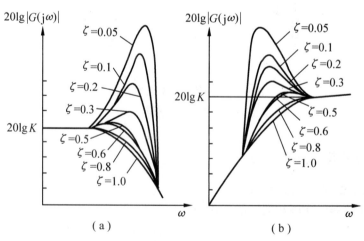

图4-10　二阶有源滤波器的幅频特性曲线

(a)二阶低通滤波器;(b)二阶高通滤波器

2. 二阶有源滤波器的基本构成

（1）同相输入二阶有源滤波电路

这种方法是由线性集成元件构成一同相比例放大器，其他无源元件都接在线性集成元件的同相输入端，同相放大器输出电压反馈到无源网络，电路如图 4-11 所示。

图中 $Y_1 \sim Y_4$ 分别表示所在位置的无源元件的导纳。由节点电流法

$$(u_\Sigma - u_i)Y_1 + (u_\Sigma - u_o)Y_2 + (u_\Sigma - u_+)Y_4 + u_\Sigma \cdot Y_3 = 0$$

得

$$u_\Sigma = \frac{Y_1 u_i + Y_4 u_+ + u_o Y_2}{Y_1 + Y_2 + Y_3 + Y_4}$$

当线性集成元件为理想时，$u_+ = u_-$，得

$$u_- = \frac{u_o}{A_f}, \quad A_{uf} = \frac{R + R_f}{R}$$

又

$$u_\Sigma = \frac{Y_4 + Y_5}{Y_4} u_+$$

把上面三个公式整理后得

$$G(s) = \frac{U_o(s)}{U_i(s)} = \frac{A_{uf} Y_1 Y_4}{Y_5(Y_1 + Y_2 + Y_3 + Y_4) + [Y_1 + (1 - A_{uf})Y_2 + Y_3]Y_4} \qquad (4-19)$$

在 $Y_1 \sim Y_5$ 中有任意两个是电容，其他是电阻，就组成二阶滤波器。当 Y_1、Y_4 为电容时呈高通特性，而当 Y_2、Y_5 或 Y_4 为电容时呈低通特性。

（2）反相输入二阶有源滤波电路

这种有源滤波器的结构如图 4-12 所示，运算放大器的输出通过 Y_3、Y_5 反馈到输入端，其输出和输入之间的关系可用下式表示

$$G(s) = \frac{U_o(s)}{U_i(s)} = \frac{-Y_1 Y_4}{Y_5(Y_1 + Y_2 + Y_3 + Y_4) + Y_3 Y_4} \qquad (4-20)$$

式中 $U_i(s)$ 和 $U_o(s)$ 分别是 u_i 和 u_o 的拉氏变换，$Y_1 \sim Y_5$ 中有两个电容，其他三个为电阻，即构成二阶有源滤波器，其中无源元件是接在线性集成元件的反相输入端。

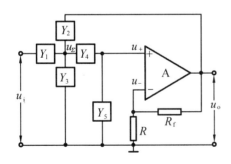

图 4-11 二阶有源滤波器电路之一

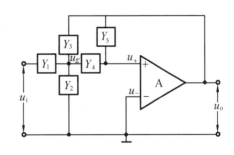

图 4-12 二阶有源滤波器电路之二

3. 二阶低通有源滤波器的设计

（1）基本特性

由二阶有源低通滤波器幅频特性的表达式（4-14）可知，当 $\zeta = 1/\sqrt{2}$ 时，式（4-14）变为

$$K(\omega) = \frac{K}{\sqrt{1 + (\omega_n/\omega)^4}}$$

此时幅频特性没有峰值出现。

当 $\omega = \omega_n$ 时,$K(\omega) = K/\sqrt{2}$。由此可见当 $\omega = \omega_n$ 时,幅频特性下降了 3 dB,所以其截止频率是它的固有频率 $\omega_c = \omega_n$。

当 $\zeta < 1/\sqrt{2}$ 时,幅频特性中有共振峰出现。为了求得振峰处的角频率,可将式(4 – 14)对 ω 微分,并令它等于零。

$$\frac{\mathrm{d}}{\mathrm{d}\omega}\left[\left(1 - \frac{\omega^2}{\omega_n^2}\right)^2 + \left(2\zeta\frac{\omega}{\omega_n}\right)^2\right] = 0$$

则

$$4\frac{\omega}{\omega_n^2}\left(\frac{\omega^2}{\omega_n^2} + 2\zeta^2 - 1\right) = 0$$

即可得振峰处的角频率 ω_p 为

$$\omega = \omega_p = \omega_n\sqrt{1 - 2\zeta^2}$$

将 ω_p 代入式(4 – 14)可得 ω_p 处对应的最大峰值为

$$K_p = K(\omega_p) = \frac{K}{2\zeta\sqrt{1 - \zeta^2}}$$

此时截止频率定义为幅频特性从峰值回到起始值的频率。为此只要令式(4 – 14)的分母等于 1,就可求得截止频率,即

$$\sqrt{(1 - \omega^2/\omega_n^2)^2 + (2\zeta\omega/\omega_n)^2} = 1$$

得

$$\omega_c = \omega_n\sqrt{2(1 - 2\zeta^2)}$$

峰值与通带增益值之差为

$$20\lg K_p - 20\lg K = 20\lg\left(\frac{K_p}{K}\right) = 20\lg\left(\frac{1}{2\zeta\sqrt{1 - \zeta^2}}\right)$$

采用二阶同相输入电路构成的二阶低通有源滤波器如图 4 – 13 所示。把电路中的具体元件代入式(4 – 19),可得该电路的传递函数为

$$G(s) = \frac{\dfrac{1}{R_1 R_2 C_1 C_2} \cdot \dfrac{R_f + R_3}{R_3}}{s^2 + s\left[\dfrac{1}{R_1 C_1} + \dfrac{1}{R_2 C_1} + \dfrac{1 - A_{uf}}{R_2 C_2}\right] + \dfrac{1}{R_1 R_2 C_1 C_2}} \tag{4 – 21}$$

二阶标准传递函数为

$$G(s) = \frac{K\omega_n^2}{s^2 + 2\zeta\omega_n s + \omega_n^2} \tag{4 – 22}$$

比较式(4 – 21)和式(4 – 22)可得

$$K = 1 + R_f/R_3 \tag{4 – 23}$$

$$\omega_n = \sqrt{\frac{1}{R_1 R_2 C_1 C_2}} \tag{4 – 24}$$

$$\zeta = \frac{1}{2}\left[\sqrt{\frac{R_2 C_2}{R_1 C_1}} + \sqrt{\frac{R_1 C_2}{R_2 C_1}} + (1 - A_{uf})\sqrt{\frac{R_1 C_1}{R_2 C_2}}\right] \tag{4 – 25}$$

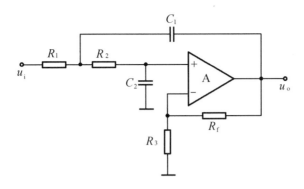

图 4-13 二阶低通有源滤波器

（2）设计步骤

滤波器的设计就是根据工程实际需要选择电路参数，决定电路的形式以及元件参数的计算。

第一步：选择电路参数，根据对滤波器特性的要求，选择固有频率 ω_n、阻尼系数 ζ 和通频带增益 K。

第二步：实现有源滤波器的电路有多种形式，设计时可根据要求进行选择。

第三步：元件参数选择。由式（4-19）可知，当滤波器参数和电路形式选定后，电路的 K、ω_n、ζ 即为已知值，而这时方程的数目小于未知量（R、C）的数目，因此我们可以预先选取一些元件值，然后再计算其他元件值。通常预选电容 C_1，以及 C_2 与 C_1 的比例系数 $m = C_2/C_1$，然后计算其他元件的数值。

下面以二阶压控电压源电路构成的二阶低通滤波器为例，说明元件参数选择的过程。电路形式如图 4-13 所示。

①预选电容 C_1 以及比例系数 m，得到 C_2 的值 $C_2 = mC_1$。

②由式（4-24），可以得到 R_2、R_1 的关系式

$$R_1 = \frac{1}{mC_1^2\omega_n^2 R_2}$$

③由上面关系及式（4-22），可以得 R_2 的值为

$$R_2 = \frac{\zeta}{mC_1\omega_n}\left[1 + \sqrt{1 + \frac{K-1-m}{\zeta^2}}\right]$$

④由 $A_{uf} = K$，并根据对放大器参数的要求（偏置电流、温漂以及输出功率等参数），确定 R_3 和 R_f。

由 $A_{uf} = K = 1 + R_f/R_3$，$R_1 + R_2 = R_3 /\!/ R_f$ 得

$$R_f = K(R_1 + R_2)$$
$$R_3 = R_f/(K-1)$$

⑤上述元件参数确定后，还应返回去验证一下，m 取值是否合适。由上面的计算可知，m 必须满足 $(K-1-m)/\zeta^2 \geqslant -1$，即 $m \leqslant K-1+\zeta^2$ 的条件。可根据 f_n 的要求，参考下表来预选电容 C_1 的数值大小。

表 4-1　f_n 与 C_1 的对应范围

f_n/Hz	$C_1/\mu\mathrm{F}$	f_n/Hz	C_1/pF
$1 \sim 10$	$20 \sim 1$	$10^3 \sim 10^4$	$10^5 \sim 10^4$
$10 \sim 100$	$1 \sim 0.1$	$10^4 \sim 10^5$	$10^4 \sim 10^3$
$100 \sim 1\ 000$	$0.1 \sim 0.01$	$10^5 \sim 10^6$	$10^3 \sim 10$

例 4-1　已知二阶滤波器的特性参数为:$K = 10, f_n = 1\ 000\ \mathrm{Hz}, \zeta = 1/\sqrt{2}$,试设计滤波器。

解　依题意,选用二阶同相输入有源滤波器结构,由于 $\zeta = 1/\sqrt{2}$,即幅频特性无共振峰,则截止频率 f_c 与固有频率 f_n 相等,于是

$$f_c = f_n = 1\ 000\ \mathrm{Hz}$$

根据 f_n,由表 4-1 选 $C_1 = 0.01\ \mu\mathrm{F}$,并取 $m = 2$,得

$$C_2 = mC_1 = 0.02\ \mu\mathrm{F}$$

然后计算 R_2、R_1 的值

$$R_2 = \frac{\zeta}{mC_1\omega_n}\left[1 + \sqrt{1 + \frac{K-1-m}{\zeta^2}}\right] =$$

$$\frac{1}{2\sqrt{2} \times 0.01 \times 10^{-6} \times 2\pi \times 1\ 000}\left[1 + \sqrt{1 + \frac{10-1-2}{(1/\sqrt{2})^2}}\right] \approx$$

$$27.4\ \mathrm{k}\Omega$$

$$R_1 = \frac{1}{mC_1^2\omega_n^2 R_2} = \frac{1}{2 \times (0.01 \times 10^{-6})^2 \times (2\pi \times 1\ 000)^2 \times 27.4} = 4.62\ \mathrm{k}\Omega$$

最后计算 R_f、R_3 的值:

$$R_f = K(R_1 + R_2) =$$
$$10 \times (4.62 + 27.4) =$$
$$320\ \mathrm{k}\Omega$$

$$R_3 = \frac{R_f}{K-1} = \frac{320}{10-1} = 35.6\ \mathrm{k}\Omega$$

由计算结果可知,R_1、R_2、R_3、R_f 都不在标准档次系列上,实际中 R_2、R_1 和 R_f 可选用精密可变电阻 300 kΩ、5 kΩ 和 500 kΩ,R_3 可选用与计算值接近的电阻,选 R_3 $= 36\ \mathrm{k}\Omega$。

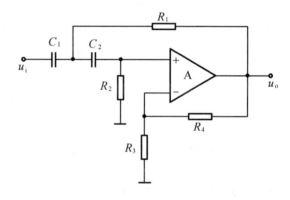

图 4-14　单端反馈二阶高通滤波器

4. 二阶高通滤波器设计举例

(1)同相输入二阶高通滤波器

图 4-14 所示电路构成的二阶高通滤波器,其传递函数为

$$G(s) = \frac{Ks^2}{s^2 + \left(\dfrac{1}{R_2C_1} + \dfrac{1}{R_2C_2} + \dfrac{1-K}{R_1C_1}\right)s + \dfrac{1}{R_1R_2C_1C_2}}$$

式中 $K = 1 + (R_4/R_3)$。二阶高通滤波器标准式为

$$G(s) = \frac{Ks^2}{s^2 + 2\zeta\omega_n s + \omega_n^2} \qquad (4-26)$$

比较以上两式,得

$$\omega_n = \sqrt{\frac{1}{R_1 R_2 C_1 C_2}}$$

$$\zeta = \frac{1}{2}\left[\sqrt{\frac{R_1 C_2}{R_2 C_1}} + \sqrt{\frac{R_1 C_1}{R_2 C_2}} + (1-K)\sqrt{\frac{R_2 C_2}{R_1 C_1}}\right]$$

若取 $R_1 = R_2 = R, C_1 = C_2 = C$,即等电阻等电容情况,有

$$G(s) = \frac{Ks^2}{s^2 + \dfrac{3-K}{KC}s + \dfrac{1}{R^2 C^2}} \qquad (4-27)$$

$$\omega_n = \frac{1}{RC} \qquad (4-28)$$

$$\zeta = (3-K)/2 \qquad (4-29)$$

4.2.4 集成有源滤波器

目前常用的集成滤波器主要有"有源 RC"滤波器和"开关电容"滤波器两种,有源 RC 滤波器有单片集成,也有混合工艺制作的模块电路。近年来单片集成有源滤波器应用越来越广泛,其中有开关电容式、状态变量连续式,分为不可编程和可编程方式两种。

1. MAX280

MAX280 是 MAXIM 公司生产的四阶低通开关电容滤波器,8 引脚 DIP 封装,体积小,功耗低,调整方便。它的主要特性如下:

滤波器特性:巴特沃滋低通滤波器;

衰减特性:30 dB/dec;

截止频率范围:0 ~ 20 kHz;

截止频率误差:±1% 以下;

截止频率控制方式:时钟控制 $f_{CLK}/f_c = 100$（或 200）;

失真率:无;

噪声:时钟泄漏噪声峰峰值 10 mV;

失调电压:0 V;

工作电压范围:±(2.375 ~ 8.0) V;

消耗电流:±7.0 mA 以下。

MAX280 的典型用法如图 4 - 15 所示。

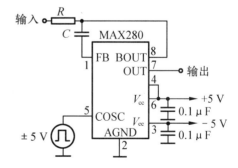

图 4 - 15 MAX280 用法

MAX280 本身为四阶低通滤波器,通过外接一个电阻和一个电容,可构成五阶低通滤波器。本电路中时钟由外部提供,$f_{CLK}/f_c = 100$。不同截止频率时外接 R、C 的数值不同,典型参数选择如表 4 - 2 所示。

表 4-2　R、C 参数选择

f_{CLK}	f_c	R	C
2 MHz	20 kHz	12.9 kΩ	1 000 pF
200 kHz	2 kHz	12.9 kΩ	0.01 μF
20 kHz	200 Hz	12.9 kΩ	0.01 μF

当 f_c 较高时,MAX280 衰减特性减弱。另外 MAX280 对容性负载的带负载能力较差。表 4-3 为图 4-15 电路的实测参数。

表 4-3　MAX280 实测参数

f_{CLK}/Hz	f_c/Hz	失真率/(%)	噪声/mV	失调电压/mV	消耗电流/mA
2×10^6	20×10^3	2.6	48	−0.4	±5.8
200×10^3	2×10^3	0.78	45	−0.4	±5.1
20×10^3	200	0.89	28	−0.4	±5.1

2. 开关电容滤波器

开关电容滤波器是一种新型的大规模集成电路,它是"数"、"模"体制结合的产物,其主要特点是用开关和电容来代替电阻。利用这种方法可将一大类有源 RC 滤波器转换成开关电容滤波器。

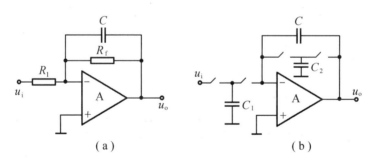

图 4-16　RC 滤波器及等效开关电容滤波器
(a)一阶 RC 低通滤波器;(b)开关电容滤波器

图 4-16(a)是一阶 RC 有源低通滤波器,其传递函数为

$$G(s) = \frac{R_f}{R_1} \cdot \frac{1}{1 + R_f C s}$$

若用图 4-16(b)的等效电路来代替图 4-16(a),有

$$G(s) = -\frac{C_1}{C_2} \cdot \frac{1}{1 + [C/(C_2 f_{CLK})]s}$$

即用开关电容来代替电阻,开关电容等效电阻为

$$R = \frac{1}{f_{CLK} C_2}$$

式中 f_{CLK} 为时钟频率。因此在该滤波电路中,时间常数 RC 可用 $C/(C_2 f_{CLK})$ 来代替,放大倍数由 C_1/C_2 来决定,可见开关电容滤波器中,滤波参数决定于时钟频率和电容比;而目前电容比精度可高达 0.01% ,故在时钟频率远高于信号频率时,利用开关电容滤波器可以做到高精度、高稳定度,并可实现程控。

4.2.5　有源滤波器应用实例

1. 电位计式位移传感器信号的低通有源滤波器

电位计式位移传感器相当于一个可变电阻,当对其两个固定端施加固定参考电压后,在滑动端可以获得与被测位移成比例的电压信号。由于可变电阻的滑动端与固定电阻之间通过表面接触传递信号,因此存在一定的噪声信号;又电位器的阻值一般为几千欧姆到几百千欧姆之间,与 A/D 等接口需要阻抗变换,因此宜采用有源低通滤波器。滤波器电路如图 4 – 17 所示。

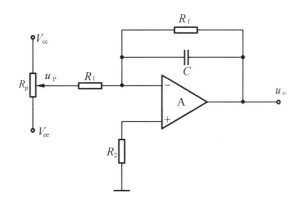

图 4 – 17　电位计传感器滤波电路

图中 R_p 是电位器的电器符号,参考电压为 V_{cc} 和 V_{ee} ,放大器的输出为

$$U_o(s) = -U_p(s) \cdot \frac{R_f /\!/ Z_c}{R_1} =$$

$$-U_p(s) \cdot \frac{R_f}{R_1} \cdot \frac{1}{1 + R_f C s}$$

放大倍数和时间常数分别为

$$K = -\frac{R_f}{R_1}$$

$$\tau = R_f \cdot C$$

$U_o(s)$ 与 $U_p(s)$ 的符号相反,由于电位计是正负电源供电,改变电源的接法,即对调 V_{cc} 和 V_{ee} 就可以改变输出信号的极性,在分析中可以不考虑符号的变化。

例 4 – 2　电位计的电阻 $R_p = 10\ \text{k}\Omega$, $V_{cc} = 5\ \text{V}$, $V_{ee} = -5\ \text{V}$,要求 u_o 的范围为 $-10 \sim +10\ \text{V}$,滤波时间常数为 $\tau = 0.01\ \text{s}$,要求确定电路器件的参数。

解　依题意, u_p 的变化范围为 $u_{pmin} = -5\ \text{V}$, $u_{pmax} = +5\ \text{V}$, $u_o = 2u_p$,所需的放大倍数为 2,考虑与电位计的阻抗匹配,选 $R_1 = 10R_p = 100\ \text{k}\Omega$,则

$$R_f = 2 \cdot R_1 = 200 \text{ k}\Omega$$

滤波电容 C 的值为

$$C = \frac{\tau}{R_f} = \frac{0.01}{2 \times 10^5} = 5 \times 10^{-8} \text{ F} = 0.05 \text{ μF}$$

实际电容应该选标准值,选 $C = 0.047$ μF。实际时间常数为

$$\tau = 0.047 \times 10^{-6} \times 2 \times 10^5 = 0.009\ 48 \text{ s}$$

接近于设计要求。考虑电路的平衡,选 $R_2 = R_f = 200$ kΩ。

2. 直流测速发电机传感器信号的滤波电路

直流测速发电机是机电系统中常用的传感器之一,其特点是输出直流电压信号,输出电压幅度大,输出阻抗较大,采用电刷输出信号,噪声较大,需要进行阻抗匹配和信号滤波。实际滤波电路如图 4-18 所示。

图 4-18 中 u_s 为测速发电机的输出电压信号,由于测速发电机的输出电压一般为十几伏,经分压电阻 R_p 分压后输

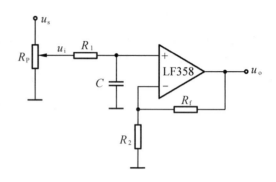

图 4-18 直流测速发电机信号滤波电路

入到运算放大器的同相输入端,R_p 滑动端对地电阻为 R_{p1},滤波器的输出为

$$\frac{U_o(s)}{U_i(s)} = \left(1 + \frac{R_f}{R_2}\right) \cdot \frac{1}{1 + R_1 Cs} \cdot \frac{R_{p1}}{R_p}$$

直流放大倍数为

$$K = \left(1 + \frac{R_f}{R_2}\right) \cdot \frac{R_{p1}}{R_p}$$

截止频率为

$$\omega_c = \frac{1}{R_1 C}$$

实际中取 $R_f = R_2$,则

$$K = 2\frac{R_{p1}}{R_p}$$

可以通过调整 R_p 来调整直流放大倍数 K 的大小。截止频率由 R_1 和 C 共同决定。

例 4-3 已知某直流测速发电机的最大输出电压范围为 $u_s = -40 \sim +40$ V,最小负载电阻 $R_{Lmin} = 23$ kΩ。要求滤波器的输出电压范围为 $u_o = -10 \sim +10$ V,截止频率为 $f_c = 100$ Hz。

解 依题意,放大器的直流增益为

$$K = \frac{u_o}{u_s} = \frac{10}{40} = 0.25$$

因为

$$\frac{R_{p1}}{R_p} = \frac{1}{2}K = 0.125$$

选

$$R_p = 50 \text{ kΩ} > R_{Lmin}$$

所以

$$R_{p1} = 0.125 R_p = 0.125 \times 50 = 6.25 \text{ kΩ}$$

截止角频率 $\omega_c = 2\pi f_c = 628$ rad/s,取电容 $C_1 = 0.01$ μF,则

$$R_1 = \frac{1}{628 \times 0.01 \times 10^{-6}} = 159 \text{ k}\Omega$$

可以选 R_1 为 160 kΩ 的标准电阻,或 200 kΩ 的可变电阻。

4.3　PID 运算电路

PID(Proportional Integral Derivative)控制是控制工程中技术成熟、应用广泛的一种控制策略,经过长期的工程实践,已形成了一套完整的控制方法和典型的结构。它不仅适用于数学模型已知的控制系统,而且也可应用于大多数数学模型难以确定的工业过程。PID 控制参数整定方便,结构改变灵活,在众多工业过程控制中取得了满意的应用效果。

所谓 PID 控制规律就是对偏差信号 $e(t)$ 进行比例、积分和微分运算变换后形成的一种控制规律,即

$$u(t) = K_p \Big[e(t) + \frac{1}{T_i} \int_0^t e(\tau) \mathrm{d}\tau + T_d \frac{\mathrm{d}e(t)}{\mathrm{d}t} \Big] \tag{4-30}$$

式中　$K_p e(t)$——比例控制项,K_p 为比例系数;

　　$\dfrac{1}{T_i} \int_0^t e(\tau) \mathrm{d}\tau$ ——积分控制项,T_i 为积分时间常数;

　　$T_d \dfrac{\mathrm{d}e(t)}{\mathrm{d}t}$ ——微分控制项,T_d 为微分时间常数。

PID 控制规律通常由其相应的校正装置实现。一般都采用电气校正装置(电网络),因为它实现起来最方便。当采用计算机控制时,PID 的控制规律可在计算机中由相应的算法来实现。

实现 PID 控制的电路称 PID 运算电路,又叫作 PID 调节器。PID 调节器的作用是对偏差量进行运算,系统的输出经过传感器转换成为与其成正比的电信号,这个输出信号与给定信号相比较,得到偏差信号。PID 调节器对这个偏差量进行运算,产生相对的输出,去控制系统的执行机构,最后使闭环系统的性能达到满意的结果。

4.3.1　PID 调节器模型

1. 比例调节器(P)

在自动控制系统中,比例调节器是一种比较简单的运算电路,它的输出随输入信号(偏差信号)成比例变化。比例调节器的传递函数为

$$G(s) = \frac{U_o(s)}{U_i(s)} = K_p \tag{4-31}$$

式中 $U_o(s)$、$U_i(s)$ 分别为调节器的输出、输入信号的拉氏变换式;K_p 是这个调节器的比例增益。其时间响应为

$$u_o(t) = K_p u_i(t) \tag{4-32}$$

由于比例调节器的输出信号与输入信号成正比,所以当 $K_p > 1$ 时,采用比例调节对系统的干扰信号有比较及时的抑制作用,可以加快系统的响应速度,减小稳态误差。

2. 积分调节器(I)

要消除静态误差,最有效的办法是对偏差信号进行积分运算,只要闭环系统存在静态误差,调节器就会随时对误差不断地进行积分,通过积分输出控制执行机构,最终使系统的

偏差为零。这种积分调节器的传递函数为

$$G(s) = \frac{U_o(s)}{U_i(s)} = \frac{1}{T_i s} \qquad (4-33)$$

式中 T_i 为积分器的积分时间常数;s 为拉氏算子。其时间响应为

$$u_o(t) = \frac{1}{T_i}\int u_i(t)\,dt \qquad (4-34)$$

积分调节器的频域特性曲线如图 4-19 所示。它的幅值呈每十倍频程 20 dB 衰减特性,当 $\omega \to 0$ 时,幅值比 $|G| \to \infty$,有消除静差作用;它的相位角为 $-90°$,会使系统的相位储备下降,影响系统的稳定性。图 4-20 是对应的时域响应曲线。

积分调节的最大优点是可以消除系统的静态误差,但积分调节动作比较慢,往往会使动态品质变坏,有时会造成系统的不稳定,因此在实际应用中往往把比例调节器和积分调节器结合起来,构成了 PI 调节器。它的传递函数为

$$G(s) = \frac{U_o(s)}{U_i(s)} = K_p\left(1 + \frac{1}{T_i s}\right) \qquad (4-35)$$

其时间响应为

$$u_o(t) = K_p\left[u_i(t) + \frac{1}{T_i}\int u_i(t)\,dt\right] \qquad (4-36)$$

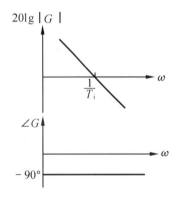

图 4-19　积分器的频率特性

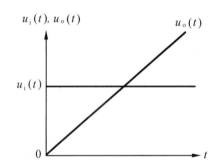

图 4-20　积分器的阶跃响应

比例积分器的频率特性曲线如图 4-21 所示,它的幅值在转折频率 $\omega_i = \frac{1}{T_i}$ 前呈衰减特性;在转折频率后为等幅特性,其相位从开始的 $-90°$ 在经过转折点后逐渐恢复到零,中高频段基本上不产生相位滞后,有利于提高系统的稳定性和快速性。图 4-22 是对应的单位阶跃响应曲线。

3. 微分调节器(D)

微分调节器的输出是输入(偏差)信号的微分,其传递函数为

$$G(s) = \frac{U_o(s)}{U_i(s)} = T_d s \qquad (4-37)$$

其时间响应为

$$u_o(t) = T_d\frac{du_i(t)}{dt} \qquad (4-38)$$

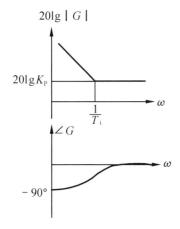

图 4 – 21　PI 调节器频域特性

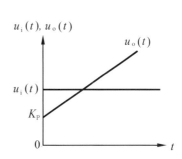

图 4 – 22　比例积分环节的单位阶跃响应

微分调节器能在偏差出现或变化的瞬间,立即根据变化趋势产生强烈的调节作用,可使系统的响应速度加快,改善稳定性。它只对偏差的变化有调节作用,对静态偏差无抑制作用,所以不能单独使用,一般要与比例调节器或积分调节器结合使用。为了克服微分调节器带来的高频噪声,可以引入一个小惯性环节构成不完全比例微分调节器,其传递函数为

$$G'(s) = K_p\left(1 + \frac{T_d s}{1 + ns}\right)$$

式中 n 为惯性环节的时间常数,$n \ll T_d$,上式可简化为

$$G'(s) = K_p \frac{1 + T_d s}{1 + ns} \tag{4-39}$$

不完全比例微分调节器和纯微分调节器的频率特性曲线如图 4 – 23 所示。现采用不完全比例微分调节器可以在中频段获得一相位超前和增益,提高系统的稳定性和快速性,同时也保证了在低频段的增益,有利于提高系统的精度。小惯性环节的引入使高频段幅值不再具备增长特性,有利于抑制高频噪声。不完全比例微分调节器的实质相当一个相位超前校正网络。

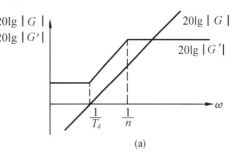

(a)

4. 比例积分微分(PID)调节器

把比例、积分与微分调节器结合起来,构成"比例 + 积分 + 微分"(PID)调节器。PID 调节器的传递函数为

$$G(s) = \frac{U_o(s)}{U_i(s)} = K_p\left(1 + \frac{1}{T_i s} + T_d s\right) \tag{4-40}$$

其时间响应为

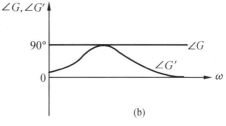

(b)

图 4 – 23　微分器频域特性

$$u_o(t) = K_p\left[u_i(t) + \frac{1}{T_i}\int u_i(t)\,dt + T_d\frac{du_i(t)}{dt}\right] \quad\quad (4-41)$$

将上式做拉氏变换,得传递函数为

$$G(s) = \frac{U_o(s)}{U_i(s)} = K_p\frac{T_iT_ds^2 + T_is + 1}{T_is}$$

当 $T_i \geq 4T_d$ 时

$$G(s) = K_p\frac{(T_1s+1)(T_2s+1)}{T_is} \quad\quad (4-42)$$

式中 $\frac{1}{T_1}$、$\frac{1}{T_2}$ 分别为 $T_iT_ds^2 + T_is + 1 = 0$ 的根。

对应的频率特性曲线如图 4 – 24 所示,它在低频段具有积分作用,可以消除静差;在中频段具有相位补偿作用,可以提高稳定性和快速性,其缺点是由于微分作用,在高频段呈增幅特性,不利于抑制高频噪声,需要引入不完全微分。引入不完全微分后的 PID 调节模型为

$$G'(s) = K_p\left(1 + \frac{1}{T_is} + \frac{T_ds}{1+ns}\right) = K_p\frac{(T_1s+1)(T_2s+1)}{T_is(1+ns)}$$

将不完全 PID 特性与标准 PID 画在同一频率特性图内,如图 4 – 24 中虚线所示。由频率特性曲线可知,不完全 PID 与标准 PID 在中低频段具有相同的特性,在高频段通过新加入 $s = \frac{1}{n}$ 极点,可以有效地抑制高频噪声。图 4 – 25 是不完全 PID 的单位阶跃响应。

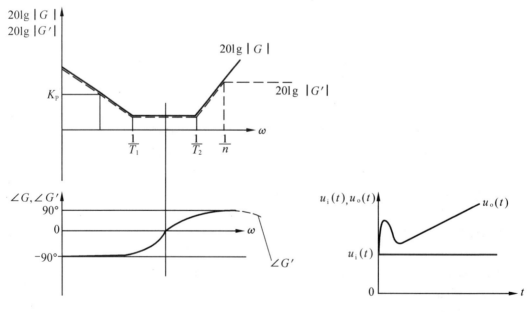

图 4 – 24　PID 调节器频域特性　　　　图 4 – 25　不完全 PID 阶跃响应

4.3.2　PID 运算电路

1. 比例积分运算电路

典型比例积分运算电路如图 4 – 26 所示。为了分析的方便,我们假定线性集成元件为理想情况,则运算电路输入与输出之间的拉氏变换式为

$$\frac{U_o(s)}{U_i(s)} = -\frac{R_f + 1/(Cs)}{R}$$

$$U_o(s) = -\left[\frac{R_f}{R}U_i(s) + \frac{U_i(s)}{RCs}\right] = -\frac{R_f}{R}\left(1 + \frac{1}{R_f Cs}\right)U_i(s) \qquad (4-43)$$

对上式进行拉氏反变换得

$$u_o(t) = -\left[\frac{R_f}{R}u_i(t) + \frac{1}{RC}\int_0^t u_i(t)\,dt\right] \qquad (4-44)$$

由上式可以看出,输出电压与输入电压之间具有比例积分关系。当 $t = 0$ 时,给调节器输入一个阶跃信号,则其输出立即有一个比例的跃变

$$u_o\Big|_{t=0} = -\frac{R_f}{R}u_i$$

此后 u_o 将随时间线性增长,对输入信号产生积分作用,其增长速率为每过一个时间间隔 $T_I = RC$,输出便增加一个 u_i 的数值。RC 的大小反映了积分作用的强弱,RC 越小,积分作用越强;反之,RC 越大,积分作用越弱。

另外一种比例积分电路如图 4 – 27 所示。若线性集成元件为理想情况,电路输入输出的拉氏变换式为

$$\frac{U_o(s)}{U_i(s)} = -\frac{C_i}{C_M}\left(1 + \frac{1}{RC_i s}\right) \qquad (4-45)$$

进行拉氏反变换后得到输入输出的关系式为

$$u_o(t) = -\frac{C_i}{C_M}\left[u_i(t) + \frac{1}{RC_i}\int u_i(t)\,dt\right] \qquad (4-46)$$

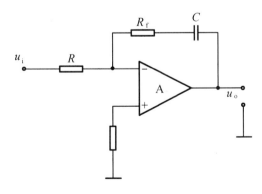

图 4 – 26　比例积分电路 I

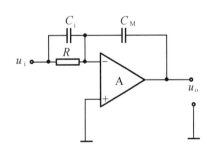

图 4 – 27　比例积分电路 II

由式(4 – 46)可以看出,输出电压与输入电压之间具有比例积分运算关系。在 $t = 0$ 时,

给调节器输入一阶跃信号,其输出立即产生一个 $\dfrac{C_i}{C_M}u_i$ 的跃变,此后随着时间的增长,积分器对输入信号进行积分,且每过一个时间间隔 $T_i = RC_i$,输出便增加一个 $\dfrac{C_i}{C_M}u_i$ 的数值,即增加一个比例作用的效果。通常把 $\dfrac{C_i}{C_M}$ 叫作比例增益,它反映了比例调节器作用的强弱;而把时间 RC_i 称为积分时间。用 T_i 代替 RC_i,式(4-45)变为

$$\frac{U_o(s)}{U_i(s)} = -\frac{C_i}{C_M}\left(1 + \frac{1}{T_i s}\right) \tag{4-47}$$

2. 比例微分运算电路

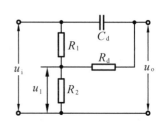

图 4-28   无源比例微分电路

如果把图 4-27 电路中的 C_M 换成电阻,该电路就变成了一个比例微分电路。对于这样的电路,在理想情况下,若输入为一阶跃信号,该电路的输出会迅速冲到极限值,而瞬间过后微分项的作用又完全消失。这种微分作用在实际工程中,不但起不到好的作用,还可能导致系统的不稳定。为此必须对微分调节作用加以限制。一个实用的无源比例微分电路如图 4-28 所示。

为便于理解,我们首先定性地讨论一下它的输入输出关系。若输入信号为阶跃信号,则在 $t = 0$ 时,由于电容两端的电压不能突变,输出电压 u_o 等于输入电压 u_i,故 u_o 也有等值的阶跃。然后电容 C_d 逐渐充电,电容电压逐渐增加,输出电压 u_o 逐渐下降。当充电过程结束时,输出电压 u_o 的大小完全由分压电阻 R_1 和 R_2 决定。设分压比为 $n = (R_1 + R_2)/R_2$,则 $u_o(t \to \infty) = u_i/n$。

假设分压器的上下两段电阻 R_1、R_2 都比电阻 R_d 小得多,故计算时可近似认为 $u_1 = u_i/n$,于是得到

$$U_o(s) = \frac{1}{n}U_i(s) + I_d(s)R_d$$

$$I_d(s) = \frac{(n-1)U_i(s)/n}{R_d + 1/(C_d s)} = \frac{n-1}{n} \cdot \frac{C_d s}{1 + R_d C_d s}U_i(s)$$

两式化简后得

$$U_o(s) = \frac{1}{n} \cdot \frac{1 + nR_d C_d s}{1 + R_d C_d s}U_i(s)$$

当 $U_i(s)$ 为一阶跃电压 U 时

$$U_o(s) = \frac{1}{n} \cdot \frac{1 + nR_d C_d s}{1 + R_d C_d s} \cdot \frac{U}{s} \tag{4-48}$$

进行拉氏反变换后为

$$u_o(t) = \frac{1}{n}\left[1 + (n-1)e^{-\frac{t}{R_d C_d}}\right]U \tag{4-49}$$

由式(4-49)可以看出,图 4-28 所示的比例微分电路对于阶跃输入的响应由两部分组成:与输入阶跃成正比的比例项 U/n 和反映对输入信号微分作用的 $[(n-1)/n]e^{-\frac{t}{R_d C_d}}U$ 项。这种微分电路具有以下特点:当阶跃信号输入时,输出的微分幅度有限,电路的微分作用时间增长。我们可以用两个参数来描述这种非理想微分电路的性能。

（1）微分增益

非理想微分器的微分增益：阶跃输入作用下，输出的最大跳变值与单纯由比例作用产生的输出变化值之比，用 K_d 来表示。很明显图 4 – 28 所示的比例微分电路的微分增益 $K_d = n$。通常 K_d 取 5 ~ 10。

（2）微分时间

该比例微分电路的微分时间 T_d 定义为

$$T_d = nR_d C_d$$

这样式（4 – 49）也可以写为

$$u_o(t) = \frac{1}{n}\left[1 + (K_d - 1)e^{(K_d/T_d)t} \right] U \qquad (4 - 50)$$

此电路的阶跃响应如图 4 – 29 所示，微分增益 K_d 越大，微分幅度与比例作用相比的倍数越大，微分部分按时常数 $T_d/K_d = R_d C_d$ 的指数曲线衰减，当 $t = T_d/K_d$ 时，微分部分衰减掉 63%。

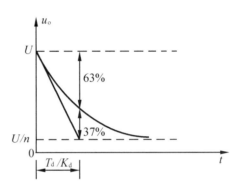

图 4 – 29　比例微分电路的阶跃响应

3. 比例积分微分电路

把比例、积分和微分电路相结合，即构成了 PID 运算电路，如图 4 – 30 所示。

由前述的分析结果，可得各点的信号的表达式分别为

$$U_{oi} = -\frac{1}{R_i C_i s}U_i(s)$$

$$U_{op} = -U_i(s)$$

$$U_{od} = -\frac{C_d R_d s}{1 + C_d R_d s}U_i(s)$$

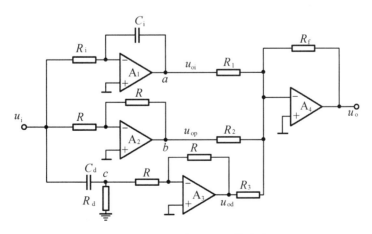

图 4 – 30　近似 PID 运算电路

则

$$U_o = -\Big[\frac{R_f}{R_1}U_{oi} + \frac{R_f}{R_2}U_{op} + \frac{R_f}{R_3}U_{od}\Big] =$$

$$\Big[\frac{R_f}{R_1}\cdot\frac{1}{R_iC_is} + \frac{R_f}{R_2} + \frac{R_f}{R_3}\frac{C_dR_ds}{1+C_dR_ds}\Big]U_i(s) =$$

$$\frac{R_f}{R_2}\Big[1 + \frac{R_2}{R_1}\cdot\frac{1}{R_iC_is} + \frac{R_2}{R_3}\cdot\frac{C_dR_ds}{1+C_dR_ds}\Big]U_i(s) =$$

$$K_p\Big[1 + \frac{1}{T_is} + \frac{T_ds}{1+ns}\Big]U_i(s) \qquad (4-51)$$

式中
$$K_p = R_f/R_2$$
$$T_i = R_1R_iC_i/R_2$$
$$T_d = R_2C_dR_d/R_3$$
$$n = C_dR_d$$

上式是一个带有近似微分的 PID 运算电路,引入 $1+ns$ 环节的目的是抑制因为微分带来的高频噪声,其缺点是 K_p 和 T_d 之间耦合比较严重,调整较困难,对图 4-30 结构进行改进,可得图 4-31 所示的 PID 运算电路,改进后 PID 运算电路的表达式为

$$U_o(s) = -\Big[\frac{R_f}{R_1}U_1(s) + \frac{R_f}{R_2}U_2(s)\Big] =$$

$$-\Big[\Big(1 + \frac{1}{R_iC_is}\Big)\frac{R_f}{R_1} + \frac{C_dR_ds}{1+C_dR_ds}\cdot\frac{R_f}{R_2}\Big]U_i(s) =$$

$$-\frac{R_f}{R_1}\Big[1 + \frac{1}{R_iC_is} + \frac{R_1}{R_2}\cdot\frac{C_dR_ds}{1+C_dR_ds}\Big]U_i(s) =$$

$$K_p\Big[1 + \frac{1}{T_is} + \frac{T_ds}{1+ns}\Big]U_i(s) \qquad (4-52)$$

其中
$$K_p = -\frac{R_f}{R_1}$$
$$T_i = R_iC_i$$
$$T_d = \frac{R_1}{R_2}C_dR_d$$
$$n = C_dR_d$$

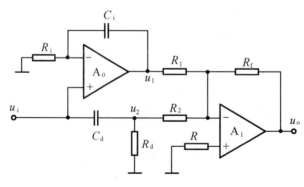

图 4-31 改进的 PID 运算电路

调整 R_f 可以改变 K_p，而不会影响 T_i 和 T_d；调整 R_i 或 C_i 可以改变 T_i，而不会影响 K_p 和 T_d；同样可以通过改变 R_2 调整 T_d，而不会影响 T_i 和 K_p。n 一般不需要做精确调整，事先按通带宽计算好 R_d 和 C_d 的值即可。

4.3.3　PID 应用电路

图 4 – 32 是在直流电动机闭环调速控制系统中的 PI 调节器应用电路，它由 A_0 和 A_1 实现的偏差计算电路，由 A_2 实现的比例运算电路，由 A_3 实现的积分电路和由 A_4 实现的增益调整电路等四个部分组成。

这个电路实现的运算关系为

$$U_o(s) = \left[U_i(s) - U_f(s) \right] \left(1 + \frac{K_I}{s} \right) \cdot K_p$$

1. 求偏差电路

偏差电路是由两级运算放大器 A_0 和 A_1 构成的加减法器，其运算关系为

$$U_e(s) = - \left(- \frac{R_1}{R_0} U_i(s) \frac{R_4}{R_2} + U_f(s) \frac{R_4}{R_{11}} \right)$$

取 $R_1 = R_0 = R_3 = R_{11} = R_2 = R_{14} = R_4$，则

$$U_e(s) = U_i(s) - U_f(s)$$

2. PI 运算电路

PI 运算电路由运算放大器 A_2、A_3 和 A_4 构成，A_2 实现比例运算，A_3 完成积分运算，图中 R_{13} 为阻值很大的积分保护电阻，则

$$U_{op}(s) = - \frac{R_6}{R_8} U_e(s)$$

$$U_{oi}(s) = - \frac{\dfrac{1}{\dfrac{1}{R_{12}} + Cs}}{R_{w1}} U_e(s) = - \frac{1}{R_{w1} Cs + \dfrac{R_{w1}}{R_{12}}} U_e(s)$$

当 $\dfrac{R_{w1}}{R_{12}} \ll 1$ 时，上式可简化为

$$U_{oi} = - \frac{1}{R_{w1} Cs} U_e$$

A_3 构成的积分电路实现的是近似积分运算。A_4 实现的是加法和增益调整功能，为分析方便，将图 4 – 32 的可变电阻 W_2 用总电阻 R_{w2} 和电阻变化 ΔR_{w2} 表示，假设 $R_{13} \gg R_{w2}$，则

$$U_o(s) = - \left(\frac{1}{R_{10}} U_{op}(s) + \frac{1}{R_9} U_{oi}(s) \right) \frac{R_{w2} R_{13}}{\Delta R_{w2}}$$

取 $R_{10} = R_9 = R_{13}$，则有

$$U_o(s) = - \left[U_{op}(s) + U_{oi}(s) \right] \frac{R_{w2}}{\Delta R_{w2}}$$

通过调整可变电阻 W_2，可以实现增益的调整。取 $R_6 = R_8$，则简化后的输出表达式为

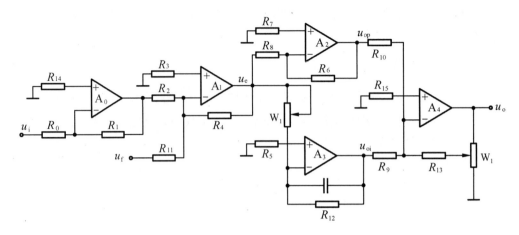

图4-32 PID应用电路

$$U_o(s) = -[U_{op}(s) + U_{oi}(s)]\frac{R_{w2}}{\Delta R_{w2}} =$$

$$-\left[-U_e(s) - \frac{1}{R_{w1}Cs}U_e(s)\right]\frac{R_{w2}}{\Delta R_{w2}} =$$

$$\left(1 + \frac{1}{R_{w1}Cs}\right)\frac{R_{w2}}{\Delta R_{w2}}U_e(s) =$$

$$\left(1 + \frac{1}{R_{w1}Cs}\right)\frac{R_{w2}}{\Delta R_{w2}}[U_i(s) - U_f(s)] =$$

$$\left(1 + \frac{K_i}{s}\right)K_p[U_i(s) - U_f(s)]$$

其中

$$K_i = \frac{1}{R_{w1}C}$$

$$K_p = \frac{R_{w2}}{\Delta R_{w2}}$$

可见图4-32电路可实现PI调节运算。考虑到阻抗匹配关系,取 $R_{12} = 1$ MΩ,其他电阻均为100 kΩ,W_1 的阻值为100 kΩ,W_2 的阻值为5 kΩ,电容 C 根据 K_i 的大小来选取。调整 W_1 可调整 K_i 的值,调整 W_2 可以调整 K_p 的大小。可选用TL072运算放大器。

4.4 综合应用实例

已知某机床工作台进给伺服系统框图如图4-33所示,阀控油缸的传递函数为

$$G(s) = \frac{K_v}{s\left(\dfrac{s^2}{\omega_n^2} + \dfrac{2\xi}{\omega_n}s + 1\right)}$$

系统要求满足性能指标:(1)频宽 $\omega_B \geq 62.8$ rad/s;(2)静态位置误差 $e_p = 0$;(3)相位裕量 $\gamma > 45°$;(4)最大超调量 $\delta < 20\%$。设计实现工作台电液伺服进给控制的模拟控制系统。

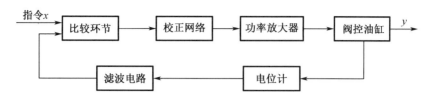

图 4 - 33　工作台电液伺服进给系统框图

根据系统框图可知,需要设计的电路有加法器、调节器、功率放大器、信号滤波电路等。

(1)滤波电路

考虑到电位计的电阻较大,需要阻抗匹配;有噪声,需要滤波电路。系统的频宽为 $\omega_B \geq 62.8$ rad/s,根据经验公式,传感器反馈信号的频宽应为 $(5 \sim 10)\omega_B$。这里取 $\omega_1 = 10\omega_B = 628$ rad/s。

采用一阶反相输入负反馈型低通滤波器,电位计选塑料导电直线电位计,阻抗为 5.1 kΩ,驱动工作电流 2 mA,独立线性 0.1%,行程 300 mm,选用电位器的工作电压为 5 V,则滤波电路如图 4 - 34 所示。

图 4 - 34 的传递函数为

$$\frac{U_o(s)}{U_s(s)} = -\frac{\dfrac{1}{1/R + Cs}}{R_1} = -\frac{R}{R_1} \times \frac{1}{1 + RCs}$$

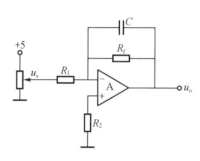

图 4 - 34　滤波电路图

其中 $\omega_1 = 1/RC = 628$ s^{-1},$R/R_1 = 2$,若 $R_1 = 50$ kΩ $= 50\ 000$ Ω,则有

$$R = 100 \text{ kΩ} = 100\ 000 \text{ Ω}$$

$$C = \frac{1}{628 \times 100\ 000} = 0.016 \times 10^{-6} = 0.016 \text{ μF}$$

若取 C 为 0.01 μF,则

$$R = \frac{1}{628 \times 0.01 \times 10^{-6}} = 159 \text{ kΩ},\text{取 } R \text{ 等于 } 160 \text{ kΩ},R_1 = R/2 = 80 \text{ kΩ}$$

考虑到电位计的零位调整问题,可以增加调零电路。

(2)比较运算电路

由于滤波器的输出 u_o 和传感器的输出 u_s 是反向关系,所以选用加法器就可以实现 $x - u_s$ 的运算。设计的负反馈型反相输入加法器如图 4 - 35 所示,比例系数为 1∶1,即 $R_f = R$。

取 R 为 10 kΩ,则

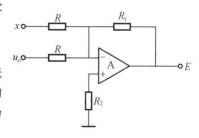

图 4 - 35　负反馈型反相输入加法器

$$E = -(x + u_o) = -(x - Ku_s)$$

(3)校正网络

由阀控油缸的传递函数可画出 $W(j\omega)$ 的对数幅频和相频特性,如图 4 - 36 所示。考虑

到系统既要保证有足够的开环增益,又要有足够的相位裕量,所以采用滞后校正,校正环节的传递函数为

$$D(\mathrm{j}w) = \frac{1}{\beta}\left(\frac{\mathrm{j}w + 1/T}{\mathrm{j}w + 1/\beta T}\right) \qquad (\beta > 1)$$

当 $\omega \to 0$ 时,$K = 1$;当 $\omega \to \infty$ 时,$K = 1/\beta$。

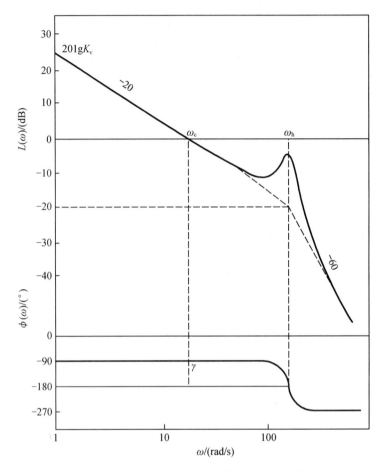

图 4 – 36　阀控油缸的对数幅频和相频特性

校正网络参数的选择应遵循以下原则。

①应保证足够的相位裕量。

②穿越频率 ω_c 附近斜率为 – 20 dB/dec 的线段应足够宽,以满足相位裕量和幅值裕量的要求。显然应在 $\omega > \dfrac{1}{T}$ 穿越,要保证有足够的相位裕量,ω_c 与 $\dfrac{1}{T}$ 应有一定的距离 $\left(\omega_c > \dfrac{1}{T}\right)$。

③$\dfrac{1}{T}$ 取 $\left(\dfrac{1}{5} \sim \dfrac{1}{10}\right)\omega_c$,$\omega_c$ 对应相位裕量为 45°。ω_c 点应补偿的分贝数为 $20\log(1/\beta)$,求出 β。

校正网络如图 4 – 37 所示,不考虑符号,校正网络的传递函数可写为

$$\frac{U_{\text{o}}(s)}{E(s)} = \frac{\dfrac{1}{1/R_2 + C_2 s}}{\dfrac{1}{1/R_1 + C_1 s}} = \frac{\dfrac{1}{R_1} + C_1 s}{\dfrac{1}{R_2} + C_2 s} = \frac{C_1}{C_2}\frac{\dfrac{1}{R_1 C_1} + s}{\dfrac{1}{R_2 C_2} + s}$$

如果让 $C_2/C_1 = \beta$ 且 $R_1 = R_2$，则 $\dfrac{R_2 C_2}{R_1 C_1} = \beta$，$T = R_1 C_1$。首先选取电容 C_1 的值，然后就可以确定其他参数的值。校正后系统的对数幅频和相频特性如图 4–38 所示。

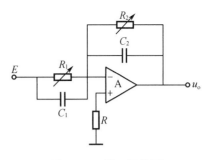

图 4-37　校正网络图

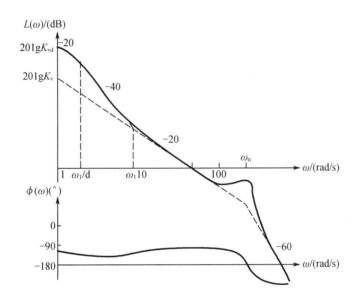

图 4-38　校正后的系统对数幅频和相频特性

习　　题

4-1　写出 PID 调节器的传递函数，并说明其各部分作用。

4-2　分析图 4-39 电路的传递函数。

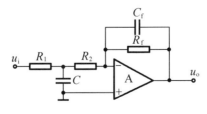

图 4-39　题 4-2 图

4-3 已知 PI 控制器的传递函数为 $G(s) = \dfrac{s+0.15}{s+0.015}$，设计能实现该控制规律的电路。

4-4 什么叫通带,什么叫阻带? 截止频率如何确定?

4-5 已知一阶低通滤波器的电路形式如图 4-40 所示,写出其传递函数。

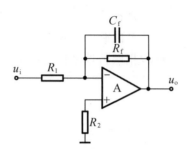

图 4-40 题 4-5 图

第5章 信号变换电路

5.1 概 述

机电系统经常涉及信号变换的问题,有时需要模拟量到电平量的转换,有时需要电平量到模拟量的转换,有时还需要对模拟信号设定死区和饱和限制等。由于信号变换的种类较多,多数涉及非线性变换,因此电路的核心器件不只是线性运算放大器,而是要采用比较器和一些逻辑器件,这类电路大至分为以下几种类型。

5.1.1 电平检测及转换电路

这类电路的作用是根据设定的门槛电平或区域电平对输入信号做逻辑检测,判断输入信号的工作区域。这类电路的输入信号可以是直流电压也可以是交变信号,转换后的输出信号为逻辑电平,其工作原理如图5-1所示。

图5-1 电平检测及转换电路原理

5.1.2 模拟信号变换电路

这类电路的特点是输入的信号为模拟信号,转换后的输出信号也为模拟信号,但输入信号和输出信号的性质要发生一定的变化。有些电路的输入、输出信号既有一定的内在联系,又不再保证线性关系。这类信号电路包括峰值检测、绝对值电路、死区电路和饱和电路等。有些电路虽然保持输入与输出间的线性关系,但信号的性质已发生了变化,如电压/电流变换电路等。模拟信号变换电路原理如图5-2所示。

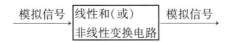

图5-2 模拟信号变换电路原理

5.1.3 电压与脉冲量之间的信号变换电路

这类电路主要指电压/频率变换或频率/电压变换电路和脉宽调制电路,其特点是输入信号与输出信号的类型不同,但希望两者之间保持一定的线性关系,如电压与频率成比例,或电压与脉冲宽度成比例。

5.2　电平检测及转换电路

5.2.1　概述

1. 电平检测及转换电路在机电系统中的作用

在机电系统中经常要用到电平信号检测及转换问题,如温度、液位等上下限的检测。极限位置等检测有时还需要将信号划分为几个工作区域或几个量程来进行不同的处理,可概括为电平检测、过零检测、窗口区域检测等。这些功能通常是由模拟电压比较器、二极管和一些逻辑器件来实现。正确地使用模拟电压比较器对于实现所需的转换功能和保证信号处理质量非常重要。

2. 模拟电压比较器及特点

(1) 模拟电压比较器的工作原理及特点

模拟电压比较器是对两个输入模拟量进行比较并输出逻辑电平,做逻辑判断的部件。当两个输入模拟电压变化从不等变化到相等的瞬间,比较器输出电压跳变,并给出合适的逻辑电平。由此可见,电压比较器是以模拟量为输入,数字量为输出的电路,是模拟电路与数字逻辑电路相联系的变换电路。输入模拟量有几种可能情况。通常其中一个输入模拟量为固定的参考(标准)电压,另一个则为可变的输入模拟电压,比较器对它做出逻辑判断,是高于还是低于参考电压。输入模拟量也可以都可变,可以各自按自己的规律变化,彼此互不相关;也可以是其中之一为输入电压,而另一个模拟电压则是与输入电压变化状态有关的电压

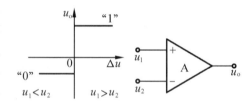

图 5-3　理想传输特性

(回差比较器)。这几种比较器所完成的功能不同,然而无论是哪种功能的比较器,都可以看作是两个模拟电压 u_1 和 u_2 做电平比较的比较器。例如当 $u_1 < u_2$ 时,输出为逻辑低电平"0";当 $u_1 > u_2$ 时,输出为逻辑高电平"1"。这可以用理想的传输特性来表示,如图 5-3 所示。图中的横坐标为输入模拟电压的差 $\Delta u = u_1 - u_2$,纵坐标为输出逻辑电平 u_o。

无论哪种功能的比较器均可以看作是由三个基本环节组成:取差减法电路、差值放大电路和逻辑电平形成电路(图 5-4)。

取差减法器完成比较运算,差值放大器提供差值电压的放大,以减小比较误差,逻辑电平

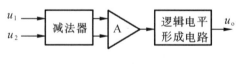

图 5-4　比较器组成环节

形成电路完全是为了满足数字逻辑电路所要求的逻辑电平而设置。实际上电压比较器的这三个环节紧密地组合在一起。如集成电压比较器 LM399,是专用的集成运算放大器,其同相端和反相端分别接入两个输入电压,取差并放大,内部的输出电路给出数字电路所要求的 TTL 逻辑电平。

电压比较器实质上是高灵敏度、高稳定度的小信号电压放大器。电压比较器要有较小的失调电流和失调电压及温度漂移,足够高的输入阻抗和开环增益,足够宽的频带和较高的电压调整率以及合适的逻辑电平,但不要求有良好的线性。

（2）模拟电压比较器特性参数

在讨论模拟电压比较器的实际电路之前，首先应了解比较器的主要技术特性，这是在应用比较器时，判断其是否满足所属的模拟系统分配给比较器的误差容限和工作条件的首要工作。

①阈值电压（渡越电压）

阈值电压是指电压比较器的输出电压能完成逻辑电平转换而折算到输入端所需要的最小差值电压。它决定于比较器的开环增益和输出逻辑高低电平变化的幅度。

②比较偏差电压

由比较器的输入失调电流和失调电压所引起的在输入端的等效偏差电压，使得两个输入模拟电压在进行比较时，不是在输入电压的差值 $u_1 - u_2 = \Delta u$ 等于零的时刻发生，而是在输入电压的差值抵消了这个偏差电压的瞬间才完成逻辑电平转换。比较点的偏差电压可正、可负，但电路确定以后其值就确定，这时可以采用调零方法进行调整，以消除它的影响。

③偏差电压的温度系数

偏差电压随温度的变化率称为偏差电压温度系数。当偏差电压不随温度变化时，采用调零方法就能消除。偏差电压随温度变化的温度系数（单位 $\mu V/℃$）的量值可以衡量比较器的稳定性能。

④输入共模抑制比

比较器经常在具有共模输入的情况下工作，比较器的输出应该只对差模输入有放大能力，对共模信号无放大能力，即有抑制能力。共模信号引起的输出折算到输入端的电压称为共模误差。常用共模抑制比来表示对共模电压的抑制能力。共模抑制比是产生相同输出所需要的共模输入电压与差模电压之比，并以分贝数来表示。我们希望它越大越好，其值越大，由共模电压引起的等效差模电压越小，输入电压比较点的偏差电压也越小。

⑤逻辑响应时间

比较器的输出信号经常变化，当输入信号变化较快时，即使比较器阈值电压很小，但由于比较器的响应速度低于输入信号的变化速度，则表现出逻辑电平转换的滞后现象，犹如偏差电压增加了一样。响应时间主要决定于放大器的增益带宽积和电压调整率以及输出逻辑电平的跳变幅度。比较器通常处于开关状态，不是处于正向饱和状况就是处于负向饱和状态，这不利于提高响应速度。由于正负饱和状态的差异，逻辑电平由"1"到"0"或由"0"到"1"的响应时间也不尽相同。

⑥对电源电压变化的抑制能力

电压比较器的供电电压的变化会引起比较器偏差电压的变化，其抑制能力用单位电源电压变化所引起的等效到输入端的偏差电压的变化来表示，单位为"$\mu V/V$"。

⑦输入电压范围

输入电压范围包括两个方面，差模电压范围和共模电压范围。前者给出了比较器输入端所能承受的最大差模电压，后者说明了输入端所允许的共模电压的大小。

⑧输入阻抗

无论从直流角度还是从交流的角度都希望输入阻抗大。多数比较器的差模输入阻抗和共模输入阻抗不相同，究竟对哪一个要求更突出，要因实际情况而定。

⑨输出逻辑电平

输出逻辑高电平 U_H 和低电平 U_L 的大小和允许的变化范围完全由数字电路提出的要求而定,比较器必须满足其要求。

5.2.2 过零比较及电平检测电路

1. 过零比较器

这种比较器的一个输入端固定在零电平上,另一个输入端则接到可变的输入信号上,比较器用于判断它是高于零电平还是低于零电平。其典型电路如图 5-5(a)所示。

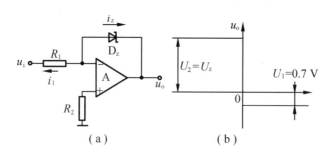

图 5-5 过零比较器

图中使用齐纳管 D_z 是为了得到需要的逻辑电平,它同时起反馈和限幅作用,称为限幅电路。如不考虑失调参量的影响,当 $u_i = 0$ 时,差值输入电压为零,限幅电路的齐纳管 D_z 不导通,电路处于开环状态,呈现出很高的增益。当输入电压略小于零电平时,则在放大器 A 的高增益的放大作用下,输出电压 u_o 以很大的陡度上升使 D_z 反向击穿,电路处于闭环状态,电路的增益下降到 $-R_z/R_1$ (R_z 为齐纳管本身的动态电阻,一般 $R_z \ll R_1$),则输出电压将基本不随 u_i 的负向增大而增加,恒定在 U_z 上。若 u_i 稍大于零电平时,则发生与上述不同的情况,即输出最终稳定在二极管导通状态下的结电压 $-0.7\ V$ 上,过零比较器的传输特性如图 5-5(b)所示。

下面分析失调电流 I_{os} 和失调电压 U_{os} 对比较器比较误差的影响。设两个输入端的偏置电流为 i_+、i_-,等效的失调电压 U_{os} 设在同相端,如图 5-6 所示。若设在反相端其分析结果不变。

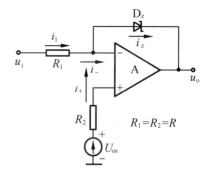

图 5-6 I_{os}、U_{os} 对比较误差的影响

比较器同相端的电压 $u_+ = U_{os} - i_+ R_2$,放大器 A 通过 D_z 闭环,当增益足够高时,可认为两输入端电压 $u_- = u_+$,输入电压 u_i 在电阻 R_1 上引起的电流为

$$i_1 = \frac{u_i - u_-}{R_1} = \frac{u_i - U_{os} + i_+ R_2}{R_1} \qquad (5-1)$$

而在齐纳管中的电流为

$$i_z = i_1 - i_- \qquad (5-2)$$

由式(5-1)和式(5-2)可得出

$$i_z = \frac{U_i - U_{os} + i_+ R_2 - i_- R_1}{R_1} \qquad (5-3)$$

比较器输出逻辑电平状态变化的条件应是 i_z 电流换向条件,即以 $i_z = 0$ 为界。由此可以得出当输入电压 u_i 满足

$$u_i - U_{os} + i_+ R_2 - i_- R_1 = 0$$

条件时(一般选 $R_1 = R_2 = R$),则上式可写为

$$u_i = U_{os} + R(i_- - i_+) = u_{os} + I_{os}R \qquad (5-4)$$

式中

$$I_{os} = i_- - i_+$$

这正是由于输入失调电压 U_{os} 和失调电流 I_{os} 引起的比较点的偏差电压。当在某一特定的温度(20 ℃)失调电流 I_{os} 和失调电压 U_{os} 一定时,可以采用比较器调零的办法进行调整以消除它的影响。但它们随温度变化就无法校正,只能选用温度漂移小的比较器。为了减小失调电流 I_{os} 的影响,应选用小的电阻 R_1,但 R_1 不能过小,因为它是输入电压 u_i 的输入电阻,R_1 过小会引起较大的输入电流和输出电流。

2. 电平检测器

电平检测器是输入参考电平不等于零的电压比较器,它有两种基本电路形式。

(1)求和型电平检测器

求和型电平检测器的电路如图 5 – 7(a)所示。这种电路相比较的两个输入电压 u_i 和 U_{ref} 都加到反相端,是求和型的放大器。因相加点 Σ 的电位始终接近于零电位,所以不会造成共模误差。

若放大器为理想放大器,则在齐纳管 D_z 中的电流为

$$i_3 = \frac{u_i}{R_1} + \frac{U_{ref}}{R_2} \qquad (5-5)$$

电流 i_3 变号时,比较器输出的逻辑电平进行转换。可见 $i_3 = 0$ 是确定电平检测器的比较电平的条件,即当 $|u_i| > \frac{R_1}{R_2} \cdot |U_{ref}|$ 时,$i_3 > 0$,则齐纳管为正向导通的二极管,比较器输出为低电平 $U_L = -0.7 \text{ V}$;而当 $|u_i| < \frac{R_1}{R_2} \cdot |U_{ref}|$ 时,$i_3 < 0$,则齐纳管反相击穿,比较器输出为高电平 $U_H = U_z$。求和型电平检测器的传输特性如图 5 – 7(b)所示。

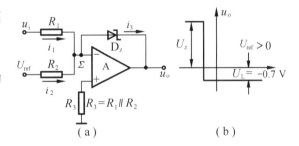

图 5 – 7　求和型电平检测器电路

这种比较器的参考电平可以是正电平,也可以是负电平。比较器的电平比较点不但与 U_{ref} 有关,而且和两个求和电阻 R_1 和 R_2 的比值有关,这给比较点的选择和调整带来了很大灵活性。

(2)差动型电平检测器

差动电平检测器的电路如图 5 – 8(a)所示。当输入差值电压 $\Delta u = u_i - U_{ref}$ 大于零,即 $u_i > U_{ref}$ 时,运算放大器输出低电平通过 R 使齐纳管 D_z 正向导通,输出低电平为 $U_L = -0.7 \text{ V}$;而当 Δu 小于零,即 $u_i < U_{ref}$ 时,运算放大器输出高电平通过 R 使齐纳管 D_z 反相击穿,输出高电平为 U_z。其传输特性如图 5 – 8(b)所示。

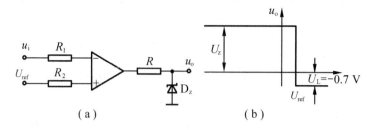

图 5 - 8　差动型电平检测器电路

5.2.3　窗口及区域比较电路

1. 窗口比较器

用两个电压比较器(双比较器)可以组成窗口比较器,如图 5 - 9 所示。图中比较器 A_1 的同相端设置在窗口上限 U_H 上,比较器 A_2 的反相输入端设置在窗口下限 U_L 上,两个参考电压组成一个窗口,只有 u_i 落在窗口内部,即 $U_L < u_i < U_H$ 时,输出才为"0"。表 5 - 1 给出了比较逻辑的真值表。

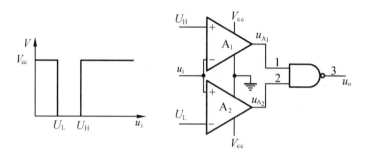

图 5 - 9　窗口比较器原理图

当比较器是集电极开路结构时,可不用"与非"门,只要将两个输出并接经一个电阻接电源后输出,即可起到"与"的作用,且窗孔波形不变。图 5 - 10 示出了用 LM193 双电压比较器构成的窗口比较器实例。

表 5 - 1　真值表

u_i	u_{A_1}	u_{A_2}	u_o
$u_i > U_H$	0	1	1
$U_L < U_i < U_H$	1	1	0
$U_i < U_L$	1	0	1

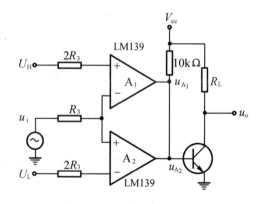

图 5 - 10　窗口比较器实例

2. 区域比较器

(1)区域比较电路原理

用一个四电压比较器(LM139)可以组成一个能指示四个区间的区域比较器。图 5 − 11 为它的原理图。图中 U_{o1} 输出低电平指示 $U_{ref} > u_i > \frac{2}{3} U_{ref}$；$U_{o2}$ 输出低电平指示 $\frac{2}{3} U_{ref} > u_i > \frac{1}{3} U_{ref}$；$U_{o3}$ 输出低电平指示 $\frac{1}{3} U_{ref} > u_i > 0$。

(2)区域比较器的应用

图 5 − 12 为一个有四档量程的自动转换电路。图中放大器 IC 是精密运放 5G7650,转换开关可用 CMOS 四路模拟开关电路 CD4054,开关控制和转换电路可用前述四电压比较器和门电路构成。由图 5 − 12 可知,输入信号 u_i 通过四个模拟开关 S_1、S_2、S_3 和 S_4 加到运放(用 IC 表示)的反相输入端,同时也加到四个比较器 A、B、C、D 的同相输入端,与各自的参考基准 U_{ref1}、U_{ref2}、U_{ref3}、U_{ref4} 相比较,异或门 1、2、3 将 A、B、C、D 的输出译码,分别控制模拟开关 S_1、S_2、S_3 和 S_4。当 $U_{ref1} < u_i < U_{ref2}$ 时,U_1 为高电平使开关 S_1 闭合;当 $U_{ref2} < u_i < U_{ref3}$ 时,U_2 为高电平,U_1、U_3 和 U_4 为低电平,使开关 S_2 导通,其余断开;当 $U_{ref3} < u_i < U_{ref4}$ 时,U_3 为高电平,U_4、U_1 和 U_2 为低电平,使开关 S_3 闭合;当 $u_i > U_{ref4}$ 时,U_4 为高电平,其余为低电平,使 S_4 闭合。这样就得到图 5 − 13 所示的波形。从图 5 − 13 可看出,不同的开关闭合,运放 A 有不同的闭环增益,可表示为

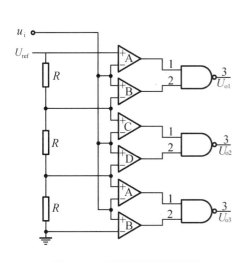

图 5 − 11　区域比较器原理图

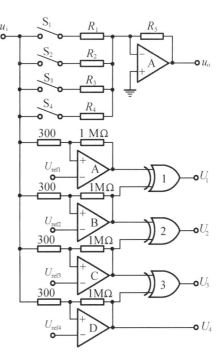

图 5 − 12　自动量程转换电路

S_1 闭合 $\qquad A_{uf1} = -\dfrac{R_5}{R_1}$

S_2 闭合 $\qquad A_{uf2} = -\dfrac{R_5}{R_2}$

S_3 闭合 $\qquad A_{uf3} = -\dfrac{R_5}{R_3}$

S_4 闭合 $\qquad A_{uf4} = -\dfrac{R_5}{R_4}$

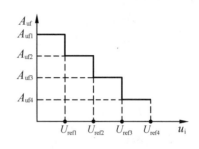

图 5-13　波形图

这样就实现了放大器量程的转换。

5.3　模拟信号变换电路

5.3.1　绝对值检测电路

绝对值电路又称全波整流电路,它的功能是将交变的双极性信号转变为单极性信号。在自动检测仪表中,常利用绝对值电路的这一功能来对信号进行幅值检测。

1.绝对值电路原理

在普通的二极管整流电路中,由于二极管的死区电压的存在,使小信号输入时误差较大。为了提高精度,目前常采用由线性集成电路和二极管一起组成的绝对值电路(精密整流电路),如图 5-14 所示。该电路的工作过程如下。

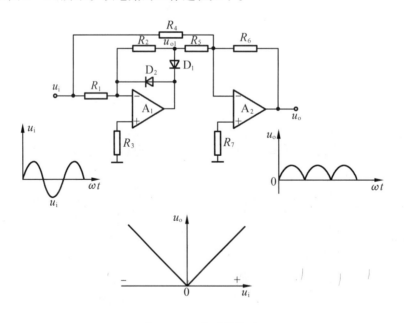

图 5-14　绝对值电路

当输入信号 u_i 为正极性时,因 A_1 是反相输入,因此 D_2 截止,D_1 导通。此时输出电压为

$$u_o = \left(-\frac{R_6}{R_4}u_i - u_{o1}\frac{R_6}{R_5} \right)$$

其中 u_{o1} 是 A_1 的输出电压,即

$$u_{o1} = -\frac{R_2}{R_1}u_i$$

若选配 $R_1 = R_2$,$R_6 = R_4 = 2R_5$,则

$$u_o = -\left(\frac{R_6}{R_4}u_i - \frac{R_6 R_2}{R_1 R_5}u_i \right) = -\left(\frac{R_4}{R_5}u_i - \frac{2R_5}{R_4}u_i \right) = u_i \tag{5-6}$$

当输入电压 u_i 为负极性时,D_1 截止,D_2 导通,则 u_{o1} 被切断,不能输入到 A_2 的输入端。此时相应的输出电压 u_o 为

$$u_o = -\frac{R_6}{R_4}u_i = -u_i \tag{5-7}$$

由于 $u_i < 0$,所以 $-u_i > 0$,即有

$$u_o = |u_i| \tag{5-8}$$

可见不论输入信号极性如何,输出信号总为正,且数值上等于输入信号的绝对值,即实现了绝对值运算。

2. 绝对值电路性能的改善

(1)提高输入阻抗

在图 5-14 所示的绝对值电路中,由于采用了反相输入结构,其输入电阻较低,因而当信号源内阻较大时,在信号源与绝对值电路之间就不得不接入缓冲级,从而使电路复杂化。为了使电路尽可能简单,而输入阻抗又高,可将图 5-14 中的运算放大器改成同相输入形式,改进后的绝对值电路如图 5-15 所示。

这种电路的输入电阻约为两个运算放大器的共模输入电阻并联,可高达 10 MΩ 以上。其工作原理与图 5-14 所示电路基本相同。

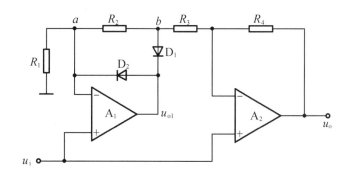

图 5-15 高输入电阻绝对值电路

当输入信号 u_i 为正极性时,D_2 导通,D_1 截止,A_1 工作于电压跟随状态,使 a 点跟随输入信号 u_i 而变,这相当于在 A_2 的反相端加有信号 u_i,同时输入信号 u_i 亦加至 A_2 的同相端。利用叠加原理可得

$$u_o = \left(1 + \frac{R_4}{R_2 + R_3} \right)u_i - \frac{R_4}{R_2 + R_3}u_i = u_i \tag{5-9}$$

当输入信号 u_i 为负极性时，D_1 导通，D_2 截止。此时 A_1 的输出电压为

$$u_{o1} = \left(1 + \frac{R_2}{R_1}\right)u_i$$

此电压经 D_1 加到 A_2 的反相端。同时输入信号 u_i 亦加至 A_2 的同相端。由此可得

$$u_o = \left(1 + \frac{R_4}{R_3}\right)u_i - \frac{R_4}{R_3}u_{o1} = \left(1 + \frac{R_4}{R_3}\right)u_i - \frac{R_4}{R_3}\left(1 + \frac{R_2}{R_1}\right)u_i$$

若按下式选配电阻

$$R_1 = R_2 = R_3 = \frac{1}{2}R_4$$

则

$$u_o = (1+2)u_i - 2(1+1)u_i = -u_i \tag{5-10}$$

由此可见随着输入信号极性的改变，整个电路的电压增益也从 +1 变到 −1，从而保证了输出电压 u_o 的极性不随输入电压 u_i 的极性变化而变化，即实现了绝对值运算。

（2）减小匹配电阻的绝对值电路

对于图 5−14 和图 5−15 电路，若要实现高精度绝对值转换，就必须精确选配 R_1、R_2、R_3、R_4，这就给电路的生产带来很大的困难。图 5−16 是经改进后的绝对值电路。这个电路只需精确选配一对电阻，即 $R_1 = R_2$，就可满足高精度绝对值转换的要求，而对其他几只电阻不需严格匹配，因为它们与闭环增益无关。这里选 $R_4 = R_5$ 是为了减小放大器偏置电流的影响，它们的失配会影响电路的平衡。

在图 5−16 中，A_1 组成反相型半波整流电路，实现负向半波整流；A_2 组成同相型半波整流电路，实现正向半波整流。两者相加就得到了绝对值电路。其中由于 D_2、D_4 均处于反馈回路之中，它们的正向压降对整个电路灵敏度的影响减小了 A_{uo} 倍。该电路的工作过程如下。

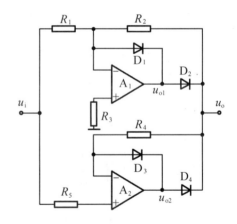

当输入信号 $u_i > 0$ 时，$u_{o1} < 0$，D_1 导通，D_2 截止；$u_{o2} > 0$，D_3 截止，D_4 导通。这时 R_4 为 D_4 提供直流通路，电路总输出 $u_o = u_{o2}$。由于 A_2 实际上是一个电压跟随器，所以 $u_{o2} = u_i$，则

$$u_o = u_{o2} = u_i \tag{5-11}$$

图 5−16　改进后的绝对值电路

当输入信号 $u_i < 0$ 时，$u_{o1} > 0$，D_1 截止，D_2 导通；$u_{o2} < 0$，D_3 导通，D_4 截止。这时 R_2 为 D_2 提供直流通路，整个电路就成了由 A_1、R_1、R_2 组成的反向器，即

$$u_o = -\frac{R_2}{R_1}u_i \tag{5-12}$$

若选 $R_1 = R_2$，则

$$u_o = -u_i$$

由此可见只要精确匹配 $R_1 = R_2$，就能实现高精度的绝对值变换。在实际应用中为了确保 D_2 和 D_4 可靠截止，常在 D_1 和 D_3 回路串入适当电阻，以提高 D_1 和 D_3 的反向偏置电压。

5.3.2　峰值保持电路

在非电量检测时,往往需要精确地测量出随时间迅速变化的某一参数的峰值,但是一般的检测仪表都具有一定的惯性,跟不上快速的被测参数的变化。为了解决这一测量技术中的问题,就必须设计一种能使持续期短的信号在时间上可以扩展的电路,即所谓峰值保持电路。

1. 峰值保持电路原理

峰值保持电路是一种模拟存储电路。当加有输入信号时,它自动跟踪输入信号的峰值,并将该峰值保持下来,其原理电路如图 5 – 17(a)所示。

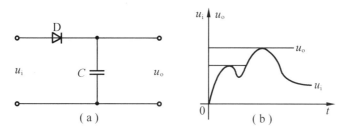

图 5 – 17　峰值保持电路

由图 5 – 17 可知,当在输入端加上正信号时,二极管导通,电容 C 被充电到输入电压 u_i 的峰值,称为峰值跟踪阶段。当输入信号 u_i 过峰值而下降时,二极管 D 被反偏而截止,由于 D 的反向电阻较大,电容 C 上的电荷因无放电回路而被保持下来,这时称为保持阶段。此后只有当输入信号 u_i 上升到大于电容 C 上的电压后,二极管 D 才导通,使输出 u_o 跟踪输入 u_i 直到出现新的峰值并将它保持下来,即起到了峰值保持的作用。峰值保持电路的波形如图 5 – 17(b)所示。

2. 基本峰值保持电路

图 5 – 18(a)所示是正峰值检测电路的原理图。它由一片采样保持器 LF398 和一片电压比较器构成。图中 U_{os} 是比较器的输入失调电压,其极性假设如图中所示。此外设输入信号电压 $u_i > 0$(这一点很容易由前置电路实现)。该电路的工作原理如下。

由图 5 – 18(a)可知,只要满足

$$u_i - U_{os} > u_{o1} \tag{5 – 13}$$

则比较器的输出 U_{o2} 为高电平。它加至 LF398 的 8 脚,使 LF398 采样,即跟踪输入信号的电平。若输入信号电压的峰值为 u_{ip},则当 LF398 的输出电压 u_{o1} 达到 u_{ip} 时,比较器输出 U_{o2} 为低电平,使 LF398 处于保持状态。此时 LF398 的输出 u_{o1p} 可近似认为是输入信号电压的峰值 u_{ip},它仅比 u_{ip} 小一个 U_{os} 值。

$$u_{o1p} = u_{ip} - U_{os} \approx u_{ip} \tag{5 – 14}$$

若 U_{os} 的极性与图 5 – 18 所示相反,则因 $u_i + U_{os}$ 始终大于 u_{o1},故比较器一直输出高电平 U_{o2},u_{o1} 将跟踪 u_i 变化,此时电路起不到峰值保持的作用。为此可采取下面两个措施之一,使电路能检测出被测信号电压的峰值。

①加入比较器调零电路,使其产生具有图 5 – 18(a)电路所示的 U_{os} 极性,且应使 U_{os} 尽量小。

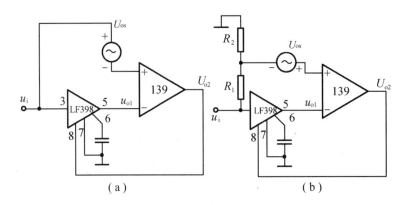

图 5 – 18   由 LF398 采样保持器构成的峰值检测电路
(a)正峰值检测电路;(b)接入电阻分压器的峰值检测电路

②如图5 – 18(b)所示,接入 R_1、R_2 电阻分压器。此时仅当满足

$$\frac{R_2}{R_1 + R_2}u_i - U_{os} > u_{o1} \qquad (5-15)$$

LF398 才采样,因此 LF398 保持的电压 u_{o1p} 为

$$u_{o1p} = \frac{R_2}{R_1 + R_2}u_{ip} - U_{os} < u_{ip} \qquad (5-16)$$

R_1 和 R_2 的阻值可按下列原则选择

$$R_1 + R_2 \gg R_i \qquad (5-17)$$

式中 R_i 为输入信号电压的内阻。

由于 u_{ip} 是待测电压的峰值,难以估计其内阻为 R_i 的大小。满足式(5 – 16)的要求必须加大 R_1,而 R_1 的增加,使 u_{o1p} 与 u_{ip} 的差距增加,即测量误差增加,因此在 U_{os} 极性如图5 – 18(a)所示的情况下,最好采用比较器调零电路的方案,若 R_i 的变化范围较小,亦可采用图5 – 18(b)所示分压的方法。

3. 实用电路

在对高速变化的模拟信号进行采样时,必须在输入模拟信号和 A/D 变换器之间加上采样保持电路,才能保证 A/D 变换的可靠性与准确性。图 5 – 19 是由 LF398 构成的"峰"或"谷"值保持的实际电路。

图 5 – 19(a)是"峰"值保持电路。LF398 的输出电压 u_o 与输入电压 u_i 通过比较器 LM311 进行比较。当输入电压 u_i 高于输出电压 u_o 时,LF398 的逻辑控制端被置成高电平,使 LF398 处于采样状态,当输入电压 u_i 达到峰值而下降时,LF398 的逻辑控制端被置成低电平,使 LF398 处于保持状态,从而实现了对"峰"值的保持。图 5 – 19(c)是"谷"值保持电路,它相当于在图 5 – 19(a)LF398 的 8 脚上加一个"非"门,图 5 – 19(b)和图 5 – 19(d)分别是图 5 – 19(a)和图 5 – 19(c)电路的波形。

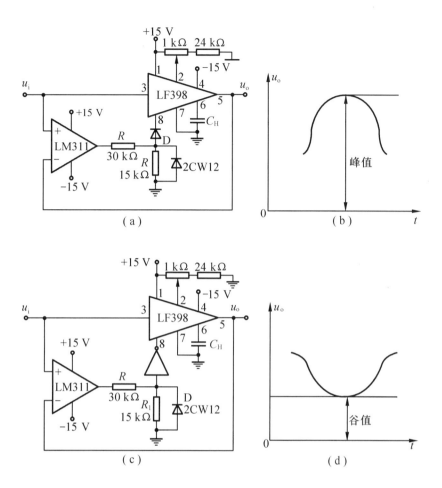

图 5 - 19　峰值和谷值保持电路

(a)"峰"值保持电路;(b)"峰"值保持波形;(c)"谷"值保持电路;(d)"谷"值保持波形

5.3.3　电压-电流变换器

1. U/I 变换原理

(1)具有电流串联负反馈的 U/I 变换器

图 5 - 20 是具有电流串联负反馈的 U/I 变换器, 在理想条件下, 由 b_1 与 b_2 "虚短"得

$$u_i \approx u_f$$

而

$$u_f = i_R R$$

又因 $i_{b2} = 0$, 所以

$$i_L = i_R = \frac{u_f}{R} = \frac{u_i}{R} \qquad (5-18)$$

由上面分析可知负载 R_L 上流过的电流 i_L 与输入电压成正比, 故称为电压-电流变换器。这个电路中由于输出负载电流流过电阻 R, 产生反馈电压 u_f, 在

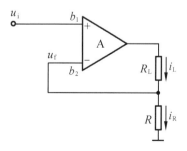

图 5 - 20　具有电流串联负反馈的 U/I 变换器

输入回路中,u_f 与 u_i 相串联后,加到 b_1、b_2 两点之间,反馈信号取自输出电流,故电路中具有电流串联负反馈。它使输出电流稳定,具有大的输出电阻。

(2)具有电流并联负反馈的 U/I 变换器

图 5 – 21 是具有电流并联负反馈的 U/I 变换器。由图 5 – 21 中可知,b_1 点为虚地

$$i_L = i_f + i_R \qquad (5-19)$$

$$i_f = -i_1 = -\frac{u_i}{R_1} \qquad (5-20)$$

$$i_R = i_L \frac{R_f \cdot R}{R_f + R} \cdot \frac{1}{R} = i_L \frac{R_f}{R_f + R} \qquad (5-21)$$

将式(5 – 20)和式(5 – 21)代入式(5 – 19),得

$$i_L = -\frac{u_i}{R_1} + i_L \frac{R_f}{R_f + R}$$

$$i_L \left(1 - \frac{R_f}{R_f + R}\right) = -\frac{u_i}{R_1}$$

$$i_L = -\frac{u_i}{R_1} \left(1 + \frac{R_f}{R}\right) \qquad (5-22)$$

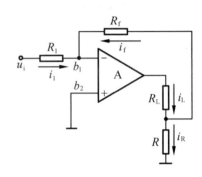

图 5 – 21　具有电流并联负反馈的 U/I 变换器电路

在此电路中,反馈信号取自输出电流,输入回路中反馈支路与信号支路并联,故为电流并联负反馈方式,同样 i_L 与 u_i 成比例关系,且不受 R_L 的影响。

2.U/I 变换电路实例

图 5 – 22 是实用的 U/I 变换电路,其作用是将 0.1 ~ 0.5 V 输入电压 u_i 变换成恒流 1 ~ 5 mA 输出,其电流不受负载电阻 R_L 的影响。

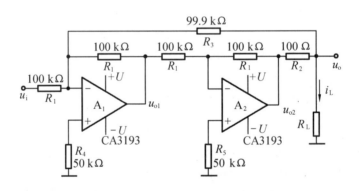

图 5 – 22　U/I 变换电路实例

该电路由两个运算放大器组成。其主要优点是容易达到恒流的目的,另外没有共模电压,其输入与输出关系如下。

由节点电流法

$$\frac{u_i}{R_1} + \frac{u_o}{R_3} + \frac{u_{o1}}{R_1} = 0 \qquad (5-23)$$

$$\frac{u_{o2} - u_o}{R_2} = i_L + \frac{u_o}{R_3} \qquad (5-24)$$

对 A_2 有

$$u_{o2} = -u_{o1} \tag{5-25}$$

由式(5-23)、式(5-24)和式(5-25)得

$$i_L = \frac{R_1 - R_2 - R_3}{R_2 R_3} u_o + \frac{u_i}{R_2} \tag{5-26}$$

当满足 $R_1 - R_2 - R_3 = 0$ 时,$i_L = u_i/R_2$,输出电流 i_L 与负载电阻 R_L 无关,与输入电压成正比。

5.3.4　限幅及死区电路

1. 限幅电路

(1)限幅电路的基本特性

限幅电路是机电伺服控制系统的常用电路之一,如 A/D 输入范围的限幅、PWM 控制器输入电压的限幅、电动机电流限幅等。它的特性体现出饱和特性,其特性曲线如图 5-23 所示。它的工作特性分为三个区域,即正向饱和区、线性工作区和负向饱和区。当输入信号在线性工作区内时,输入与输出呈线性关系;当输入在正向饱和区时,无论输入多大,输出均保持恒定值,即设定的正向饱和电压;同理当输入信号在负向饱和区时,输出始终等于设定的负向饱和电压。

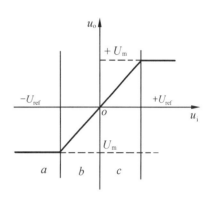

图 5-23　限幅特性曲线

a—负向饱和区;b—线性区;c—正向饱和区

(2)限幅电路

①利用运算放大器的输出饱和特性限幅

运算放大器都具有输出饱和特性,即运算放大器的输出电压不能超出正负电源电压,一般要比电源电压低 2 V。如 ±12 V 供电的运算放大器的最大输出电压一般在 ±10 V 范围内,图 5-24 是运算放大器与可变电阻构成限幅电路及其电压传输特性。

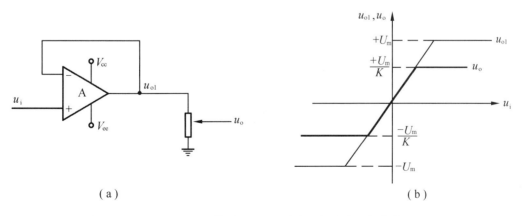

图 5-24　由运算放大器和可变电阻构成的限幅电路

(a)限幅电路;(b)电压传输特性

在图 5-24 中,V_{cc}、V_{ee} 分别为运算放大器的正负电源,$+U_m$、$-U_m$ 分别为运算放大器的正向和负向饱和输出电压,K 为可变电阻的分压比。可见通过改变可变电阻的分压比就可以将输出信号 u_o 限定在 $\dfrac{-U_m}{K}$ 和 $\dfrac{+U_m}{K}$ 的范围内。

②由二极管实现的限幅电路

由二极管构成的限幅电路如图 5-25 所示。图 5-25(a)为单极式限幅电路,常用于单极性 A/D 转换器的输入保护等场合。设二极管的正向压降为 U_D,则当 $u_i \geqslant U_D + U_{ref}$ 时,二极管 D_1 导通,u_o 被钳位在 $U_m = U_D + U_{ref}$ 上;当 $u_i \leqslant -U_D$ 时,二极管 D_2 导通,$u_o = -U_D$;当 $U_D < u_i < U_D + U_{ref}$ 时,$u_o = u_i$。

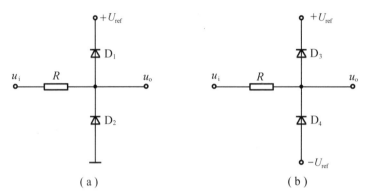

图 5-25 简单限幅电路

(a)单极式输出限幅;(b)双极式输出限幅

图 5-25(b)是双极式输出限幅电路,对于图 5-25(b),当 $u_i \geqslant U_D + U_{ref}$ 时,u_o 被钳位在 $+U_m = U_D + U_{ref}$ 上;当 $u_i \leqslant -U_D - U_{ref}$ 时,u_o 被钳位在 $-U_m = -U_D - U_{ref}$ 上;当 $-U_m < u_i < +U_m$ 时,$u_o = u_i$。图 5-25 所对应的传输特性如图 5-26 所示。

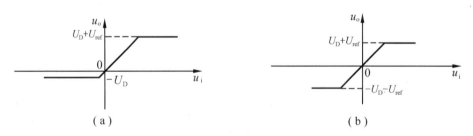

图 5-26 简单限幅电路的电压传输特性

2. 死区电路

(1)死区的基本特性

死区电路也称为不工作区电路,它的电压传输特性如图 5-27 所示。它也分为三个工作区,当 $u_i \leqslant -U_{ref}$ 时,$u_o = u_i$;当 $u_i \geqslant +U_{ref}$ 时,$u_o = u_i$;当 $-U_{ref} < u_i < +U_{ref}$ 时,$u_o = 0$。

(2)死区应用电路

图 5-28 是一个死区电路的应用实例,它由三个运算放大器和一些二极管构成。二极管均采用 1N914,电阻均为 10 kΩ。

由图 5 – 28 可知，A_1 运算放大器电路和 A_2 运算放大器电路分别为负向半波整流和正向半波整流电路，对 A_1 得

$$u_{o1} = \begin{cases} 0 & (u_i > -U_{ref}) \\ -u_i - U_{ref} & (u_i < -U_{ref}) \end{cases} \quad (5-27)$$

对 A_2 得

$$u_{o2} = \begin{cases} -u_i + U_{ref} & (u_i > U_{ref}) \\ 0 & (u_i < U_{ref}) \end{cases} \quad (5-28)$$

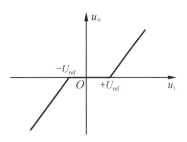

图 5 – 27　死区传输特性

由式（5 – 27）和式（5 – 28），运算放大器 A_3 的输出为

$$u_o = -(u_{o1} + u_{o2}) = \begin{cases} u_i + U_{ref} & (u_i < -U_{ref}) \\ 0 & (-U_{ref} < u_i < U_{ref}) \\ u_i - U_{ref} & (u_i > U_{ref}) \end{cases}$$

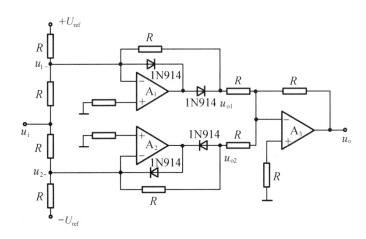

图 5 – 28　死区电路应用实例

图 5 – 29 是图 5 – 28 所示死区电路的曲线。图中的 $U_{ref} = 0.5$ V，$u_i = \sin(\omega t)$。由仿真结果可知，若输入信号在 $-0.5 \sim +0.5$ V 范围内时，输出 $u_o = 0$；当输入信号 $-0.5 \sim +0.5$ V 区间以外时，$u_o = u_i$，这符合图 5 – 27 表示的死区传输特性。死区的大小为 $-0.5 \sim +0.5$ V。

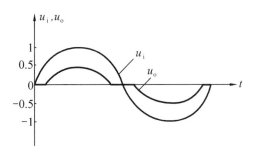

图 5 – 29　死区电路的特性曲线

5.4 频压转换电路

5.4.1 频压转换电路

1. 基本工作原理

频压转换(F/V)电路的作用是将一定频率的脉冲信号转换为与脉冲信号的频率成正比的电压信号,这种电路在机电系统中应用较普遍。如在可控硅直流调速系统中,需要将测速孔盘输出的脉冲信号变成模拟电压反馈信号,构成闭环调速系统;而在具有正反转控制的直流调速系统中又需要将两路成正交关系的测速脉冲信号转换为带有正、负极性的电压信号反馈给控制系统。

F/V 转换有多种实现方法,较典型的是脉冲积分效率电压转换方法。它的工作原理图和波形图如图 5-30 所示。

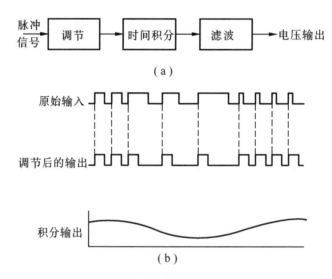

图 5-30　脉冲积分效率电压转换工作原理图和波形图

(a)F/V 电路原理;(b)F/V 转换信号波形图

2. 由 LM2907 实现的 F/V 转换电路

LM2907、LM2917 系列是单片频率电压转换器,内部具有高增益集电极开路型比较器,采用充电泵技术,具有低的输出纹波。其特性参数如下:

电源电压　　　　　6~28 V

工作电流　　　　　25 mA

线性度　　　　　　±0.3%

输入信号频率范围　0~10 kHz

LM2907 有两种封装形式,即 8P 双列直插封装和 14P 双列直插封装,其引脚图如图 5-31所示。

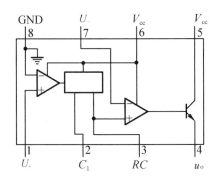
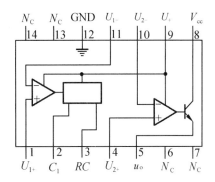

图 5－31　LM2907 的封装结构

(a)8P 封装结构;(b)14P 封装结构

LM2907 的典型应用电路如图 5－32 所示,它的输出电压为

$$u_o = f_i V_{cc} R_1 C_1 \tag{5-29}$$

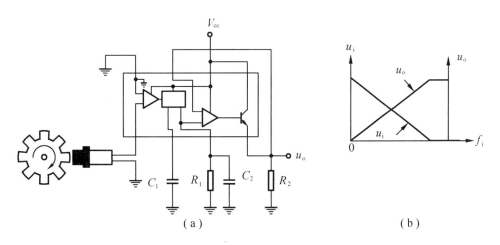

图 5－32　LM2907 的典型应用电路

(a)应用电路;(b)输出电压特性

R_1 根据输出线性度来确定,R 的值越大,线性度越好,一般 R 的取值范围为 100 kΩ～500 kΩ,C_1 是时基电容,根据最高信号频率来确定。

$$C_1 = \frac{I_2}{f_{max} V_{cc}} \tag{5-30}$$

在 $V_{cc} = 12$ V,工作温度 25～65 ℃之间时,$I_2 = 190$ μA。C_2 由输出纹波的峰－峰值来确定,输出纹波电压的峰－峰值为

$$U_{pp} = \frac{V_{cc}}{2} \frac{C_1}{C_2} \left(1 - \frac{V_{cc} f_i C_1}{I_2} \right) \tag{5-31}$$

R_2 是输出极的偏置电阻,一般取 10 kΩ。

3. LM2907 应用电路

由 14P 封装的 LM2907 实现的光电编码器信号的电压变换电路如图 5－33 所示。

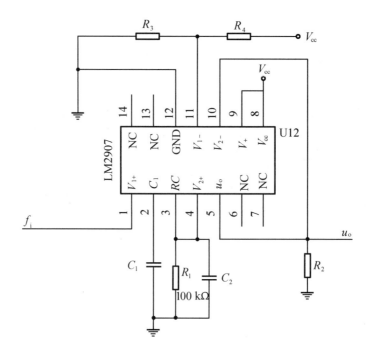

图 5 – 33　LM2907 应用电路

图中的 C_1、C_2、R_1 根据输入信号的频率 f_i，输出电压的最大值和输出电压的纹波度来确定。R_3 和 R_4 的作用是为 U_{1+} 提供一个门槛电压，保证输入信号从 U_{1+} 端正确导入。因来自光电编码器信号的低电平不会是绝对的 0 V，如果 U_- 接地，U_+ 与 U_- 的比较结果会一直为高，脉冲信号无法进入 LM2907 内部电路，引入电阻 R_3 和 R_4 后，使 U_{1-} 端产生一个门槛电压 U_{1-}，即

$$U_{1-} = \frac{R_3}{R_4 + R_3} \cdot V_{cc}$$

当 $U_{1+} > U_{1-}$ 时，比较器输出高电平；当 $U_{1+} \leqslant U_{1-}$ 时，比较器输出低电平。

5.4.2　实际应用

例　已知一直流电动机的最高空载转速为 $n_{max} = 6\ 000$ r/min，采用 A、B 相正交输出型光电编码器；编码器每转脉冲数 $N = 200$ p/r，试设计具有方向判别能力的频压转换电路，最大输出电压为 ±10 V。

为实现 A、B 相正交输出型光电编码器的电压变换，需要设计两部分电路，一部分是 F/V 电路，另外一部分是转动方向的极性差别电路。

1. F/V 电路设计

F/V 电路采用图 5 – 33 所示的 LM2907 应用电路，由式（5 – 30），可以计算电容 C_1 的大小。选电源电压为 $V_{cc} = +12$ V，电流 $I_2 = 190$ μA，依题意最大信号频率为

$$f_{max} = N n_{max}/60 = 20\ 000\ \text{Hz}$$

所以

$$C_1 = \frac{190 \times 10^{-6}}{20\ 000 \times 12} = 7.9 \times 10^{-4}\ \mu\text{F}$$

由式(5-29)得

$$R_1 = \frac{u_o}{f_{max} \cdot V_{cc} \cdot C_1} = \frac{10}{20\,000 \times 12 \times 7.9 \times 10^{-10}} = 52.7 \text{ k}\Omega$$

因为 R_1 过小会影响输出的线性度,取 $R_1 = 100$ kΩ,将电容值减小到一半,实际取值 $C_1 = 0.004\,7$ μF,则最大电压输出为

$$U_{max} = f_{max} \cdot V_{cc} \cdot R_1 \cdot C_1 = 20\,000 \times 12 \times 10^5 \times 4.7 \times 10^{-10} = 10.8 \text{ V}$$

实际中由于负载的影响,电动机的输出转速不会达到其最大空载转速,输出电压也不会达到 U_{omax},选 $C_2 = 1$ μF,$R_3 = 1$ kΩ,$R_4 = 12$ kΩ,门槛电压为

$$U_{1-} = \frac{R_3}{R_3 + R_4} V_{cc} = \frac{1}{1+12} \times 12 \approx 1 \text{ V}$$

2. 极性判断电路设计

根据正交编码器的工作原理,A、B 两相信号成 90° 相位关系,如果定义 A 相落后 B 相 90° 为正转,则当 A 相超前 B 相 90° 时为反转。采用 D 触发器电路可以实现正、反转状态的判断。因为 LM2907 的工作电源为 12 V,因此选取 COM 型 D 触发器。图 5-34 为由 CD4013 实现的相位检测电路。

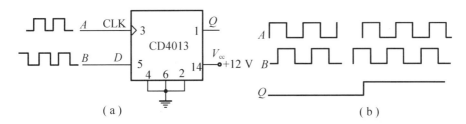

图 5-34　CD4013 实现的正反转判断电路

(a)电路原理图;(b)波形图

3. 双极性转换电路

图 5-35 为极性转换电路原理图,且取 $R = R_f = 100$ kΩ。

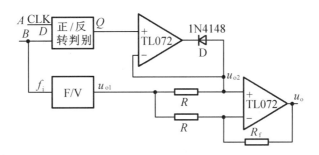

图 5-35　双极性变换电路

当 $Q = 1$ 时,二极管 D 截止,u_{o2} 为高阻状态,则

$$u_o = u_{o1}\left(1 + \frac{R_f}{R}\right) - u_{o1}\frac{R_f}{R} = u_{o1}$$

当 $Q=0$ 时,u_{o2} 端被钳位在 0 V,则

$$u_{\mathrm{o}} = -u_{\mathrm{o}1}\frac{R_{\mathrm{f}}}{R} = -u_{\mathrm{o}1}$$

从而得

$$u_{\mathrm{o}} = \begin{cases} u_{\mathrm{o}1} & (Q=1,A\ 落后\ B,正转) \\ -u_{\mathrm{o}1} & (Q=0,A\ 超前\ B,反转) \end{cases}$$

$u_{\mathrm{o}1}$ 是 F/V 电路的输出,为单极性。经过极性变换电路,并根据 A、B 的相位关系实现了正交型编码器信号的频率电压变换。

5.5　服务机器人设计中的信号变换电路

5.5.1　锂电池容量测试

由于该服务机器人系统以在结构环境下移动的小车为载体,无法靠室内固定的交流电源作为系统的电源,所以应选用高容量的电池作为供电电源。整个机器人系统中所用最高电压为小车左右两轮及机械手臂大臂关节处所选用的 24 V 直流电机,所以系统的电源可选用规格为 24 V 的锂电池。本系统选用 TEHAO POWER 品牌的 24V16AH 型锂电池作为系统的供电电源,该电池含钛合金外壳仅重 2.6 kg,相比于重达 10 kg 的 24V15AH 型铅酸电池,该锂电池体积小、质量轻、携带方便,能够减小系统的负载。

该锂电池满电量时测量电压为 29.4 V 左右,当电池电量不足时,该电池电压维持在 23 V 左右。当电池电压降至 23 V 时,系统便已无法正常工作,为保证该服务机器人在电量不足之前能够返回充电座处,可定义电池电量不足的临界值为 24 V,即当系统检测到锂电池电压降至 24 V 时,便启动系统自动充电模式,返回充电基座处进行充电。当锂电池充满电后,要告知系统充电完毕,需返回结构环境的初始位置,所以当电压达 29.4 V 左右时,要通过电压检测电路完成检测,可设充电完成时的电压为 29 V。该检测电路如图 5-36 所示,该自动充电检测电路为电压比较电路,其亏电临界电压为 24 V,满电临界电压为 29 V。

从图 5-36 可知 U_{DD} 为系统的电源电压,即锂电池的实际电压。可设满电临界电压为 $U_{\mathrm{DD1}}=29$ V,亏电临界电压为 $U_{\mathrm{DD2}}=24$ V。图 5-36 中所设满电比较基准电压为 $U_1=3$ V,亏电比较基准电压为 $U_2=2$ V。W_1 和 W_2 为两电位器,用来调节比较电压,经计算得 $R_{\mathrm{w1}} \geqslant 8.67$ kΩ,$R_{\mathrm{w2}} \geqslant 11$ kΩ,所以由该检测电路可知系统正常工作时,P_1 处为高电平,P_2 处为低电平。当电压降至小于 24 V 时,P_2 处电平由低变高,电池充电后当电压升至 29 V 时,P_1 处电平由高变低。

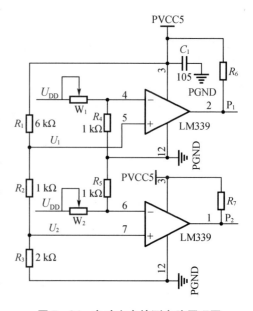

图 5-36　自动充电检测电路原理图

5.5.2　过流保护电路

由于直流电机具有体积小、质量轻、起动转矩大等特点,因此可用于服务机器人的各个关节中,但在系统过载导致直流电机发生堵转的情况下,会造成电枢回路的电流急剧上升,如果不及时采取措施,将会烧毁电机以及电机驱动器,因此为了保护系统,在驱动器中增加了过流保护电路。对于整个服务机器人系统,肩关节所受的负载力矩最大,所以可以肩关节电机为例进行说明。肩关节为 24 V 直流电机,额定电流为 5.5 A,为保险起见本文将电流限制在 5 A 以下。可在 H 桥的底部接一个阻值为 0.05 Ω 的精密电阻作为采样电阻,以采样流经直流电机的电流。

过流保护的原理是当采样到的电流大于我们所设定的电流值时,系统将使电机失去动力,停止转动。采用 IR2112 驱动芯片驱动直流电机,引脚 SD 为该芯片的使能引脚,当引脚 SD 为低电平时,芯片使能,电机能正常工作。

为了使输出电压尽量全部用于电机的驱动,电流采样电阻的阻值不宜过大,以减小采样电阻所分担的电压,使采样电阻上的压降较小,所以应经过放大、比较来控制 IR2112 的使能端,起到过流保护的作用。

过流保护电路如图 5 - 37 所示,图 5 - 37 中 LM2904D 是 8 脚双运算放大器,LM393D 是集电极开路的模拟比较器。LM2904D 中的一路运算放大器配合外围的电容和电阻构成一个同相比例放大器,其主要的作用是放大采样得到的电压 U_{sam}。LM393D 将经过放大得到的电压与设定的基准电压进行比较,若超过基准电压值,比较器会输出高电平,则 IR2112 的 SD 引脚为高电平,进而使 IR2112 失效,从而关断 H 桥驱动电路的 4 个 CMOS 管,使电机失去驱动力,达到保护电机的目的。

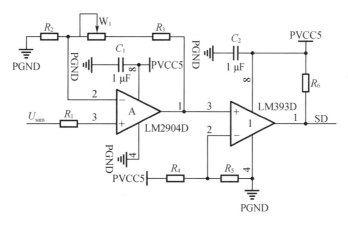

图 5 - 37　过流保护电路原理图

习　题

5-1　试设计将幅值为 ±1 V 的正弦波信号转换成频率相同的 TTL 电平方波信号的电路。

5-2　试对比说明线性运算放大器和模拟电压比较器的特点。

5-3　试设计将 0～10 V、50 Hz 的正弦波信号转换成 0～5 V 直流电压信号的整流、滤波电路。

5-4　求出图 5-38 中各电路的电压传输特性。

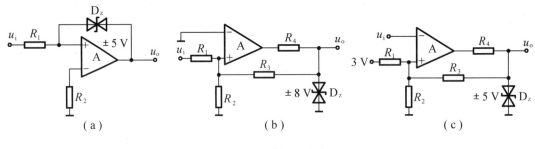

图 5-38　题 5-4 图

第6章　信号隔离电路

在工业测控系统中,现场环境比较复杂,各种驱动电路、继电器、接触器等设备对弱电控制回路不可避免地要产生一定的影响,严重的情况可能会使系统不能稳定工作或者产生错误的动作。为了使系统能够稳定工作,减小强弱电之间相互干扰,提高系统的可靠性,一般采用隔离技术使各级之间没有电信号的直接交换。隔离的方法有很多种,常用的有光电隔离、电磁隔离等。本章主要讲解信号隔离的意义、原理,并选择一些常用的器件举例说明模拟信号、数字信号的隔离方法。

6.1　概　　述

在一般的控制系统中,信号是双方向的交换,一种是从外部输入到控制系统的各种被测信号,另一种是从控制系统输出到外部驱动电路的驱动控制信号。从外部测试得到的信号,其参考电平、电压幅值等与测试系统的输入信号要求可能存在不匹配,特别是在外部被测量或外部测试电路出现故障时,有可能会将一些高电压的信号引入到控制系统当中,使整个系统崩溃。一般机电控制系统中,驱动元件的功率都比较大,使得输出及从控制系统输出到外部驱动回路的信号也存在着同样的问题。为了解决这样的问题,必须在前后级之间采取信号隔离。采用信号隔离技术在一定程度上也能增强系统抗干扰的能力。

6.1.1　信号隔离的原理

信号隔离的目的是切断前后级之间电信号的联系,同时保证前后级之间信号交换的可靠进行。常用的隔离方式有光电隔离、继电器隔离、变压器隔离、隔离放大器等。

光电隔离由光电耦合器件来完成。光电耦合器是20世纪70年代发展起来的新型电子元件,是以光为媒介传输信号的器件。其输入端配置发光源,输出端配置受光器,因而输入和输出在电气上完全隔离。光电耦合器既有线性器件,又有开关型器件。光电耦合器的输入回路和输出回路之间有很高的耐压值,达500 V ~1 kV,甚至更高。由于光电耦合器不是将输入侧和输出侧的电信号进行直接耦合,而是以光为媒介进行间接耦合,因此具有较高的电气隔离和抗干扰能力。

继电器的线圈和触点之间没有电气上的联系,弱电控制部分控制线圈的通断电,实现触点的开关动作,触点的开关动作用来控制强电驱动回路的通断。这样在强电驱动回路与弱电控制回路之间就没有了电信号的交换,只有磁信号的交换,实现了电气隔离与驱动的匹配。

利用变压器耦合实现载波调制,通常具有较高的线性度和隔离性能,但是带宽一般在1 kHz以下。

隔离放大器是指对输入、输出和电源的电流进行彼此隔离,使之没有直接电信号耦合的测量放大器。隔离放大器采用了浮离式设计,消除了输入、输出端之间的耦合,它还具有以下特点:能保护系统元件不受高共模电压的损害,防止高压对低压信号系统的损坏;泄漏电流低,对于测量放大器的输入端无须提供偏流返回通路;共模抑制比高,能对直流和低频信号(电压或电流)进行准确、安全的隔离。

6.1.2　信号隔离的分类

工业现场与计算机控制系统之间传输的信号可以分为两类:模拟量和数字量。两种信号的隔离方法有所不同。

在许多机电系统中,需要测量和控制的参数往往是连续变化的模拟信号,如温度、压力、流量和位移等,对于模拟信号的隔离常采用变压器隔离或隔离放大器。

数字信号包括仪器仪表的 BCD 码、开关状态的闭合与断开、指示灯的亮与灭、继电器或接触器的吸合与释放、马达的启动与停止、阀门的打开与关闭等,数字信号的隔离可以采用光电隔离、继电器隔离等方法。

6.2　开关量的隔离方法

6.2.1　光电耦合器

光电耦合器是以光为媒介传输电信号的一种电—光—电转换器件,它由发光源和受光器两部分组成。把发光源和受光器组装在同一密闭的壳体内,彼此间用透明绝缘体隔离。发光源的引脚为输入端,受光器的引脚为输出端。常见的发光源为发光二极管,受光器为光敏二极管、光敏三极管等。光电耦合器的种类较多,常见的有光电二极管型、光电三极管型、光敏电阻型、光控晶闸管型、光电达林顿型、集成电路型等。由于光电耦合器输入输出间互相隔离,电信号传输具有单向性等特点,因而具有良好的电绝缘能力和抗干扰能力。又由于光电耦合器的输入端属于电流型工作的低阻元件,因而具有很强的共模抑制能力,在长线传输信息中作为终端隔离元件可以大大提高信噪比。在计算机数字通信及实时控制中它作为信号隔离的接口器件,可以大大增加计算机系统工作的可靠性。

光电耦合器的技术参数很多,这里主要介绍在选择光电耦合器时所依据的主要技术参数。

①U_F:二极管正向压降,指输入侧发光二极管导通时的正向压降。

②i_F:正向电流,指输入侧发光二极管通过的电流,一般有最大值和最小值。

③CTR:电流传输比,当输出电压保持恒定时,它等于输出侧的直流输出电流 i_c 与发光二极管的直流输入电流 i_F 的百分比。通常用百分数来表示。有公式:$CTR = i_c/i_F \times 100\%$。

④V_{cc}:输出侧供电电压,一般规定某一电压范围,超过这一范围,光电耦合器损坏。

⑤I_{omax}:输出侧最大输出电流,指输出侧能够提供的最大输出电流。

⑥BV:输入和输出之间最大的隔离电压。

⑦t_{on}:导通时间,指从输入侧加电到输出侧电流达到规定值所需的时间。

⑧t_{off}:关断时间,指从输入侧断电到输出侧电流截止的时间。

⑨U_{DRM}:输出侧最大耐压值,指输入侧断电,输出侧所能承受的最大电压值。

在上面这些参数中,对于不同的应用场合,不同的光电耦合器,需要考虑的参数不同。如对于工作在开关状态用于开关信号传输的光电耦合器,最主要关心的参数为导通时间与关断时间,或者说其频率特性;对于用于模拟信号传输的光电耦合器,主要关心的参数为其电流传输比和响应时间;应用于触发可控硅的光电耦合器,主要关心其输出端电流和耐压。

开关型光电耦合器的种类很多,本节以晶体管输出型和晶闸管输出型两类为例说明光电隔离的方法。这两种光电耦合器虽然输出形式不同,但从其隔离方法这一角度来看,都通过电—光—电这种转换,利用"光"这一环节完成隔离功能。晶体管输出型适合输出侧为直流的情况,而晶闸管输出型适合输出侧为交流的情况。下面分别介绍这两种类型的光电耦合器。

1. 晶体管输出型型光电耦合器驱动接口

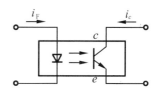

图 6 - 1　晶体管输出型光电耦合器的电路原理图

晶体管输出型光电耦合器的电路原理如图 6 - 1 所示,其受光元件是光电晶体管。除了没有使用基极外,光电晶体管与普通晶体管一样。光作为晶体管的输入取代了基极电流。当光电耦合器的发光二极管发光时,光电晶体管受光的影响在 cb 间和 ce 间会有电流流过,这两个电流基本上受光的照度控制,常用 ce 极间的电流作为输出电流。输出电流受电压 U_{ce} 影响很小,在 U_{ce} 增加时,输出电流稍有增加。光电晶体管的集电极电流 i_c 与发光二极管的电流 i_F 之比称为光电耦合器的电流传输比 CTR。不同结构的光电耦合器电流传输比相差很大,如输出端是单个晶体管的光电耦合器 4N25 的电流传输比 $\geqslant 20\%$。输出端使用达林顿管的光电耦合器 4N33 的电流传输比 $\geqslant 500\%$。电流传输比与发光二极管的工作电流有关。当电流为 10～20 mA 时,电流传输比最大,当电流小于 10 mA 或 30 mA 时,传输比都将下降。温度升高传输比也会下降,因此在使用时要留一些余量。

光电耦合器在传输脉冲信号时,输入信号和输出信号之间有一定的延迟时间,不同结构的光电耦合器的输入输出延迟时间相差很大。如 4N25 的导通延迟 t_{on} 是 2.8 μs,关断延迟 t_{off} 是 4.5 μs;4N33 的导通延迟 t_{on} 是 0.6 μs,关断延迟 t_{off} 是 4.5 μs。

晶体管输出型光电耦合器可作为开关使用,这时发光二极管和光电晶体管平常都处于关断状态。在发光二极管通过电流脉冲时,光电晶体管在电流脉冲持续的时间内导通。

图 6 - 2 是使用 4N25 光电耦合器的接口电路图。4N25 的作用是耦合脉冲信号和隔离输入信号,使两部分的电流相互独立。这样可以避免输入部分对系统的影响,减少系统所受的干扰,提高系统的可靠性。4N25 输入输出端的最大隔离电压大于 2 500 V。

下面来分析图 6 - 2 的工作原理:当输入端 u_i 为高电平时,4N25 输入端二极管不导通,输出端三极管关断,74LS04 的输入端为高电平,输出 u_o 为低电平。当 u_i 为低电平时,4N25 的

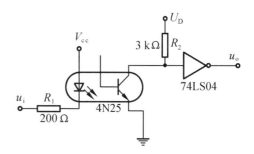

图 6 - 2　4N25 的光电耦合器的接口电路

输入电流为 15 mA,输出端可以通过 3 mA 的电流。由于输出端上拉电阻为 3 kΩ,74LS04 的输入端电压为三极管完全导通的结压降,约为 0.7 V,所以输出 u_o 为高电平。4N25 光电晶体管的基极,在一般使用中可以不接,该脚悬空。

图中 R_1 为输入发光二极管限流电阻,光电耦合器输入端的电流一般为 10～15 mA,发光二极管的压降约为 1.2～1.5 V,则限流电阻计算公式为

$$R_1 = \frac{V_{cc} - (U_F + U_{CS})}{i_F}$$

式中 U_{CS} 为输入信号低电平电压。

如果图 6-2 电路要求 i_F 为 15 mA,输入信号的低电平电压为 0.5 V,则限流电阻计算如下

$$R_1 = \frac{V_{cc} - (U_F + U_{CS})}{i_F} = \frac{5 - (1.5 + 0.5)}{0.015} = 200 \ \Omega$$

由于光电耦合器是电流型输出,不受输出端工作电压的影响,因此可以用于不同电平之间的转换。

光电耦合器也常用于较远距离的信号隔离传送。一方面光电耦合器可以起到隔离两个系统地线的作用,使两个系统的电源相互独立,消除地电位不同所产生的影响;另一方面,光电耦合器的发光二极管是电流驱动器件,可以形成电流环路的传送形式。由于电流环电路是低阻抗电路,它对噪声的敏感度低,因此提高了通信系统的抗干扰能力,常用于有噪声干扰的环境下信号传输。

图 6-3 是由光电耦合器组成的电流环发送电路。图 6-3 电路可以用来传输数据,最大速率为 50 kb/s,最大传输距离为 900 m。环路连线的电阻对传输距离影响很大,此电路中环路连线电阻不能大于 30 Ω,当连线电阻较大时,100 Ω 的限流电阻要相应减小。光电耦合管使用 TIL110,TIL110 的功能与 4N25 相同,但开关速度

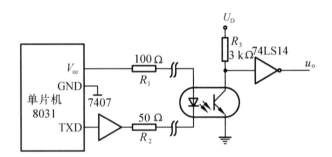

图 6-3 电流环发送电路

比 4N25 快,当传输速度要求不高时,也可以用 4N25 代替。输入端由同相驱动器 7407 驱动,限流电阻分为两个,一个是 50 Ω,一个是 100 Ω。50 Ω 电阻的作用除了限流外,最主要的作用是起阻尼的作用,防止传送的信号发生畸变和产生突发的尖峰。电流环的电流计算公式为

$$i_F = \frac{V_{cc} - (U_F + U_{CS})}{R_1 + R_2} = \frac{5 - 1.5 - 0.5}{50 + 100} = 0.02 \ A = 20 \ mA$$

TIL110 的输出端接一个带施密特整形电路的反相器 74LS14,作用是提高抗干扰能力。施密特触发电路的输入特性有一回差,输入电压大于 2 V 才认为是高电平输入,小于 0.8 V 才认为是低电平输入。电平在 0.8~2 V 之间变化时,则输出不改变状态,因此信号经过 74LS14 之后更接近理想波形。

在机电系统中由于被控对象往往处在较强的噪声环境中,因此为确保系统可靠地工作,需要切断计算机与外设之间的公共地线,以防止外部的干扰信号及地线环路中产生的噪声电信号通过公共地线进入计算机系统。通常 A/D、D/A 与计算机间可以采用下列两种隔离方式来切断电气联系。

（1）对 A/D、D/A 进行模拟隔离

对 A/D、D/A 的模拟信号进行隔离，通常采用隔离放大器对模拟量进行隔离，但所使用的隔离放大器必须满足 A/D、D/A 变换的精度和线性要求。如对 12 位 A/D、D/A 进行隔离，其隔离放大器要达到 13 位，甚至 14 位精度，如此高精度的隔离放大器，价格十分昂贵。

（2）在 I/O 与 A/D、D/A 之间进行隔离

这种方法通常称为数字隔离。具体做法是用若干锁存器对地址信号、控制信号、数据信号进行锁存，然后用这些信号对 A/D、D/A 芯片进行操作，完成多路开关的选通，完成 A/D、D/A 的转换。在 A/D 变换时，先将模拟量变成数字量，将数字量通过光电隔离，然后再进入计算机。在 D/A 变换时，先对数字量进行隔离，然后再进行 D/A 转换。这种方法可靠、方便、经济，不影响 A/D、D/A 的精度和线性度，主要缺点是速度低。如果应用普通廉价的光电隔离器件，最高转换的速率约每秒 3 000 ~ 5 000 点，这对于一般工业控制对象（温度、压力、流量等）可满足要求。

单片 D/A 与单片机 8031 的光电接口电路如图 6 - 4 所示。

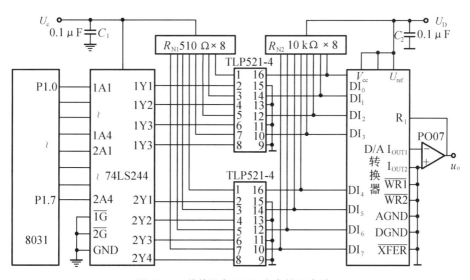

图 6 - 4　单片机与 D/A 光电接口电路

单片机将需要转换的 8 位数据直接从 P1 口输出，图中的 74LS244 为驱动器，驱动光电耦合器工作。当 74LS244 输出高电平时，发光二极管截止，光敏三极管关断；当 74LS244 输出低电平时，发光二极管导通，使光敏三极管导通。光电耦合器采用四路光电耦合器 TLP521 - 4，它为 16 脚双列直插式封装，其引脚排列如图 6 - 5 所示。

图 6 - 4 中的 R_{N1}、R_{N2} 为 8 位集成电阻排，R_{N1} 对 8 路发光二极管起限流作用，R_{N2} 为 8 路光敏三极管的集电极电阻排。

利用光电耦合器实现输出端的通道隔离时，还需注意被隔离的通道两侧必须单独使用各自独立的电源，即用于驱动发光管的电源与驱动光敏管的电源不应是共地的电源，对于隔离后的输出通道必须单独供电，否则外部干扰信号可能通过电源窜入输入侧，这样就失去了隔离的意义，如图 6 - 6 所示。

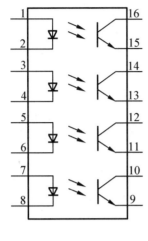

图 6-5 TLP521-4

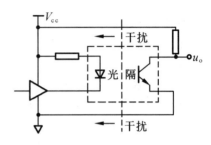

图 6-6 不正确的隔离

2. 晶闸管输出型光电耦合器驱动接口

它的输出端是光敏晶闸管或光敏双向晶闸管。当光电耦合器的输入端有一定的电流流入时,输出晶闸管导通。有的光电耦合器的输出端还配有过零检测电路,用于控制晶闸管过零触发。

4N40 是常用的单向晶闸管输出型光电耦合器。当输入端有15~30 mA 电流流过时,输出端的晶闸管导通。输出端的耐压为400 V,额定电流有效值为 300 mA。输入输出端的隔离电压为 1 500~7 500 V。4N40 的 6 脚是输出晶闸管的控制端,不使用此端时,此端可对阴极接一个大电阻。图 6-7是用 4N40 控制 220 V 电灯的实例。

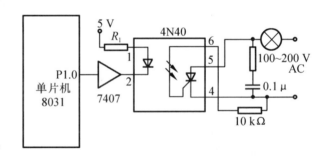

图 6-7 晶闸管型光电耦合器应用电路

4N40 输入端限流电阻 R_1 的计算公式为

$$R_1 = \frac{V_{cc} - (U_F + U_{CS})}{i_F} = \frac{5 - 1.5 - 0.5}{0.03} = 100 \ \Omega$$

实际应用中可以留一些余量,限流电阻 R_1 取 91 Ω。

3. 使用光电耦合器的晶闸管触发电路

在使用晶闸管的控制电路中,有移相触发和过零触发两种方式,移相触发应用在调压电路中,过零触发的典型应用就是固态继电器。MOC3021 是常用的移相触发光电耦合器。过零触发需要过零检测电路,有些光电耦合器内部含有过零检测电路,如 MOC3061 等。由于移相触发的电路涉及相位检测及相角控制,在后面的交流调压电路中详细讲解,在这里只介绍零触发 MOC3061 的应用电路。

MOC3061 输出端的耐压是 600 V,最大重复浪涌电流为 1 A,最大电压上升率 dv/dt 为

1 000 V/μs 以上,一般可达 2 000 V/μs,输入输出隔离电压
大于 7 500 V,输入控制电流为 15 mA。它可用于固态继电
器、交流电机驱动、温度控制等,其内部等效的原理图如图
6 – 8 所示。

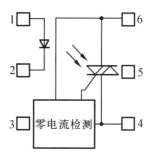

图 6 – 9 是带过零触发的双向晶闸管触发电路。该电路
中,单片机控制 MOC3061 的发光管导通与关断,当单片机
8031 的 P1.0 端输出低电平时,MOC3061 的输入端有约
16 mA 的电流输入,发光管发光,在 MOC3061 的输出端 6 脚
和 4 脚之间的电压正向过零或反相过零时,内部双向晶闸
管导通,触发外部双向晶闸管 KS 导通。当 P1.0 端输出高

图 6 – 8　等效原理图

电平时,一次侧发光管关断,二次侧由于电压换向而关断,使双向晶闸管 KS 关断。
MOC3061 在输出关断的状态下,也有小于或等于 500 μA 的电流,加入 R_3 可以消除这个电
流对外部双向晶闸管的影响。R_1 是 MOC3061 的限流电阻,用于限制流经 MOC3061 输出端
的电流最大值不超过 1 A。MOC3061 过零检测的电压值为 20 V,所以限流电阻取值可稍大
于 20 Ω。如果负载是电感性,由于电感的影响,触发外部双向晶闸管 KS 的时间延长,这时
流经 MOC3061 输出端的电流会增加,所以在电感性负载的系统中,R_1 值需要增大。当负载
的功率因数小于 0.5 时,R_1 取最大值,其由下式计算:

$$R_1 = \frac{U_P}{i_P} = \frac{220 \times \sqrt{2}}{1} = 311 \ \Omega$$

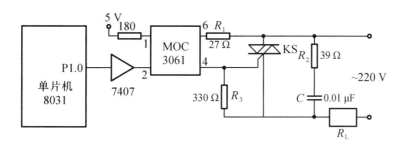

图 6 – 9　带过零触发的双向晶闸管触发电路

取 $R_1 = 300 \ \Omega$,在其他情况下可以取 27 ~ 330 Ω。当 R_1 取较大值时,对最小触发电压会有影
响。最小触发电压 U_T 由下式计算,即

$$U_T = R_1(i_{R_3} + i_{GT}) + U_{GT} + U_{TM}$$

式中　i_{R_3}——是流过 R_3 的电流,$i_{R_3} = U_{GT}/R_3$;

i_{GT}——晶闸管 KS 门极触发电流;

U_{GT}——晶闸管 KS 门极触发电压;

U_{TM}——MOC3061 输出晶闸管的导通压降,一般取约等于 3 V。

与双向晶闸管 KS 并联的 RC 回路用于吸收双向晶闸管开关时产生的高压,保护双向晶
闸管 KS 及 MOC3061。

6.2.2　继电器隔离

继电器方式的开关量输出是目前最常用的一种输出方式,在驱动大型设备时,常常利用继电器作为测控系统到输出驱动级之间的第一级隔离驱动,通过第一级继电器输出,控制高压电路的通断。如图 6 – 10 所示,在经过光电隔离耦合器后,直流部分给继电器供电,而其触点则直接与 220 V 市电相接。这里如果继电器线圈电压低也可以省去光电耦合器,直接用三极管驱动继电器。

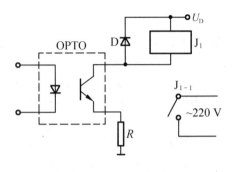

图 6 – 10　继电器输出接口

继电器输出也可用于低压场合,与晶体管等低压输出驱动器相比,继电器输出时输入端与输出端相互隔离,但由于采用电磁吸合方式,在开关瞬间触点容易产生火花从而引起干扰;对于交流高压等使用场合,触点也容易氧化,继电器的驱动线圈有一定的电感,在关断瞬间可能会产生较大的电压,因此在对继电器的驱动电路上常常反接一个保护二极管用于反向续流。

1. 继电器的主要电气参数

各种继电器的参数在生产厂的产品手册或产品说明书中都有说明,但一般只关心下列几个主要电气参数。

(1)线圈电源和功率

它是指继电器线圈电源是直流还是交流,以及线圈消耗的额定功率。一般用于微机控制系统的初级输出,其驱动端线圈常用直流型。

(2)额定工作电压或额定工作电流

它是指继电器正常工作时线圈需要的电压或电流值。一般同一种型号的继电器都有不同的额定工作电压或额定工作电流,以适应不同电路需要。

(3)线圈电阻

它指线圈的电阻值。利用该值和额定工作电压,就可知其额定工作电流;反之亦然。

(4)吸合电压或电流

它指继电器能产生吸合动作的最小电压或电流,其值一般为额定电压或电流值的 75% 左右。如 JZC—21F/006—TH 继电器,其额定电压为 6 V,而吸合电压为 4.5 V。一般来讲仅给继电器加吸合电压,其工作不可靠。

(5)释放电压或电流

继电器两端的电压减小到一定数值时,继电器就从吸合状态转换到释放状态。释放电压或电流是指产生释放动作的最大电压或电流,其值往往比吸合电压小得多,因此继电器类似于一种带大回差电压的施密特触发器。

(6)接点负荷

它是指接点的负载能力,因为继电器的接点在切换时能承受的电压和电流值有限。如 28 V(DC)×10 A,220 V(AC)×5 A 等,当继电器工作时其电流和电压都不应超过此值,否则会影响甚至损坏接点。一般同一型号的继电器的接点负荷值都相同。

2.继电器的选用

在选用继电器时,一般应考虑下列因素。

(1)继电器额定工作电压

其值应等于或小于继电器线圈控制电路的电压;在继电器驱动时,还要考虑其额定工作电流是否在所设计的驱动电路输出电流的范围之内;必要时可增加一级驱动或需增加一级中间继电器。

(2)接点负荷

主要是从被驱动设备工作电压的大小、类型和工作电流大小来选择。

(3)接点的数量和种类

同一系列的继电器接点数量和接点类型可以有不同,如有单刀双掷、双刀双掷、三刀双掷等。可根据需要选择,以充分利用各组节点,达到简化控制线路、缩小体积的目的。

另外有关继电器的体积、封装形式、工作环境、绝缘能力以及吸合和释放时间等因素,在继电器选择时也应一并考虑。在各种参数均能符合要求的情况下,选用性能价格比高的产品。

6.2.3 固态继电器

固态继电器(SOLID STATE RELAYS),简称 SSR,是近年发展起来的一种新型电子继电器。它利用电子元件(开关三极管、双向可控硅等半导体器件)的开关特性,可实现无触点、无火花地接通和断开电路,具有输入控制电流小、无机械噪声、无抖动和回跳、开关速度快、体积小、质量小、寿命长、工作可靠等特点,并且耐冲击、抗潮湿、抗腐蚀,因此在工业控制等领域中,已逐渐取代传统的电磁式继电器和磁力开关作为开关量输出控制元件。

1.工作原理

固态继电器按使用场合可以分为交流型(AC – SSR)和直流型(DC – SSR)两类;按开关形式可分为常开型和常闭型;按隔离形式可分为混合型、变压器隔离型和光电隔离型,以光电隔离型为最多。

交流固态继电器,按触发形式可分为过零触发型固态继电器和随机导通型固态继电器。当控制信号输入后,过零触发型总在交流电源电压为零电压附近导通,产生的干扰小,一般用于计算机 I/O 接口等场合;随机导通型则是在交流电源的任意状态下导通或关闭,在导通瞬间可能产生较大的干扰。

图 6 – 11 为交流型 SSR 的工作原理框图。SSR 一般为四端组件,其中两端为输入端,另两端为输出端。

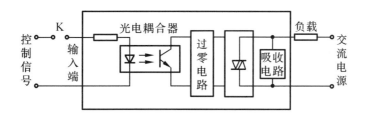

图 6 – 11 交流型 SSR 的工作原理框图

工作时只要在输入端加一定的控制信号,就可以控制输出端的"通"与"断",实现"开关"功能。耦合电路是以光电耦合器作为输入、输出间的通道,在电气上完全隔离,以防止输出端对输入端的干扰。过零电路保证使输入信号在开关器件两端电压过零瞬间触发开关器件,从而完成在电压过零条件下的通、断动作,减少开关过程所产生的干扰和污染。吸收回路的作用是防止电源中带来的尖峰电压、浪涌电流对开关器件产生冲击和干扰,一般是用 R、C 串联吸收电路或非线性电阻。所谓"过零"是指当加入控制信号,交流电压过零时,SSR 为导通状态;而当断开控制信号后,SSR 要等电源电压过零时才被关断。

直流型的 SSR 与交流型的 SSR 相比,无过零控制电路,也不必设置吸收回路,开关器件一般用大功率开关三极管,其工作原理与交流 SSR 相同。图 6-12 给出了几种国内外常见的 SSR 的外形。

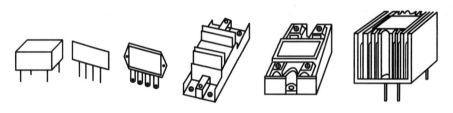

图 6-12　几种常见的 SSR 的外形

2. 主要性能特点

基于固态继电器自身的结构和工作原理,固态继电器具有以下特点。

①无机械触点,电路工作时不产生火花;

②无机械和电磁等噪声,过零型 SSR 关断和导通均处于电流、电压过零区,产生的干扰最小;

③抗干扰能力强,由于输入、输出间采用光电隔离,能抑制强电干扰对输入端的影响;

④驱动功率小,光电耦合器的驱动电流仅需 10 mA 左右,与 TTL、HTL、CMOS 等数字电路相兼容,连接时无需外加其他电路;

⑤由于可靠性高及无可动部件、全封闭型封装,因而耐冲击、耐潮湿、防腐蚀、可靠性高、寿命长;

⑥承受浪涌电流大,一般可达额定值的 6~10 倍;

⑦对电源电压的适应能力强,一般低于电源电压 20% 也能正常工作。

由于 SSR 具有以上优点,因此越来越多地应用于电器设备的自动控制中的自动开关和遥控开关,作为控制与负载的接口元件。

3. 应用

固态继电器目前已在许多自动化装置中代替了常规的机电式继电器,并进一步扩展到了一些机电式继电器无法应用的领域,如计算机终端接口电路、数据处理系统的终端装置、数控装置、测量仪表中的微电机控制、各种调温控制温装置、工作频繁的交通信号灯和舞台灯光控制等。图 6-13 为单刀双掷控制电路,当输入为"0"时,三极管 T 截止,SSR1 输入端无输入电流,输出端断开,V_{cc} 通过电阻 R_3 加到 SSR2 的"+"端,SSR2 的输入端获得电流,输出端接通;当输入为"1"时,三极管 T 导通,SSR1 输入端有电流,输出端接通,此时 SSR2 的"+"端的电压 U_A 为晶体管 T 的管压降与 SSR1 输入侧的导通电压降之和,选择稳压管 DW

的击穿电压略高于 SSR 输入侧的导
通电压降,则实际加到 SSR2 输入侧
的电压小于 0.7 V,SSR2 输入端没有
足够的电流,输出端断开。

图 6 - 14 是计算机控制单相交流
电机正反转的接口及驱动电路。在
换向控制时,正反转之间的停滞时间
应大于交流电源的 1.5 个周期(用一
个"下降沿延时"电路来完成),以免
换向太快而造成线间短路。电路中
断电器选用阻断电压高于 600 V 和额
定电压为 380 V 以上的交流固态继电器。

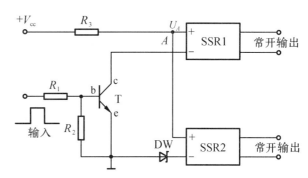

图 6 - 13　单刀双掷控制电路

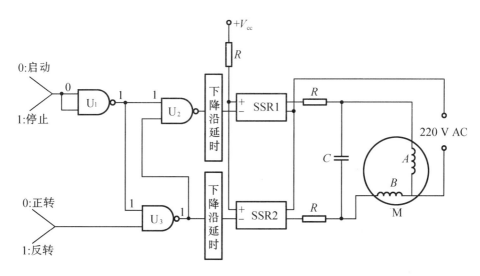

图 6 - 14　计算机控制单相交流电动机正反转的接口及驱动电路

为了限制电动机换向时电容器的放电电流,应在各回路中外加一只限流电阻 R,其阻值和功率可按下式计算,即

$$R = 0.2 U_p / i_N$$
$$P = i_m^2 R$$

其中　U_p——功率供电电源,V;

　　　i_N——固态继电器额定电流,A;

　　　i_m——电动机运转电流,A;

　　　P——限流电阻功率,W。

当启停控制端输入为"0"时,与非门 U_1 输出为"1",此时如果方向控制端输入为"0"时,U_3 输出为"1"。U_2 的两个输入都为"1",输出"0"。U_3 输出为"1",使 SSR2 输入端发光管截止,其输出断开。U_2 输出为"0",经过一个短暂的时间延迟,SSR1 的输入发光管导通,输出端接通。这样就使电容 C 与 A 相绕组串联,电动机按某一固定方向旋转,规定为正向。

方向控制端输入为"1"时,SSR1 输出端断开而 SSR2 输出端导通使 C 与 B 相绕组串联,电动机反转。当启停控制端为"1"时,U_1 的输出为"0",U_2 和 U_3 的输出都为"1",SSR1 和 SSR2 输出端均断开,电动机不动。

4.注意事项

①使用固态继电器时,切忌将负载两端短路,以避免造成永久性损坏;

②如果外部运行环境温度高,选用的固态继电器必须留有较大的余量;

③当用固态继电器控制感性负载时,应接上氧化锌压敏电阻起保护作用;

④固态继电器内部一般有 $5 \sim 10$ mA 的漏电流,因此不宜用它直接控制很小功率的负载。

6.3　模拟量的隔离方法

许多使用传感器的测量仪器,其地电位发生变化不仅仅是由公共阻抗造成,它与仪表和信号元件的地电位差以及电磁感应产生的共模噪声有很大的关系。防止共模噪声窜入系统可以采用专用的隔离放大器。目前隔离放大器中采用的耦合方式主要有电磁耦合和光电耦合。电磁隔离受调制频率的限制,其通带频宽较小,但线性好。光电隔离可以做到比较高的响应速度,但光电隔离的线性度相对较差。

为完成地线隔离,将放大器加上静电和电磁屏蔽浮置起来,这种放大器叫隔离放大器,或隔离器,其输入和输出电路电源没有直接的电路耦合关系。在以下场合,需使用隔离放大器。

①测量处于高共模电压下的低电压信号;

②需要消除由于对信号源地网络的干扰(大电流的跳变)所引起的测量误差;

③避免构成地回路及其寄生拾取问题(不需要对偏流提供返回通路);

④保护应用系统电路不致因输入端或输出端大的共模电压造成损坏。

模拟量隔离与开关量隔离不同,开关量隔离只需要得到开关的状态,不需要器件有良好的线性,而模拟量隔离需要得到信号从零到某一幅值的连续变化量,需要前后级之间有良好的线性关系,这样才能保证获得正确的被测量。如果测试仪器为单台或小批量生产,可以通过逐点修正来保证前后级的线性关系,但对于批量生产的仪器不可能逐点修正,必须要求器件本身在整个量程范围内有良好的线性。

6.3.1　电磁隔离放大器

目前在信号处理中应用最广泛的隔离放大器是变压器耦合的线性隔离放大器,如 Analog Devices 公司的 AD277J、AD202、AD289、AD290、AD210、AD281 等。

AD202/AD204 是常用的电磁隔离放大器,在实际中应用非常广泛。AD202/AD204 为单路输入和输出,内部采用变压器耦合的方式。一次侧电源及放大器都集成在一个芯片内,外部接线简单。其特性如下:

尺寸小	4 通道/英寸;
功率小	35 mW(AD204),75 mW(AD202);
高精度	最高线性度为 $\pm 0.025\%$(K 级);
高共模抑制比	130 dB;
频带宽	5 kHz(AD204);

绝缘极高　　　　　CMV 为连续 ±2 000 V（K 级）。

1. 工作原理

AD202/AD204 是低成本隔离放大器系列中的一个品种，其引脚如表 6-1 所示。AD202 和 AD204 的区别在于 AD202 直接由 +15 V 直流电压供电，而 AD204 则是通过外部提供时钟（AD246）供电。两种芯片的封装形式都可以为 SIP 型和 DIP 型，而 SIP 型封装仅为 0.25 英寸宽。图 6-15 为 AD202/AD204 功能框图，从图中看出该芯片由放大器、调制器、解调器、整流和滤波、电源变换器等组成。工作时 +15 V 电源连到电源输入引脚 31，使片内（AD202）振荡器工作，从而产生频率为 25 kHz 的载波信号，通过变压器耦合，经整流和滤波，在隔离输出部分形成电流 2 mA 的 ±7.5 V 隔离电压。该电压除供给片内电源外，还可作为外围电路（传感器、浮地信号调节、前置放大器）的电源。AD204 电源是从 33 引脚由输入时钟提供。

表 6-1　AD202/AD204

引脚	功能（SIP 封装）	引脚	功能（DIP 封装）
1	正输入	1	正输入
2	输入/公共输入端	2	公共输入端
3	负输入	3	负输入
4	输入反馈	18	输出 LO
5	$-U_{ISO}$ 输出	19	输出 HI
6	$+U_{ISO}$ 输出	20	+15 V 输入口（仅 AD204）
31	+15 V 输入口（仅 AD202）	21	时钟输入（仅 AD204）
32	时钟/电源公共	22	时钟/电源公共
33	时钟输入（仅 AD202）	36	$+U_{ISO}$ 输入
37	输出 LO	37	$-U_{ISO}$ 输出
38	输出 HI	38	输入反馈

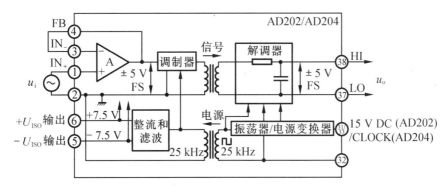

图 6-15　AD202/AD204 功能框图

2. 两点说明

(1)输入电路

在实际应用中,输入电路的信号可以是电压型亦可是电流型。前者能组成单位增益缓冲器和增益大于 1 的前置放大器,其电路如图 6-16(a)所示;后者能组成单路或多路电流加法放大器。为了达到最佳效果,图 6-16(b)中的反馈电阻 R_f 应选择 20 kΩ 以下,当增益大于 5 时,FB 到 INCOM 引脚间应接 100 pF 电容。由于电路是同相比例放大器,所以输入和输出电压应满足

$$u_o = U_{sig}(1 + R_f/R_G)$$

式中　U_{sig}——输入电压;

　　　R_G——用户提供的增益调整电阻。

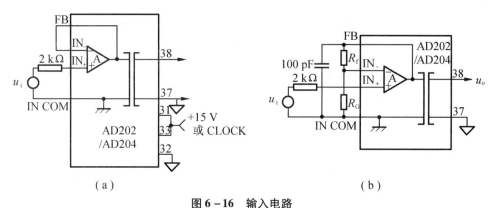

图 6-16　输入电路

(a)电压型输入电路;(b)电流型输入电路

(2)增益和零点调节

调节增益和零点时,可采用同相放大的输入调节电路,如图 6-17(a)所示。通常零点调节放在输入端,而且调节次序是先调零点,后调增益。具体调零方法:将输入信号接地,调整 100 kΩ 电位器滑动端,使输出为零,即完成放大器的调零。增益调节位于输入调节电路的上端,反馈电阻 R_f 由 47.5 kΩ 的电阻和 5 kΩ 的电位器相串联而决定,调节此电位器可以改变放大器的增益。由于采用同相放大电路,电路的增益最小为 1。

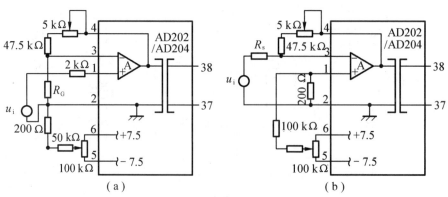

图 6-17　增益和零点调节电路

(a)同相输入调节电路;(b)反相输入调节电路

图 6 - 17(b)所示为反相放大输入调节电路。该电路能在公共点上把失调电压调节为零,并且具有较好的电流注入性能,从而减小对后级增益调节的影响,因此当增益从 1 到 100 变化时,电路均能正常工作。

为了使共模抑制比的影响达到最小值,在信号源的低端必须串联一个几百欧姆的电阻。

3. 应用电路

由于 AD202/AD204 具有体积小、成本低、性能高的特点,所以在许多领域中获得了广泛的应用,现将典型应用电路做些说明。

(1)小信号的隔离

在很多应用电路或系统设计时,其传感器的输出信号一般均较低,此时可采用具有低漂移输入放大器的 AD204 对传感器输出信号进行隔离变换,其电路如图 6 - 18 所示。在电路设计时,为了能得到几赫兹的常共模抑制和 60 Hz 的高共模抑制,必须采用三阶有源滤波器。如果需要调零漂移,最好在运算放大器 OP - 07 电路设计调零电路。如使用 AD202 作为隔离放大器,其电路与图 6 - 18 相似,唯一的区别是电路中的 OP - 07 用低电压输入的运算放大器来代替。输入与输出的关系为

$$u_o = u_i\left(1 + \frac{50}{R_G}\right)$$

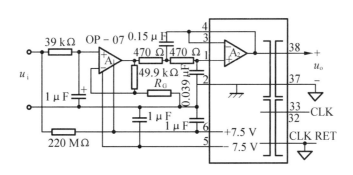

图 6 - 18　小信号输入的隔离电路

(2)电流/电压变换器的隔离

电流/电压变换器的隔离电路如图 6 - 19 所示。4 ~ 20 mA 输入电流通过 250 Ω 的电阻加到 AD202/AD204 片内输入放大器的同相端后,在隔离放大器的输出端便能得到与电流成比例的电压 1 ~ 5 V。为了实现电平移位,必须在隔离放大器输出低端 LO (AD202 的 37 脚)加 - 1 V 参考电压,以使比例输出电压为 0 ~ 4 V。该电压经外接同相比例放大器 A_2

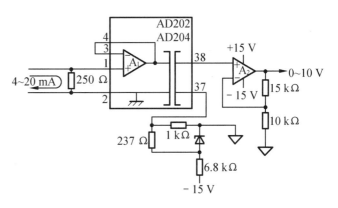

图 6 - 19　电流/电压变换器的隔离电路

获得2.5倍增益的放大后,才能获得0~10 V输出电压,从而达到变换和隔离的目的。

6.3.2 线性光电隔离放大器

光电耦合器是一种由光电流控制的电流转换器件,其输出特性与普通双极型晶体管的输出特性相似,因而可以将其作为普通放大器直接构成模拟放大电路,并且输入与输出间可实现光电隔离。然而这类放大电路的工作稳定性较差,无实用价值。究其原因主要有两点:一是光电耦合器的线性工作范围较窄,且随温度变化而变化;二是光电耦合器其发射极电流传输系数和集电极反向饱和电流(暗电流)受温度变化的影响明显。因此在实际应用中,除应选用线性范围宽、线性度高的光电耦合器来实现模拟信号隔离外,还必须在电路上采取有效措施,尽量消除温度变化对放大电路工作状态的影响。

常见的线性光电隔离放大器有 Burr-Brown 公司的 ISO100、ISO3650 和 IOS3652,夏普公司的 6N135、6N136 等。下面以 ISO3650 为例说明线性光电耦合器的用法。

ISO3650/52 是光电耦合集成隔离放大器,与以前采用变压器耦合调制解调技术的隔离放大器相比,它具有体积小、价格低、频带宽、可靠性高等优点。它采用直流模拟调制技术代替载波技术,从根本上消除以前的调制隔离放大器存在的电磁干扰问题,同时克服简单LED 和光电二极管构成的隔离器随时间和温度的变化而存在非线性和不稳定性的缺点。目前 3650/52 光耦线性隔离放大器以其明显的优越性广泛用于工业过程控制,如传感器隔离、生物医学设备(病情监测)、精密测试仪器、SCR 控制、数据获取等领域。

1. ISO3650/52 的电气参数

ISO3650/52 的主要电气参数如表 6-2 所示。

表 6-2 ISO3650/52 的主要电气参数

参数名称	ISO3650	ISO3652
额定电源电压	$\pm(8\sim18)$ V	$\pm(8\sim18)$ V
隔离电压	2 000 V DC	2 000 V DC
隔离阻抗	10^{12} Ω	10^{12} Ω
最大增益误差	$\pm0.5\%$	$\pm0.5\%$
最大非线性度	$\pm0.05\%$	$\pm0.05\%$
小信号带宽	15 kHz(在 -3 dB)	15 kHz(在 -3 dB)
输入阻抗	25 Ω	25 Ω
差模输入阻抗	25 Ω	10^{11} Ω
共模输入阻抗	10^{8} Ω	10^{11} Ω
稳定度	0.05%/1 000 Hz	0.05%/1 000 Hz
工作温度	$-40\sim100$ ℃	$-40\sim100$ ℃

2. 工作原理

图 6-20 给出了 ISO3650/52 的等效电路。两个经过严格匹配的光电二极管,一个(CR3)在输入端,另一个(CR2)在输出端,它们能最大限度地减少非线性及时间-温度不稳定性。放大器 A_1、发光二极管 CR_1 和光电二极管 CR_3 构成负反馈电路,$u_i = i_G \cdot R_G$,由于 CR_2 和 CR_3 严格匹配,而且它们从 CR_1 接收到等量光($\lambda_1 = \lambda_2$),因此 $i_2 = i_1 = i_G$。放大器 A_2 被连接成电流/电压转换器,$u_o = i_Z \cdot R_K$(R_K 是集成电路内部定标的 1 MΩ 的电阻),因此整

个传输函数为

$$u_o = u_i \cdot 120^6/R_G \ (R_G \ \text{的单位}$$
是 Ω)

可以看出这种经过改进的隔离电路克服 LED 和光电二极管简单组合的某些缺点,因为两个光电二极管完全匹配,传输函数实际上与 LED 输出性能无关,线性度只是匹配精度的函数,它可通过在输入端引入负反馈而得到进一步的提高。应用先进的激光微调技术

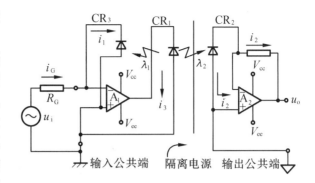

图 6-20　3650/52 的等效电路

可进一步补偿残余的匹配误差,使线路的线性度更佳。

3. 在设计 ISO3650 系统时需要注意的事项

①输入级使用有屏蔽的双扭线电缆。

②应注意尽量减小外部电容。为了得到从输入端到输出公共回路的平衡电容,外部元件的布局要对称,这样可以保持高的 CMR。

③外部元件和印刷导线图形的距离应等于或大于输入端与输出端的距离,以免高压击穿。

④印刷电路板最好使用多层电路板。

⑤隔离电源可使用直流/直流转换器,如 B-B 公司的 722 型。对 ISO3650 增益调整需注意:如放大器增益固定,则通常只用一种调节,低增益时调节输出级,高增益时调节输入级。如果要对输入和输出的偏移电压分量进行调节,则应使用下列步骤:首先对输入级偏移电压调零(此时输入端接零,并把放大器调到最大增益),然后将增益调至最小并对输出电压偏移电压调零。

4. 应用电路

图 6-21 给出了放大器 ISO3650 在电动机电枢电流和电枢电压测量中的应用实例。电枢电流通过分流器 R_s 转换成电压,然后经 ISO3650 隔离放大。电枢电压经分压器分压后送

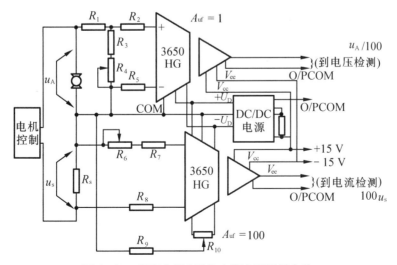

图 6-21　隔离电枢电流和电枢电压测量电路

入 ISO3650 隔离放大。两个 ISO3650 为电动机接地点和控制系统接地点提供了良好的隔离,隔离电源由 B - B 公司的隔离 DC/DC 转换器 772 提供。

图 6 - 22 给出了 ISO3652 在病人病情监测器中的应用。由于 ISO3652 是真正的平衡输入放大器,具有极高的差模和共模阻抗,因此能最大程度地抑制非平衡阻抗引起的共模噪声。隔离电源亦由 772 提供。

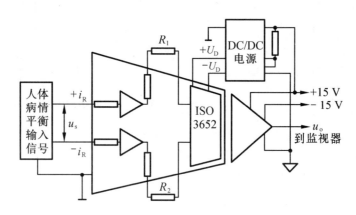

图 6 - 22　ISO3652 在病人病情监测器中的应用

6.4　服务机器人设计中的信号隔离电路设计

该服务机器人硬件系统包括控制板和功率板,因此需要对控制信号和功率信号进行隔离,避免信号的干扰,分别如图 6 - 23、图 6 - 24 所示。图 6 - 23 中, + 5 V 表示数字电压 5 V,P5 表示功率电压 5 V,PGND 表示功率地,Tlp521 - 2a 为光电耦合器件,包含 2 个独立的光耦,SD_1、SD_2 表示 2 路数字控制信号,SD_3、SD_4 表示 2 路功率控制信号。从图 6 - 23 中看出光电耦合器的输入为数字控制信号,输出为功率控制信号,当输入的数字信号 SD_1、SD_2 为高电平时,输出的功率信号 SD_3、SD_4 也为高电平,反之亦然。

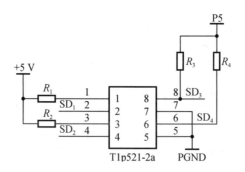

图 6 - 23　数字信号隔离电路

图 6 - 24 中, + 5 V 表示数字电压 5 V,P12 表示功率电压 12 V,P24 表示制动线圈供电电压 24 V,PGND 表示功率地,Tlp521 - 2a 为光电耦合器件,包含 2 个独立的光耦,Brake_O 表示数字控制信号,IRF3808 为 CMOS 管。从图 6 - 24 中看出该光电耦合器输入为数字信

号,输出为功率信号,当输入的数字信号 Brake_O 为低电平时,输出端的功率信号为高电平 (Tlp521 – 2a 的引脚 7),IRF3808 导通,则制动线圈吸合;当输入数字信号 Brake_O 为高电平时,输出端的功率信号为低电平,IRF3808 断开,则制动线圈断电。另外需要注意图 6 – 24 中的电阻 R_3 的阻值要远大于电阻 R_2 的阻值。

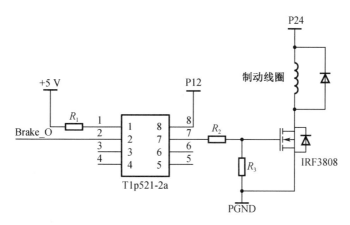

图 6 – 24　制动线圈控制电路

通过上述分析,图 6 – 23 中的光电耦合器的输出与输入具有相同的逻辑关系;而图 6 – 24 中光电耦合器的输出与输入具有相反的逻辑关系。无论采用哪种逻辑关系,均可根据实际设计要求来灵活运用。

习　　题

6 – 1　信号隔离的目的是什么?

6 – 2　常用信号隔离的方法有哪些?

6 – 3　电流型传输信号与电压型传输信号有哪些优缺点?

6 – 4　在数据采集系统中常用的两种隔离方法是什么? 请简单说明原理。

6 – 5　过零触发的晶闸管输出型光电耦合器与不带过零触发的晶闸管输出型光电耦合器在作用上有何异同?

6 – 6　继电器的主要参数有哪些?

6 – 7　与普通继电器相比,固态继电器有哪些优点?

6 – 8　说明图 6 – 17(a)电路的增益和零点的调节方法。

6 – 9　线性光电耦合器与隔离放大器各有哪些优缺点?

第7章 直流电动机的驱动与控制

直流电动机是机电一体化产品中应用较多的执行部件,由于它具有良好的控制特性,因此被广泛应用于工业机器人、数控机床及各类机电产品中。与交流电动机相比,直流电动机具有调速方便、调速范围宽和低速特性好等优点。近年来由于交流变频技术的发展,交流电动机的调速也变得很方便,直流电动机在大功率驱动控制中的优势越来越不明显。本章主要介绍小功率直流电动机驱动的基本电路以及由专用器件构成的控制电路实例。

7.1 直流电动机的结构及工作原理

按照励磁绕组和连接方式的不同,直流电动机可分为并励式、串励式、他励式、永磁式和复励式五种,如图7-1所示。

图7-1(a)为并励式直流电动机,励磁绕组与电枢绕组并联连接,改变电枢电压调速时,也同时会改变励磁电流。

直流电动机的励磁回路形成固定方向的磁场,这个固定方向的磁场也可以用永磁铁实现,称为永磁直流电动机。电枢回路在转子上形成的磁场与这个固定方向的磁场相互作用使直流电动机产生旋转运动。

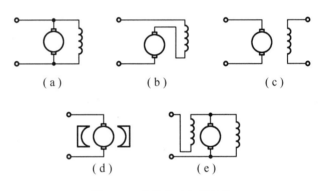

图7-1 直流电动机的结构

图7-1(b)为串励式直流电动机,励磁绕组与电枢绕组串联连接,同样改变供电电压时,会改变电枢及励磁线圈的电流。

图7-1(c)为他励式直流电动机,这种形式的直流电动机调速比较方便,可选用调励磁调速,也可以调电枢电压调速。图7-1(e)为复励式直流电动机,其工作原理与并励式和他励式直流电动机相似,一组励磁线圈与电枢绕组并联,另一组励磁线圈串入这个并联回路中。

图7-1(d)为永磁式直流电动机,与其他类型的直流电动机不同,固定磁场由永磁铁产生,一般小功率直流电动机常采用这种方式。

按照使用目的不同可选择不同类型的电动机,在伺服控制中通常使用永磁式直流电动机,而在动力控制中常使用他励式的直流电机。图7-2表示直流电动机在直流电源 U_P 作用下的旋转状态。为说明方便磁场由永磁体产生,为一恒定值。在电枢电路中用 R_a 表示线圈电阻与电刷接触电阻之和;电动机的转数为 $n(\mathrm{r/min})$;电枢旋转所产生的反电动势电压 $E = K_e \Phi n$。电路的方程式可写作

$$U_a = R_a i_a + E = R_a i_a + K_e \Phi n \qquad (7-1)$$

式中　K_e——反电动势常数;

　　　i_a——电枢电流;

　　　Φ——主磁极磁通。

直流电动机电枢绕组中的电流与磁通 Φ 相互作用,产生电磁力和转矩。直流电动机的电磁转矩表示为

$$M = K_t \Phi i_a \qquad (7-2)$$

式中　M——电磁转矩;

　　　K_t——力矩常数。

按照公式(7-1)画出直流电机的特性曲线,如图 7-3 所示。图中电枢电压 $U_{a1} \sim U_{a4}$,当电枢电压为 U_{a1} 时,电机旋转的状态用直线①表示,其余情况依此类推。当电枢电流小的时候,转速高;随着负载变大,即电枢电流变大,转速下降。

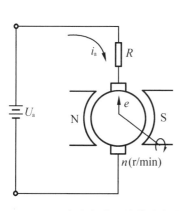

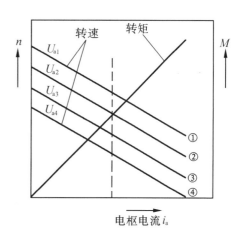

图 7-2　直流电动机的等效电路　　　　图 7-3　直流电动机的特性曲线

在同一负载下,如图 7-3 中虚线所示,可以通过改变电源电压来进行转速的控制。一般的伺服电动机都是通过控制电源电压来实现控制。式(7-1)中的 R_a 表示特性曲线①~④的各个斜率。当 R_a 值很小斜度趋向水平时,即使电枢电流变大,转速下降比例变小,电动机的转速降低也很小;相反,当电枢电阻增大时,斜率变得陡峭。

电枢电阻由转子线圈铜线的粗细与长度来决定,大容量的电动机因为使用粗线,故电阻较小;小容量的电动机用细线绕制,电阻则较大。图 7-3 所示转矩与电枢电流直线斜率是转矩与电枢电流之比,它表示每一安培电流反映到输出轴的转矩值,通常在手册中作为转矩常数使用。该转矩常数在设计控制电路时用来决定电路的电流容量。另外常用它来表示电动机的拖动能力值,因此在对同一额定输出的电动机进行优劣比较时,它是一个重要参数。

7.2　基本电路设计

一般来说小功率直流电动机常采用永磁式,其调速通过改变电枢电压实现;大功率直流电动机一般采用他励式,既可以固定励磁,通过改变电枢电压调速,也可采用同时改变励磁电流及电枢电压来调速。本节以小功率直流电动机为例,讲解通过调节电枢电压实现调

速的驱动电路及 PWM 调速的原理。

7.2.1　驱动电路

1. 功率放大电路

在功率放大电路中使用的半导体器件:双极性晶体管及其模块、IGBT 及其模块和功率 VDMOS 及其模块等。下面讨论的电路为采用晶体管组成的 H 桥电路。采用晶体管的典型 H 桥电路有三种形式,如图 7-4 所示。它有如下特点:

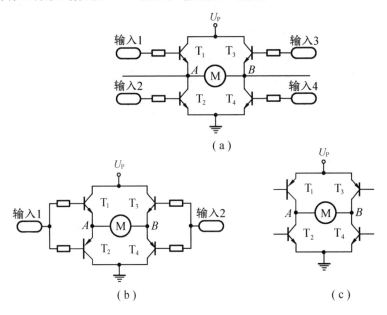

图 7-4　H 型桥电路

(1)NPN 晶体管构成

该种电路如图 7-4(a)所示,也可采用 N 沟道 VDMOS 组成的 H 桥电路。图 7-4(a) 所示电路给晶体管基极施加开关驱动信号,使全体晶体管工作在饱和区内。在基极与发射 极间采用了独立电源,提供必要的基极电流。在这些电路中为了不使上、下桥臂的晶体管 同时导通,应在驱动信号的时序上保证:T_1 与 T_2 不能同时导通,T_3 与 T_4 不能同时导通。

(2)NPN 与 PNP 两种类型的晶体管射极跟随器构成

该电路采用 PNP 与 NPN 两种不同导通类型的晶体管,也可采用 N 沟道 VDMOS 与 P 沟 道 VDMOS 两种不同导电类型的场效应功率器件组成的 H 桥电路。在图 7-4(b)中,各个 晶体管的发射极或集电极作为驱动电路的输出端,其优点是把桥上晶体管基极相连接,施 加一个驱动信号,电路比较简单。另外因为这种电路上、下臂晶体管不能同时开通,所以不 必担心上、下桥臂晶体管短路。

(3)PNP 与 NPN 型晶体管集电极跟随器构成

该电路如图 7-4(c)所示,在 NPN 与 PNP 型晶体管的集电极上接负载,构成电压跟随 器。另外各个晶体管可以工作在饱和区。但需要注意的是驱动晶体管的基极电流在上、下 桥臂的方向不同,而且应当使上、下桥臂晶体管不能同时导通。

在上面这三种电路中,保证各开关管的导通时序非常关键。由于晶体管开通和关断都有一定的时间延迟,在控制晶体管导通时要经过一定的时间延迟,即死区时间,以确保同一侧上、下两只晶体管不出现直通现象。

2. 过电流保护电路

在使用驱动电路过程中,可能接错电源端子或输出端子;也可能在使用 H 桥电路驱动直流伺服电动机时,由于驱动时序错误而发生短路。在这种情况下产生的大电流通过晶体管电路,有可能损坏晶体管。为此在设计驱动电路时必须考虑上述过电流的发生和过电流保护措施。

图 7 - 5 所示为因连接错误发生的过流情况。图 7 - 5(a) 是输出接到电源的正端子的情况,输入高电平使 T_2 导通,T_2 的集电极与发射极之间有短路电流通过;图 7 - 5(b) 是输出端子接地时的情况,输入低电平时 T_1 导通,T_1 上有短路电流通过;图 7 - 5(c) 所示为短路

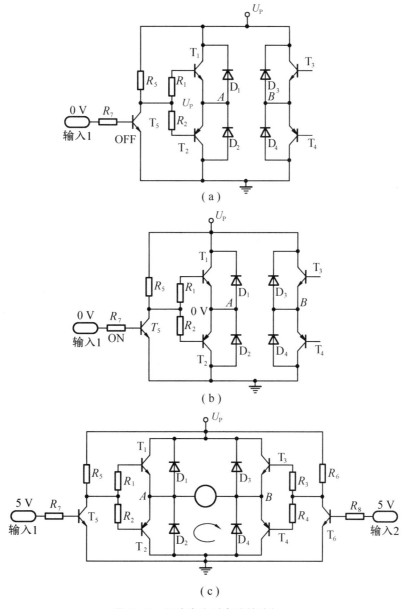

图 7 - 5　短路发生时电流的路径

制动时的电动机电流情况。

　　由于上述原因产生短路电流能损坏晶体管,所以为防止短路电流的发生,需要在输出部分的各晶体管中设计过电流保护电路。

　　图7-6为一种过电流保护电路。该电路的工作原理:首先检测晶体管的发射极电流,如果它超过额定电流值,则减小这个晶体管的基极电流,这是一种抑制电流的方式。本例中检测电流用的电阻 R_s 值为 0.5 Ω,将它串接在晶体管的发射极上。如当 T_1 射极电流超过额定电流 1.2 A 时,在该电阻上产生 $U_s = i_a R_s = 0.6$ V 的电压降, T_3 的基极之间开始出现电流,因此 T_3 变为导通状态,从而使 T_1 的基

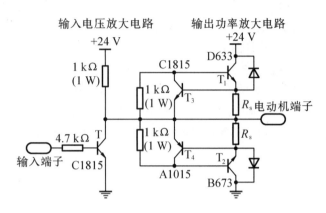

图 7-6　过电流保护电路

极电流减少,继而把 T_3 的发射极电流维持在额定值以内。

　　3. 短路制动

　　短路制动是发生在 H 桥的输入信号相同及电流的两个输入信号皆为高电平或者皆为低电平的情况下。当假定输入 1 与 2 端处于高电平状态下时, T_5 与 T_6 皆为导通,继而导致 T_2 与 T_4 也变为导通状态, T_1 与 T_2 变为关断状态,如图7-7所示。电动机电流在最初的短时间通过 T_2 与 D_4 ,如图7-7(a)所示,但很快就反过来,在电动机停转前电动机电流通过 T_4 与 D_2 ,如图7-7(b)所示。由于短路电流在电动机上产生制动力矩,所以这是一种有效的制动方法。

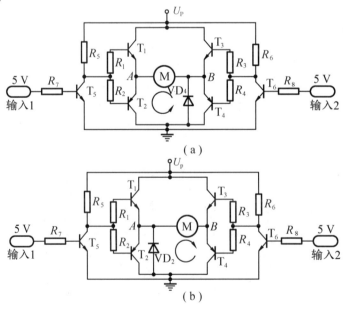

图 7-7　短路制动

4. 直流电动机正/反转控制电路

图 7-8 所示为控制直流电动机正、反转的基本电路。图 7-8(a)所示为 T_1 与 T_4 导通时,电流方向为从直流电动机的(+)端到(-)端,电动机正转;而当如图 7-8(b)的情况时,T_2 与 T_3 导通时,电动机反转。

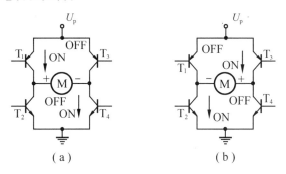

图 7-8 直流电动机正/反转控制的基本电路

7.2.2 脉宽调制变换电路

脉宽调制变换电路是近年来在直流调速领域应用比较广泛的一种技术,它采用脉宽中宽度调制的方法实现对输出电压的斩波。它分为可逆式 PWM 和不可逆式 PWM 两类。可逆式 PWM 变换器又分为双极式、单极式和受限单极式等多种形式。下面分别加以介绍。

1. 不可逆输出 PWM 变换器

(1)无制动作用

这种变换器的电路如图 7-9(a)所示。变换器只有一个大功率晶体管(GTR)T,开关频率可达 1~4 kHz。输出端负载为直流电动机(L_a 为电动机电枢电感,为分析方便,与电动机分离画出)。电源电压 U_p 一般由不可控整流电源提供,C 为滤波电容。二极管 D 在晶体管 T 关断时为电枢回路提供释放电感储能的续流回路。T 的基极由脉宽可调的脉冲电压 u_b 驱动,波形如图 7-9(b)~(f)所示。

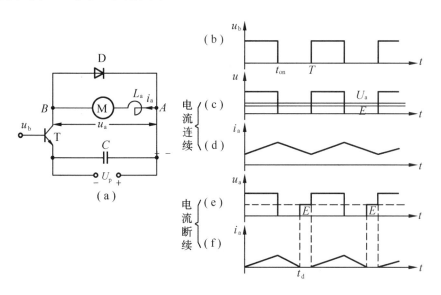

图 7-9 无制动作用的不可逆输出 PWM 变换器电路和波形

当 $0 \leqslant t < t_{\text{on}}$ 时, u_{b} 为正,T 饱和导通,电源电压 U_{P} 通过 T 加到电动机电枢两端。当 $t_{\text{on}} \leqslant t < T$ 时, u_{b} 为0,T 截止,电枢失去电源,经 D 续流,电动机得到的平均端电压为

$$U_{\text{a}} = \frac{t_{\text{on}}}{T} U_{\text{P}} = U_{\text{P}}\rho \tag{7-3}$$

式中 ρ 为负载电压系数, $\rho = t_{\text{on}}/T = U_{\text{a}}/U_{\text{P}}$, $0 \leqslant \rho \leqslant 1$,改变 ρ 即可改变电动机电枢平均电压,从而实现电动机调速。由于 ρ 可以连续改变,所以调速是无极的连续调速。稳态时电枢两端电压 u_{a}、电枢平均电压 U_{a} 和电枢电流 i_{a} 的波形如图7-9(c)、(d)所示。如电动机负载较大,T 的开关频率足够高,能始终维持 $t_{\text{on}} - T$ 期间内 $i_{\text{a}} \geqslant 0$,即电流连续;反之,在新的周期开始之前, i_{a} 就衰减到零,电流断续。由于 D 阻断,使 $U_{\text{a}} = E$, U_{a} 和 i_{a} 的波形如图7-9(e)、(f)所示,机械特性变软。

这种电路电流 i_{d} 始终是一个方向,因此不能产生制动作用,只能做单象限运行,又称之为受限式脉宽调制电路。

(2)有制动作用

需要制动时必须具有反向电流 $-i_{\text{a}}$ 的通路,为此设置控制反向通路的第二个功率晶体管 T_2。变换器电路如图7-10所示。 T_1、T_2 的基极驱动电压 u_{b1}、u_{b2},是两个极性相反的脉冲电压。

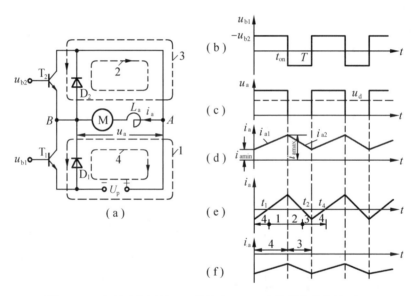

图7-10 有制动作用的不可逆输出 PWM 变换器电路和波形

设在 $0 \leqslant t < t_{\text{on}}$ 期间, u_{b1} 为正, u_{b2} 为负, T_1 导通, T_2 关断。电源电压 U_{P} 经 T_1 加在电动机电枢上。在 $U_{\text{P}} > E$ 的情况下,电流 i_{a} 沿回路1从 A 点流向 B 点,数值逐渐增大,电动机工作在电动状态。

在 $t_{\text{on}} \leqslant t < T$ 期间, u_{b1} 为负, u_{b2} 为正, T_1 关断,切断电动机的电源回路,电枢电感 L_{a} 中的自感电动势维持电流 i_{a} 沿回路2继续流动,电动机仍工作在电动状态。这时 u_{b2} 虽为正,但二极管 D_2 压降限制 T_2 不能导通。若在 $t = T$ 时,电流 $i_{\text{a}} \geqslant 0$, D_2 有电流,那么 T_2 始终不会导通。电枢电流 i_{a} 的近似变化曲线表示在图7-10(d)中。

若电枢电流 i_{a} 在 t_2 时刻衰减到零,则在 t_2 到 T 期间反电动势 E 使 T_2 管导通,电枢电流

i_a 沿回路 3 反向流动,电动机进行能耗制动。到了 $t = T$,T_2 关断,$-i_a$ 又开始沿回路 4 经 D_1 续流。直到 $t = t_4$ 时,$-i_a$ 衰减到零,T_1 才开始导通。这种情况在一个开关周期内,T_1、D_2、T_2、D_1 轮流导通,电流波形如图 7 - 10(e)所示。

电动机在增磁减速或在位能负载力矩带动下工作时,它的反电动势 $E > U_P$。在 $0 \leqslant t \leqslant t_{on}$ 期间,电枢电流 i_a 沿回路 4 从 B 点流向 A 点,电动机对电源进行回馈制动;而在 $t_{on} \leqslant t < T$ 期间,电枢电流 i_a 则沿回路 3 从 B 点流向 A 点,电动机变为能耗制动。电枢电流 i_a 的近似变化曲线表示在图 7 - 10(f)中。应该指出:当直流电源采用半导体不可控整流装置时,在回馈制动阶段电能不可能通过它送回电网,只能向滤波电容 C 充电,从而造成瞬间电压升高,称作泵升电压;如果回馈能量大,泵升电压太高,并危及大功率晶体管和二极管,须采取措施加以限制。

2. 可逆输出 PWM 变换器

可逆输出 PWM 变换器的主回路结构形式为 H 型桥式电路,它由四个晶体管 T_1、T_2、T_3、T_4 和四个二极管 D_1、D_2、D_3、D_4 组成,如图 7 - 11(a)所示。

(1)双极式可逆 PWM 变换器

四个大功率晶体管分为两组,T_1、T_4 同时导通和关断,其驱动电压 $u_{b1} = u_{b4}$;T_2、T_3 同时导通和关断,其驱动电压 $u_{b3} = u_{b2} = -u_{b1}$。输出电压 U_{AB} 在一个周期内正、负相间,故称为"双极式"。当正脉冲较宽时,$t_{on} > T/2$,则电动机电枢两端的平均电压 U_{AB} 为正,电动机正转。当正脉冲较窄时,$t_{on} < T/2$,平均电压为负,电动机反转。如果正负脉冲宽度相等,$t_{on} = T/2$,平均电压为零,则电动机停止,加在电动机的电压是

$$U_{AB} = \begin{cases} U_P, 0 \leqslant t \leqslant t_{on} \\ -U_P, t_{on} \leqslant t \leqslant T \end{cases} \tag{7-4}$$

其电压、电流波形示于图 7 - 11(b) ~ (f)中,其中(e)为重载时电流波形,(f)为轻载时电流波形。

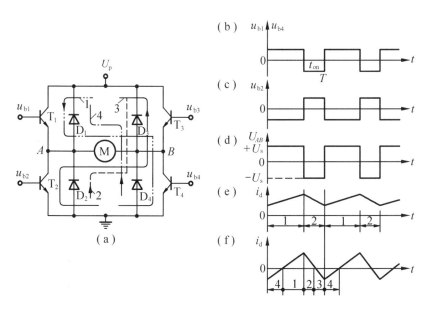

图 7 - 11 双极式 H 型 PWM 变换器电路

双极式 PWM 变换器的优点:

①电流连续;

②使电动机在四象限中运行;

③电动机停止时微振电流能消除静摩擦死区,起到动力润滑的作用;

④低速时每个晶体管的驱动脉冲仍较宽,有利于保证晶体管可靠导通,低速平稳性好。

其缺点:

①四个大功率晶体管都处于开关状态,开关损耗大;

②容易发生上、下两个大功率晶体管直通的事故,降低了装置的可靠性,两组晶体管驱动脉冲之间应设置逻辑延时;

③电流中的交变分量较大,电动机损耗大。

（2）单极式可逆 PWM 变换器

PWM 变换器只在一个时间段中输出某一极性的脉冲电压($+U_{AB}$ 或 $-U_{AB}$),在另一时间段中 $U_{AB}=0$,故称作"单极式"。它的主回路与双极式的主回路相同,不同之处仅在驱动脉冲信号不同,四个功率晶体管开关状况不同。

当控制电压为正时,晶体管 T_1 和 T_2 交替地导通和关断, T_3 一直关断, T_4 一直导通。变换器输出电压 U_{AB} 为正,电动机正转,电动机电压为

$$U_{AB} = \begin{cases} U_P, 0 \leqslant t \leqslant t_{on} \\ 0, t_{on} \leqslant t \leqslant T \end{cases} \qquad (7-5)$$

当控制电压变负时, T_3 、 T_4 交替地导通和关断, T_1 一直关断, T_2 一直导通。变换器输出电压 U_{AB} 为负,电动机反转。电路和波形如图 7-12 所示。

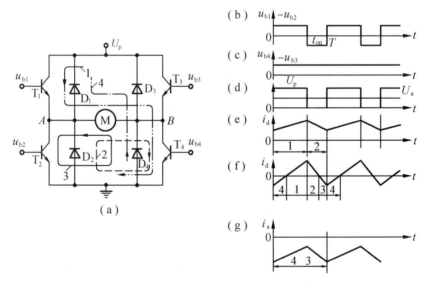

图 7-12　单极式可逆 PWM 变换器电路和波形

单极式变换器的优点是 T_3 和 T_4 两者之中总有一个常通,一个常截止。与双极式相比开关损耗可以减少,可靠性有所提高,但因其单极输出,无动力润滑作用。由于 T_1 、 T_2 或 T_3 、 T_4 两晶体管交替通断,就有可能出现两个晶体管同时导通,形成横跨电源的短路。

（3）受限单极式可逆 PWM 变换器

受限单极式可逆 PWM 变换器与单极式可逆 PWM 变换器不同的地方：在电动机正转时，u_{b2} 恒为负，T_2 一直截止；在电动机反转时，u_{b1} 恒为负，T_1 一直截止。这样避免了上、下两个晶体管直通的可能性，控制可靠性更高，但同时也排除了电动机进行能耗制动的可能，电枢电流 i_a 可能断续，使它的外特性变软，系统的控制精度降低。

这种变换器电路的波形如图 7-13 所示。当负载较重而电流连续时，受限单极式 PWM 变换器和单极式脉宽调制变换器的工作情况和性能一样（图 7-11（a））；而当负载较轻时，电流产生断续（图 7-13（b））。

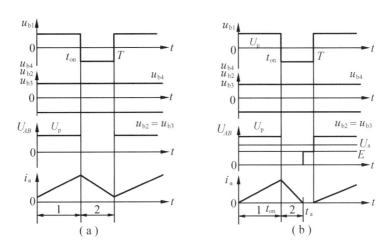

图 7-13 单极式可逆 PWM 变换器波形

7.2.3 UC3637 直流电动机双 PWM 控制器

直流电动机采用 PWM 调速时，PWM 控制信号有三种产生方法。

一是用分立元器件组成 PWM 信号发生器。由于专用 PWM 芯片及单片机的应用，这种方法已基本上被淘汰。

二是用专用芯片产生 PWM 信号。专用 PWM 芯片种类很多，一般都具有死区调节功能，并且有各种保护电路。

三是用单片机实现 PWM 信号。市场上现有的很多单片机都具有专门的 PWM 输出口，占空比的调节非常方便，但没有死区调节功能，容易出现 H 桥上、下桥臂直通现象。

PWM 信号的频率一般在几千赫到几十千赫之间，过高的开关频率会使 H 桥的开关管开关损耗加大，过低的开关频率又容易使电动机产生噪声。

UC3637 是一种直流电动机脉宽调制（PWM）控制器。该集成电路适用于开环或带测速发电机反馈的闭环直流电动机速度控制，内部产生一个模拟误差电压信号，输出两路 PWM 脉冲信号。由于这两种信号与误差电压的幅值成正比，且极性相关，因此可构成双向的调速系统。该控制器还可以用于其他电动机 PWM 控制，如无刷直流电动机 PWM 速度控制、位置控制和步进电动机电流细分控制。

1. 特点

①单电源或双电源工作,±(2.5~20) V;

②双路 PWM 信号输出,驱动电流能力 100 mA;

③限流保护;

④欠电压封锁;

⑤有温度补偿,2.5 V 阈值的关机控制。

2. 结构与功能

(1)结构

原理框图如图 7-14 所示,UC3637 主要由下列几部分组成。

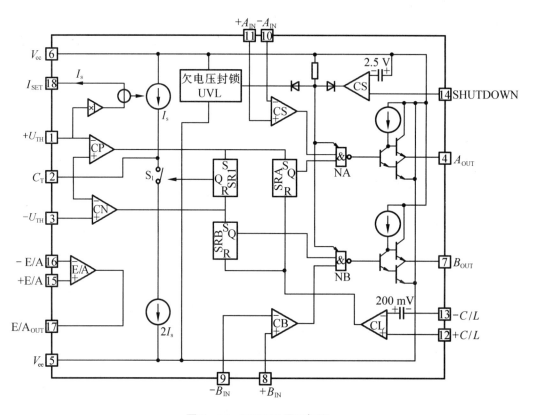

图 7-14　UC3637 原理框图

①三角波发生器:CP,CN,S_1,SR1;

②PWM 比较器:CA,CB;

③输出控制门:NA,NB;

④限流电路:C/L,SRA,SRB;

⑤误差放大器:EA;

⑥关机比较器:CS;

⑦欠电压封锁电路:UVL。

（2）功能

①三角波的产生

如图 7 - 15 所示，在正电源 V_{cc} 和负电源 V_{ee} 之间串接 R_1、R_2、R_1 三个电阻，两个分压点分别接 $+U_{TH}$（1 脚）和 $-U_{TH}$（3 脚），作为阈值电压。2 脚和 18 脚分别接电容 C_T 和电阻 R_T，电容和电阻另一端都接地。$+U_{TH}$ 还通过内部的缓冲电路与 R_T 作用产生给电容充电的电流 I_s。当 C_T 以恒流线性充电，2 脚电压达到 $+U_{TH}$ 时，比较器 CP 触发 SR1，使 Q 为高电平，关闭开关 S_1。负电流 $2I_s$ 接 2 脚，两恒流之差是 I_s，C_T 以 I_s 线性放电，到 $-U_{TH}$ 时，比较器 CN 触发 SR1 的复位端 R，引起电容的重新充电过程。产生的三角波电压信号峰值为 $\pm U_{TH}$，其频率决定于 $\pm U_{TH}$、C_T、R_T。

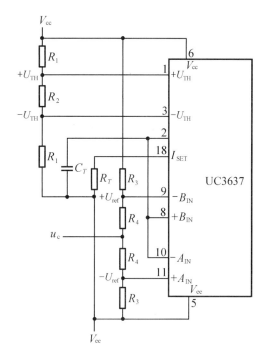

图 7 - 15　比较器外电路连接

②双 PWM 信号的产生

参照图 7 - 15 比较器连接图，比较器 CA 和 CB 的 $-A_{IN}$（0 脚）、$+B_{IN}$（8 脚）连至 2 脚，得到三角波输入。外接控制信号 u_c 经电阻 R_3、R_4 分别接 V_{cc} 和 V_{cc} 并从 $+A_{IN}$（11 脚）输入 $-U_{ref}$，从 $-B_{IN}$（9 脚）输入 $+U_{ref}$。这两个比较器的输出为双 PWM 信号，它们互为反相，并且在它们的前后沿都存在死区时间，如图 7 - 16 所示。

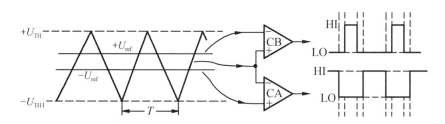

图 7 - 16　双 PWM 信号的产生

CA 和 CB 的信号必须经与非门 NA 和 NB 才能从 A_{OUT}（4 脚）和 B_{OUT}（7 脚）输出。为此首先要满足欠电压封锁和关机保护未动作的条件，另外 SRA 和 SRB 的 Q 应为高电平，后者受限流电路控制。PWM 信号的时序图如图 7 - 17 所示。

③限流控制

在图 7 - 18 中，利用 R_s 作为电动机电流的检测电阻，检测信号从 12 和 13 脚输入。比较器 CL 设有 200 mV 的阈值，当电动机电流增大而使 R_s 上的电压达到这个阈值时，CL 输出变为高电平，令 SRA 和 SRB 复位至低电平，进而 A_{OUT} 和 B_{OUT} 变为低电平，对应于图 7 - 17

的时序图中的 t_1 时刻。锁存器 SRA 和 SRB 分别在三角波的最大值和最小值(对应图中的 t_2 和 t_3 时刻)时再返回高电平。这种每周期一次的限流方法十分快速和有效。

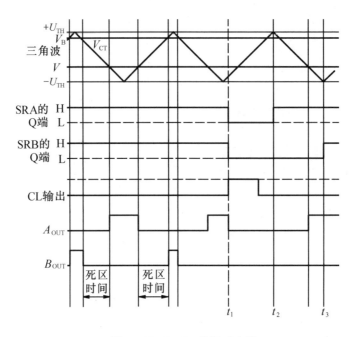

图 7-17　PWM 信号时序图

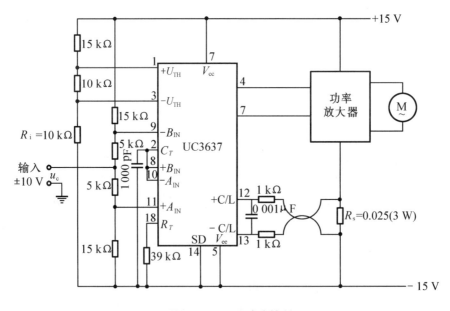

图 7-18　开环速度控制

④欠电压封锁和关机控制

UC3637 内部的欠电压封锁电路,在电源电压 V_{cc} 低于 +4.15 V 时作用,输出 A_{OUT}、B_{OUT} 锁为低电平。

关机控制比较器 CS 的反相输入端内接电压($V_{cc} = 2.5$ V),同时输入端接 14 脚。在 14

脚外接适当电平来控制电动机的启停,或延时启动、其他保护控制。

⑤误差放大器

独立的误差放大器是一个高速运算放大器,典型带宽为 1 MHz,有低输出阻抗,可在闭环速度控制中作为速度调节器使用。

3. 应用示例

(1)直流电动机开环速度控制

控制图如图 7-18 所示。参照比较器外电路连接图(图 7-15),外电路参数可由下列设定条件进行计算:

电源电压为 V_{cc},V_{ee};

控制电压 U_c 的最大值为 U_{cmax},在此电压输入时,输出应达到 100% 占空比;

控制的输入阻抗为 R_i;

$$a = U_{ref}/U_{TH}$$

计算公式是

$$R_3 = \frac{2R_i V_{cc}\left(1 + \dfrac{1}{a}\right)}{U_{cmax} + V_{cc}\left(1 + \dfrac{1}{a}\right)}$$

由

$$R_i = \frac{R_3 + R_4}{2}$$

取

$$R_1 = R_3$$

得

$$R_4 = 2R_i - R_3$$

又

$$U_A = \frac{V_{cc}R_4}{2R_i}$$

$$U_{TH} = \frac{U_{ref}}{a}$$

$$R_2 = 2R_3 \frac{U_{TH}}{V_{cc} - U_{TH}}$$

取 PWM 定时电路充电电流为 0.5 mA,则有

$$R_T = \frac{V_{cc} + U_{TH}}{0.000\,5}$$

$$C_T = \frac{0.000\,5}{4f_T U_{TH}}$$

式中 f_T 为 PWM 频率。由允许电动机最大电流 I_{max} 决定 R_s,即

$$R_s = \frac{0.2}{I_{max}}$$

对于图 7-18 所示的开环控制系统,要求

$$V_{cc} = 15 \text{ V},V_{ee} = -15 \text{ V}$$

$$U_{cmax} = \pm 10 \text{ V} \quad R_i = 10 \text{ k}\Omega$$

PWM 频率 $\qquad\qquad\qquad f = 30$ kHz

限流 $\qquad\qquad\qquad I_{max} = 8$ A

取 $\qquad\qquad\qquad a = 1$

计算得
$$R_3 = \frac{2 \times 10^4 \times 15 \times 2}{10 + 15 \times 2} = 15 \text{ k}\Omega$$

$$R_4 = 2 \times 10^4 - 15 \times 10^3 = 5 \text{ k}\Omega$$

$$U_{\text{ref}} = \frac{15 \times 5 \times 10^3}{2 \times 10^4} = 3.75 \text{ V}$$

$$U_{\text{TH}} = 3.75 \text{ V}$$

$$R_2 = (2 \times 15 \times 10^3) \times \frac{3.75}{15 - 3.75} = 10 \text{ k}\Omega$$

$$R_T = \frac{15 + 3.75}{0.0005} = 37.5 \text{ k}\Omega$$

$$R_1 = R_3 = 15 \text{ k}\Omega$$

$$C_T = \frac{0.0005}{4 \times 30 \times 10^3 \times 3.75} = 1.11 \times 10^{-3} \text{ }\mu\text{F}$$

取
$$C_T = 1000 \text{ pF} \quad R_T = 39 \text{ k}\Omega$$

此时
$$f_T = 32 \text{ kHz}$$

$$R_s = \frac{0.2}{8} = 0.025 \text{ }\Omega$$

图中功率放大器常用 H 桥开关放大器。

(2)直流电动机–测速发电机闭环控制

利用 UC3637 内部误差放大器 EA,测速发电机速度电压信号经滤波后与速度指令电压比较,误差经放大和校正后作为控制电压 U_c。UC3637 的 A_{OUT} 和 B_{OUT} 供给 H 桥开关功率放大器,它由四个 MOSFET 构成。控制电路如图 7–19 所示。

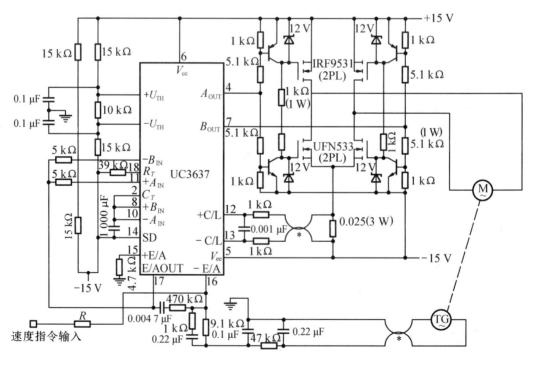

图 7–19　闭环速度控制

7.2.4　L298 双 H 桥驱动芯片

在 H 桥驱动电路中,各开关管开通与关断都有一定延迟时间。虽然控制信号可以在逻辑上保证一侧桥臂的控制信号反相,但当一只开关管未关闭,另一只开关管已导通时,就会出现上、下桥臂直通的短路事故。为了避免这种现象,一般的 PWM 信号发生芯片都能调节死区时间,使得一侧桥臂两只开关管不会出现直通的现象。专用的 H 桥驱动电路本身也有这种保护,即在每只管开关交替时,增加一个延迟时间。

L298 是一种典型的双 H 桥直流电机驱动芯片,共有 15 个引脚,芯片主要特性如下:

①额定电流 4 A,电源电压最大 36 V;

②逻辑电平最高电压 7 V;

③可实现直流电动机的单极性和双极性控制;

④内置超温保护电路;

⑤内部逻辑保证不发生上、下桥臂直通的现象。

其功能框图如图 7－20 所示,引脚功能如表 7－1 所示。

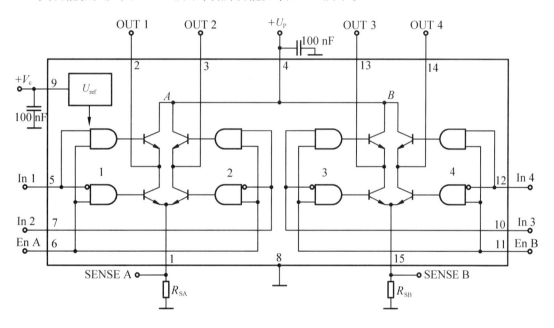

图 7－20　L298 内部结构原理图

表 7－1　L298 引脚功能

引脚	名称	功　　能
1;15	Sense A;Sense B	在这两个引脚与地之间串入一个电阻可以检测负载电流实现电流的控制
2;3	OUT 1;OUT 2	A 桥的输出,接负载,负载电流由 1 脚流出
4	U_P	功率供电电源,在该引脚与地之间要并联一个 100 nF 的电容
5;7	Input 1;Input 2	A 桥的控制信号输入端与 TTL 电平兼容

表 7-1(续)

引脚	名称	功　　能
6;7	Enable A;Enable B	A桥与B桥使能,当为低电平时,对应的桥不工作,与TTL电平兼容
8	GND	地
9	U_c	逻辑供电电源,要在该引脚与地之间并联一个100 nF电容,+5 V
10;12	Input 3;Input 4	B桥的控制信号输入端,与TTL电平兼容
13;14	OUT 3;OUT 4	B桥的输出,接负载,负载电流由15脚流出

图 7-21 为一简单的电动机正反转控制电路,控制逻辑关系如表 7-2 所示。

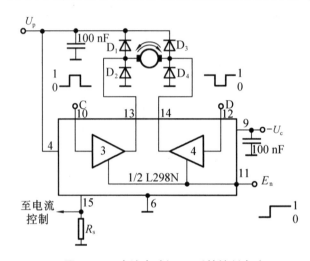

图 7-21　直流电动机正/反转控制电路

表7-2　控制逻辑关系

输　入		功能
E_n =H	C=H;D=L	右转
	C=H;D=H	左转
	C=D	急停
E_n =L	C=X;D=C	自由停车

注: L=Low;H=High。

当负载电流较大时,也可以将两路并联使用,这时应使 OUT 1 与 OUT 4 并联,OUT 2 与 OUT 3 并联,如图 7-22 所示。它是用单电压电源(24 V)和用 L298 集成的 H 桥功率放大器组成。和上例一样它也是适用于双向速度控制。由 UC3637 与 L298 构成闭环速度控制的实例如图 7-23 所示。

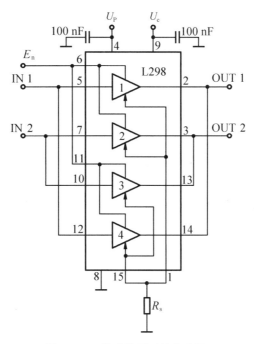

图 7-22　并联使用时的电路图

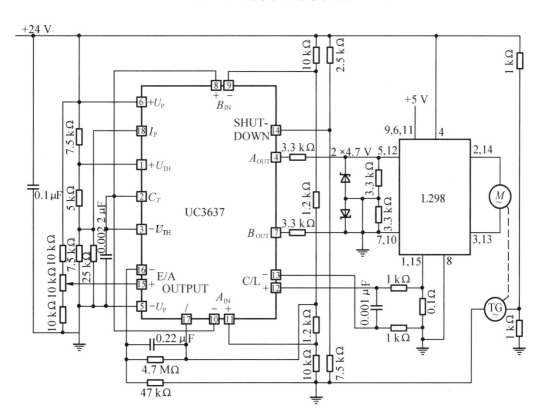

图 7-23　用单电源的闭环速度控制

7.3 直流电动机运动检测

上一节介绍了直流电动机的控制电路,能够实现电动机的正反转。然而在很多应用场合,往往需要对电动机的速度和位置进行控制,为了实现电动机的速度控制和位置控制,需要采用伺服控制技术。电动机的速度伺服系统由比较器、控制器、驱动器、传感器和变换电路组成,系统框图如图 7 - 24 所示,其中传感器用于检测电动机的转速,常用的传感器有编码器、测速发电机、旋转变压器等。

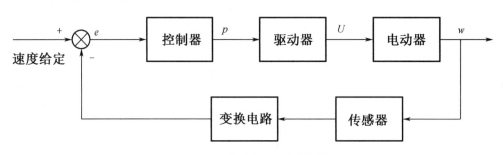

图 7 - 24   电动机速度伺服系统

7.3.1   编码器

编码器是将旋转体或直线移动体的速度或位置的两种信息用脉冲电压输出的传感器。编码器需要由外部供给直流电压,一般是直流 5 V 或 12 V。

根据检测原理,编码器可分为光学式、磁力式、感应式和电容式。根据其刻度方法及信号输出形式,可分为增量式、绝对式以及混合式三种。根据编码器信号输出形式可以分为电压输出、集电极开路输出、线驱动输出、互补型输出和推挽式输出。

增量式光电编码器是目前应用最多的传感器,主要由光栅板和光电检测装置组成,如图 7 - 25 所示。光栅板是在一定直径的圆板上等间隔地开通若干个长方形孔。由于光电编码器与电动机同轴,电动机旋转时,光栅板与电动机同速旋转,经发光二极管、光敏元件等组成的检测装置输出若干脉冲信号,通过计算每秒光电编码器输出脉冲的个数就能反映当前电动机的转速。此外为判断旋转方向,码盘还可提供相位相差 90°的 A,B 两路脉冲信号。根据 A,B 两路脉冲,经处理电路可得到被测轴的转角或速度信息。有的编码器具有 z 相脉冲,称为"每转脉冲",用于产生旋转的基准点。增量式光电编码器输出信号波形如图 7 - 26 所示。

增量式编码器的基本参数包括以下几项。

(1)分辨率

光电编码器的分辨率是以编码器轴转动一周所产生的脉冲个数来表示,即脉冲数/转数(PPR)。码盘上的透光缝隙的数目等于编码器的分辨率,码盘上刻的缝隙越多,编码器的分辨率就越高。在工业电气传动中根据不同的应用对象,可选择分辨率通常在 500 ~ 6 000 PPR 的增量式光电编码器,最高可以达到几万 PPR。

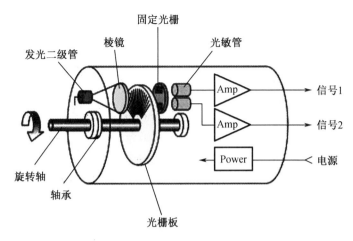

图 7-25 增量式光电编码器结构示意图

（2）精度

精度通常用角度、角分或角秒来表示。编码器的精度与码盘透光缝隙的加工质量、码盘的制造精度因素有关,与分辨率完全无关,也与安装技术有关。

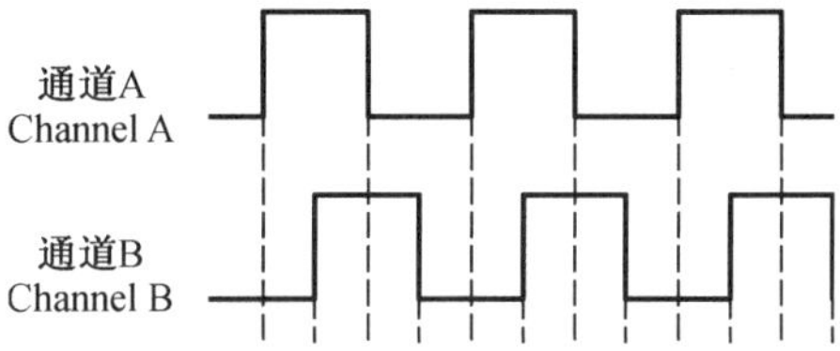

（3）输出信号稳定性

输出信号稳定性是指在实际运行条件下,保持规定精度的能力。影响编码器输出信号稳定性的主要因素是温度造成的漂移、外界施加的变形力以及光源特性的变化。

图 7-26 增量式光电编码器输出信号波形

（4）响应频率

编码器输出的响应频率取决于光电检测器件、电子处理线路的响应速度。每一种编码器在其分辨率一定的情况下,它的最高转速也是一定,即它的响应频率受限制。

增量式光电编码器的优点:原理构造简单、易于实现;机械平均寿命长,可达到几万小时以上;分辨率高;抗干扰能力较强,信号传输距离较长,可靠性较高;其缺点是它无法给出绝对位置,在停电或故障停车后无法找到事故前执行部件的正确位置,而绝对式光电编码器可以避免上述缺点。

绝对式光电编码器的基本原理及组成部件与增量式光电编码器基本相同,不同之处在于光栅板沿直径方向有若干同心码道,不同位置输出的值不同。绝对式光电编码器输出值采用自然二进制、循环二进制(格雷码)、二-十进制等编码。它的特点:可以直接读出角度坐标的绝对值;没有累积误差;电源切除后位置信息不会丢失;编码器的精度取决于位数;最高运转速度比增量式光电编码器高。

7.3.2 旋转变压器

旋转变压器是一种电磁式传感器和精密测位用的机电元件,其原理与变压器类似,又称同步分解器。当变压器的一次侧加励磁电压时,它的输出信号与转子转角成某种函数关系,因此也是一种测量角度用的小型交流电动机。它具有结构简单,工作可靠的优点,且精度能满足一般的检测要求,属于自动控制系统中的精密感应式微电机,在伺服系统、数据传输系统和随动系统中得到了广泛的应用。

1. 旋转变压器的类型和用途

旋转变压器按其在控制系统中的不同用途可分为计算用旋转变压器和数据传输用旋转变压器两类。

按照输出电压和转子转角间的函数关系,旋转变压器主要可以分为:正余弦旋转变压器和线性旋转变压器、比例式旋转变压器、矢量旋转变压器及特殊函数旋转变压器,其中正余弦旋转变压器的输出电压与转子转角成正余弦函数关系。线性旋转变压器的输出电压与转子转角在一定范围内成正比。比例式旋转变压器在结构上增加了一个锁定转子位置的装置。

按极对数的多少来分,可将旋转变压器分为单对极和多对极两种。采用多对极是为了提高系统的精度。若按有无电刷和滑环间的滑动接触来分类,旋转变压器可分为接触式和无接触式两大类。

2. 旋转变压器工作原理

旋转变压器的典型结构与一般绕线式异步电动机相似,由定子和转子两大部分组成,每一大部分又有自己的电磁场部分和机械部分。定子和转子之间是均匀的气隙磁场。正余弦旋转变压器的工作原理如图 7 – 27 所示。

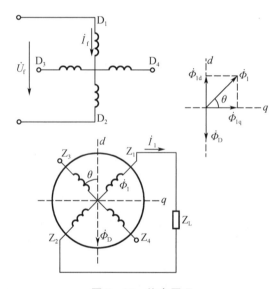

图 7 – 27 旋变原理

定转子电磁部分由可导电的绕组和能导磁的铁芯组成。旋转变压器的定子绕组和转子绕组各有空间上相差 90° 的两套绕组。两套定子绕组分别称为定义励磁绕组(D_1D_2)和定子交轴绕组(D_3D_4),这两套绕组结构上完全相同,都布置在定子槽中。两套转子绕组分别是正弦输出绕组(Z_1Z_2)和余弦输出绕组(Z_3Z_4)。定子绕组通过固定在壳体上的接线柱直接引出,转子绕组的引出方式分为有刷和无刷两种方式。有刷式特点是结构简单、体积小,但可靠性差、寿命短。无刷式通常在旋转变压器转子和定子上分别安装环形变压器的一次侧和二次侧绕组,一次侧绕组和转子绕组相连,通过电磁耦合作用,由二次侧绕组输出电信号,这样可提高旋转变压器的可靠性和使用寿命,但增加了体积、质量和成本。对于偏转角有限的旋转变压器转子绕组通过软绝缘导线或弹性卷带型引线直接引出。

定转子的铁芯由导磁性能良好的硅钢片叠压而成,为提高精度,通常采用铁镍软磁合金或高硅电工钢等高磁导率材料。定子硅钢片内圆处冲有一定数量的规定槽形,用以嵌放定子绕组。定子铁芯外圆与机壳内圆过盈配合,转子铁芯内圆是和转轴铁芯挡圈过盈配合。

如图 7 – 27 所示,将定子绕组 D_1、D_2 之间加交流励磁电压 $\dot{U}_f$。设励磁绕组的轴线方向为 d 轴,那么气隙中将产生一个脉振磁通 $\dot{\Phi}_d$,其轴线在定子励磁绕组的轴线上。磁通 $\dot{\Phi}_d$ 将在转子的两个输出绕组中感应出电势,电势的有效值与对应绕组的位置有关。设转子输出绕组轴线与定子励磁绕组轴线重合时,感应电势有效值为 E。当余弦输出绕组 Z_3Z_4 轴线与 d 轴夹角为 θ,则正、余弦输出绕组中感应电势为

$$\begin{cases} E_1 = E \cdot \sin \theta \\ E_2 = E \cdot \cos \theta \end{cases}$$

若磁通 $\dot{\Phi}_d$ 在励磁绕组 D_1D_2 中感应的电势为 E_f,旋转变压器的变比为 $k_u = E/E_f$,忽略定子励磁绕组的电阻和漏电抗,则有 $E_f = U_f$,得

$$\begin{cases} U_1 = k_u U_f \cdot \sin \theta \\ U_2 = k_u U_f \cdot \cos \theta \end{cases}$$

当旋转变压器输出绕组接入负载阻抗 Z_L 后,其输出电压随转角的变化将会偏离正弦关系,负载电流越大,偏离的越多,这种现象称为输出特性畸变。消除畸变的方法有副边补偿和原边补偿。

7.3.3 测速发电机

测速发电机是将旋转体的转速用电压值输出的发电机,是靠旋转发出电压,所以不需要从外部供电。按照输出信号的形式,测速发电机可分为直流测速发电机和交流测速发电机两大类。

1. 直流测速发电机

直流测速发电机主要用于直流伺服电机的转速检测传感器,其内部构造与永磁型直流电机相同。发出的电压大小由绕组的匝数决定,也和测速发电机的转速成正比。直流测速发电机按励磁方式可分为电磁式和永磁式两种。

(1)电磁式直流测速发电机:表示符号如图 7 – 28(a)所示。定子常为两极,励磁绕组由外部直流电源供电,通电时产生磁场。

(2)永磁式直流测速发电机:表示符号如图 7 – 28(b)所示。定子磁极由永久磁钢制成。由于没有励磁绕组,所以可省去励磁电源。它具有结构简单、使用方便等特点,近年来发展较快。其缺点是永磁材料价格较贵,受机械振动影响易发生不同程度的退磁。为防止永磁式直流测速发电机的特性变坏,必须选用矫顽力较高的永磁材料。

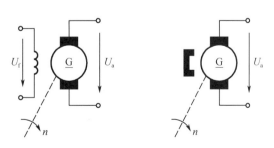

图 7 – 28 直流测速发电机

(a)电磁式;(b)永磁式

2. 交流测速发电机

交流测速发电机包括同步和异步两种。交流异步测速发电机又分为空心杯转子异步测速发电机、笼型转子异步测速发电机两种。

(1)同步测速发电机:同步测速发电机又分为永磁式、感应子式和脉冲式3种。由于同步测速发电机感应电动势的频率随转速变化,致使负载阻抗和发电机本身的阻抗均随转速而变化,所以在自动控制系统中较少采用,主要供转述的直接测量用。

(2)空心杯转子异步测速发电机:由内定子、外定子以及在他们之间的气隙中转动的杯形转子所组成。励磁绕组、输出绕组嵌在定子上,彼此在空间相差90°电角度,杯形转子由非磁性材料制成,其输出绕组中感应电动势大小正比于杯形转子的转速。输出频率和励磁电压频率相同,与转速无关。反转时输出电压相位与正转时相反。杯形转子是传递信号的关键,其质量好坏对性能起很大作用。由于其技术性能比其他类型交流测速发电机优越,结构不很复杂,同时噪声低,无干扰,体积小,是目前应用最为广泛的一种交流测速发电机。

(3)笼型转子异步测速发电机:与交流伺服电动机相似,输出线性度较差,仅用于要求不高的场合。

3. 测速发电机的基本要求

作为自动控制系统的常用元件,自控系统一般要求测速发电机有精确度高、灵敏度高、可靠性高等特点。具体要求:(1)输出电压与转速成线性关系;(2)温度变化对输出特性的影响小;(3)输出电压的斜率特性好,即转速变化所引起的输出电压的变化灵敏;(4)剩余电压(转速为零时的输出电压)小;(5)输出电压的极性或相位能够反映被测对象的转向;(6)摩擦转矩和惯性小。

在实际应用中对测速发电机的要求因自控系统特点不同又各有侧重,如作为解算元件时,对线性误差、温度误差和剩余电压等都有较高要求,一般允许在千分之几到万分之几的范围内,但对输出电压的斜率要求却不高。作为校正元件时,对线性误差等精度指标要求不高,而要求输出电压的斜率要大。

选用测速发电机时,应根据系统的频率、电压、工作速度范围和在系统中所起的作用来选。如用作解算元件时考虑线性误差要小、输出电压稳定性要好,用作一般速度检测或阻尼元件时灵敏度要高,对要求快速响应的系统则应选择转动惯量小的测速发电机等。

当使用直流或交流测速发电机都能满足系统要求时,则需考虑它们的优缺点,全面权衡,合理选用。

4. 应用举例

测速发电机在自动控制系统和计算装置中应用非常广泛。在转速闭环调节系统中,测速发电机作为测速元件构成转速负反馈闭环调节系统,达到改善系统调速性能的目的。

图7-29为转速闭环调节系统的原理图,测速发电机耦合在电动机轴上,其输出电压作为转速反馈信号。送回到放大器的输入端。调解转速给定电压,系统可达到所要求的转速度。当电动机的转速,由于某种原因(负载转矩增大)减小,此时测速发电机的输出电压减小,转速给定电压和测速反馈电压的差值增大。差值电压信号经放大器放大后,使电动机的电压增大,电动机开始加速,测速机输出的反馈电压增加,差值电压信号减小。直到近似达到所要求的转速为止。

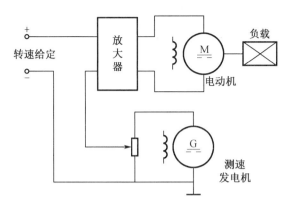

图 7 - 29　转速闭环调节系统的原理图

7.4　应 用 实 例

7.4.1　移动机器人中的直流驱动模块

移动机器人的底盘移动机构采用两轮差速驱动方式,由直流电动机经减速器连接驱动轮运动,控制方框图如图 7 - 30 所示。控制系统采用上下位机形式,上下位机均采用 ARM 控制,主 ARM 根据任务规划运动路径,得到底盘两个差速轮的运动速度,发送给从 ARM 控制车轮运动。

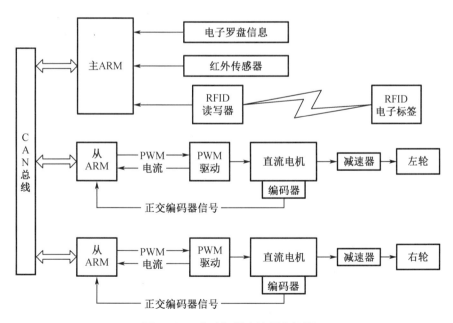

图 7 - 30　移动机器人控制方框图

从 ARM 输出的 PWM 信号为相位相反的两路信号,为了防止功率驱动部分对数字控制系统部分的干扰,可用高速光电耦合器来隔离数字控制端和功率控制端,提高系统的抗干扰性能。PWM 信号经过光耦隔离、功率放大后,按一定的时序送给 H 桥的 4 个功率管,驱动电机运动。控制系统方框图如图 7 - 31 所示。该电路可实现四象限运行,当 PWM 信号占空比发生变化时,输出电压会发生变化,从而实现电机的调速。

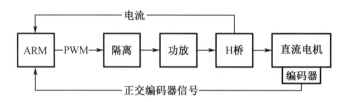

图 7 - 31　单个电机控制方框图

1. 直流电机驱动电路的设计

图 7 - 32 和图 7 - 33 分别为 H 桥控制电路和 H 桥驱动电路,PWM 信号隔离芯片选用 6N137,H 桥驱动芯片选用 IR2112S,通过 H 桥驱动芯片 13 脚使能端可以主动控制 H 桥的工作状态。电机驱动电压为 DC24V,额定电流为 6 A。PWM 电机驱动主要步骤包括:①产生 PWM 控制信号;②PWM 信号隔离;③H 桥控制信号产生;④H 桥单桥臂导通,电机开始动作。

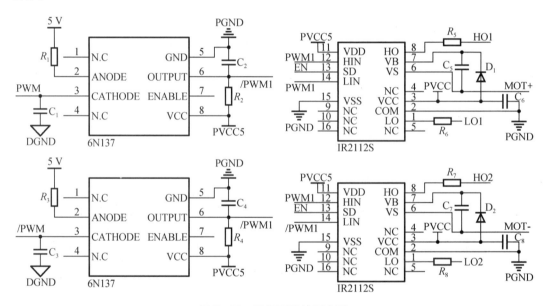

图 7 - 32　H 桥驱动控制电路

(1)PWM 信号由从 ARM 产生,PWM 信号占空比从 50% 增大至 100%,对应驱动电路加载到电机两端电压从 0 V 增加至 24 V;PWM 信号占空比从 50% 减小至 0%,对应驱动电路加载至电机两端的电压从 0 V 减小至 - 24 V。实际由于电路板加工质量,元器件质量缺陷和电磁干扰等因素和 PWM 死区的影响,需要对 PWM 限幅,防止电压突变。

(2)PWM 信号隔离主要是用于提高系统的抗干扰能力,系统控制电路设计过程中,功率电路部分与数字电路、模拟电路部分进行隔离,以减小功率电路对数字信号的影响,PWM 信号隔离采用 6N137 高速隔离光耦,隔离输出信号增加上拉电阻,提高其驱动能力。

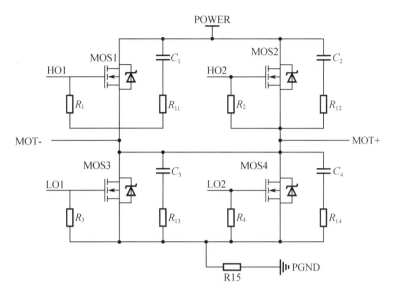

图 7 – 33　H 桥驱动电路

（3）H 桥控制信号是由 IR211S 推挽式 H 桥驱动器芯片及其外围电路产生,经过推挽式驱动器电平平移之后输出 H 桥控制信号,作用于 H 桥内 4 个 MOSFET 管 IRF3808 的 G 极。IRF3808 具有输出功率大,导通电阻小,电机工作时 MOS 管功耗小,有利于提高 H 桥驱动效率。

（4）H 桥导通,电机动作。同一时刻 H 桥只有一路导通,否则会出现电源与地短路烧毁驱动电路的情况。

当机器人遇到障碍无法继续移动时,电机出现堵转现象,此时通过电机的电流会快速增大,需要考虑过流保护。图 7 – 33 中电阻 R_{13} 为电流采样电阻,当电流超过允许值后,采样电压 U_{sam6} 通过过流保护电路处理,输出一个高电平使能信号,作用与 H 桥驱动芯片 IR2112S 的使能端 13 脚,经 IR2112S 内部反向器作用,使其输出电压快速降低,关断 MOS 管,从而达到减小电流的目的。

2. 编码器检测电路

移动机器人选用的直流电机尾部均集成了正交编码器,输出相位相差 90° 的 A、B 两路方波信号,直流电机一转输出 500 个脉冲。编码器的检测电路如图 7 – 34 所示,编码器的输出信号经钳位二极管后与 ARM 芯片的编码器信号采集引脚相连(ARM 芯片中定时器具有编码器接口模式)。

增量式编码器的 A、B 两相输入对应定时器在编码器接口模式下的计数器接口 TI1、TI2。表 7 – 2 表明了计数器的计数方向和编码器输入信号之间的关系,在该逻辑关系下当编码器同时在 TI1 和 TI2 上计数时,计数情况如图 7 – 35 所示。由图中可知电机轴旋转一周,编码器对应着 4 种状态,每次状态转换都会对应一次计数,所以编码器的计数实现了 4 倍频,且当电机的转向发生变化时计数器的计数方向会发生变化,以此来判断电机转向的变化。

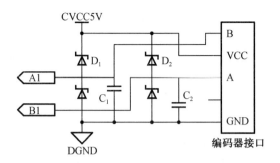

图 7 - 34 编码器检测电路

表 7 - 2 计数方向与编码器信号的关系

有效边沿	相对信号的电平 （TI1FP1 对应 TI2， TI2FP2 对应 TI1）	TI1FP1 信号		TI2FP2 信号	
		上升	下降	上升	下降
仅在 TI1 计数	高	向下计数	向上计数	不计数	不计数
	低	向上计数	向下计数	不计数	不计数
仅在 TI2 计数	高	不计数	不计数	向上计数	向下计数
	低	不计数	不计数	向下计数	向上计数
在 TI1 和 TI2 上计数	高	向下计数	向上计数	向上计数	向下计数
	低	向上计数	向下计数	向下计数	向上计数

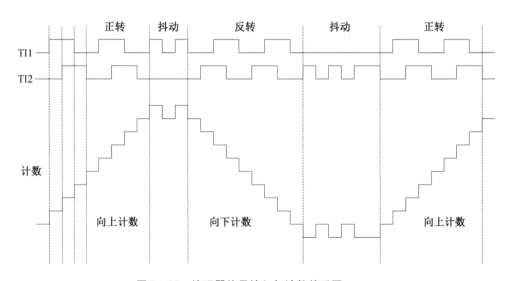

图 7 - 35 编码器信号输入与计数关系图

7.4.2　直流伺服电动机集成驱动电路

开发一个电动机控制驱动器是一项烦琐的工作。过去用逻辑集成电路、比较器、晶体管、二极管等电子元器件装配在一个面板上,并使用分立的 MOSFET 或绝栅双极管连接成的一个 H 桥或半桥输出电路。这种方法设计的驱动器存在设计周期长、电路复杂、稳定性差、效率低等缺点。随着集成电路的发展,对于小功率直流电动机的驱动,各国半导体厂商纷纷推出大量的直流电动机驱动专用集成电路,如美国 Silicon General 公司生产的半桥单片集成电路 SG1635、意大利 SGS 公司生产的全桥驱动芯片 L292、L298、LDM18200 等。下面以 LDM18200 为例介绍直流电机的驱动。

LMD18200 是美国国家半导体公司推出的专用于运动控制的 H 桥组件。同一芯片上集成有 CMOS 控制电路和 DMOS 功率器件,峰值输出电流高达 6 A ,连续输出电流达 3 A,工作电压高达 55 V ,还具有温度报警和过热与短路保护功能。主要应用于位置控制、速度控制、工业机器人和各种数控设备都需要直流电机和步进电机。

LMD18200 的原理图如图 7 – 36 所示,其内部集成了四个 DMOS 管,组成一个标准的 H 型驱动桥。通过充电泵电路为上桥臂的 2 个开关管提供栅极控制电压,充电泵电路由一个 300 kHz 左右的振荡器控制,使充电泵电容可以充至 14 V 左右,典型上升时间是 20 μs,适于 1 kHz 左右的频率。可在引脚 1、11 外接电容形成第二个充电泵电路,外接电容越大,向开关管栅极输入的电容充电速度越快,电压上升的时间越短,工作频率可以更高。引脚 2、10 接直流电机电枢,正转时电流的方向应该从引脚 2 到引脚 10,反转时电流的方向应该从引脚 10 到引脚 2。电流检测输出引脚 8 可以接一个对地电阻,通过电阻来检测输出过流情况。内部保护电路设置的过电流阈值为 10 A,当超过该值时会自动封锁输出,并周期性的自动恢复输出。如果过电流持续时间较长,过热保护将关闭整个输出。过热信号还可通过引脚 9 输出,当结温达到 145 度时引脚 9 有输出信号。

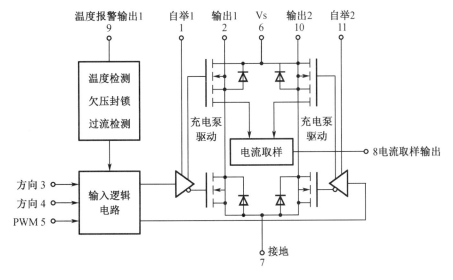

图 7 – 36　LMD18200 内部原理图

　　PWM 信号、转向信号、刹车信号三者的配合使用关系如表 7-3 所示。

表 7-3　逻辑真值表

PWM	转向	刹车	实际输入驱动电流
H	H	L	流出 1,流入 2
H	L	L	流入 1,流出 2
L	X	L	流出 1,流出 2
H	H	H	流出 1,流出 2
H	L	H	流入 1,流入 2
L	X	H	无

　　本例给出针对单极性 PWM 控制方式,电源电压为 24 V 的直流伺服电机的驱动电路。设计总电路图如图 7-37 所示。

　　主控制器发出的转向信号和 PWM 信号理论上可以直接控制 LMD18200 来驱动电机,但是这种方法设计的驱动器的强电和弱电共地。这样强电就可能干扰弱电信号,影响控制的可靠性,同时可能由于短路导致主控制器被烧坏。为了避免这些不足,这里采用光隔电路来隔离强电与弱电。PWM 信号频率较高,我们使用高速光耦 HCPL2631;转向信号频率较低,我们使用低速光耦 TP521-4。脚 3 接转向信号,脚 5 接 PWM 信号,脚 4 接地。当脚 3 信号输入是高电平时,驱动器电流从脚 2 流入脚 10,电机正转;为低电平时电流则从脚 10 流入脚 2,电机反转。PWM 信号的占空比与电机转速成正比关系。由于该驱动器是开环的、纯粹的功率放大器。在没有主控板时,该驱动器不能够工作,可以在该驱动器上加上控制芯片,设计成闭环控制系统。

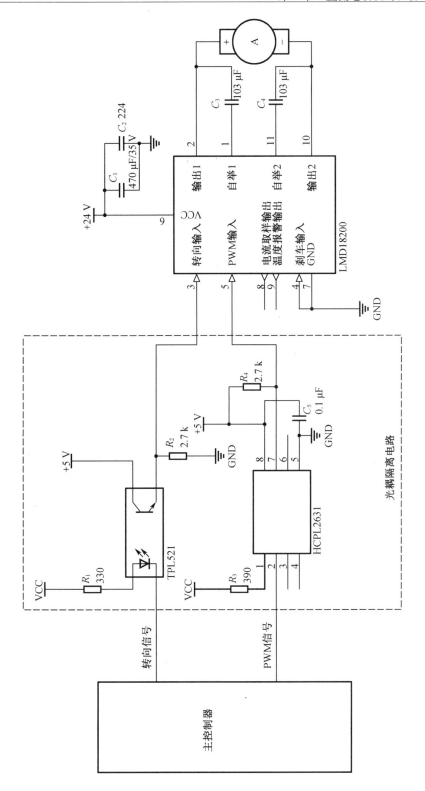

图7.37 直流电机驱动电路图

习　题

7-1　直流电动机分哪几类？

7-2　说明图 7-6 的限流电路的工作原理。

7-3　简要说明 PWM 调速的工作原理。

7-4　双极式 PWM 变换器有哪些优点？

7-5　UC3637 直流电动机双 PWM 控制器有哪些功能？

7-6　说明图 7-21 电路的工作原理。

第8章 步进电机的驱动与控制

由于步进电动机具有控制方便、体积小等优点,因此在智能仪表和位置控制中得到了广泛的应用。随着近年大规模集成电路的发展,市场上有许多性能优良的步进电动机集成控制电路,而由分立元件构成的控制电路,则很少采用。本章在介绍步进电动机的基本工作原理的基础上,重点介绍由专用集成芯片构成的步进电动机控制及驱动电路。

8.1 概 述

步进电动机是一种将电脉冲信号转换成直线或角位移的执行元件。对这种电动机施加一个电脉冲后,其转轴就转过一个角度,称为一步;脉冲数增加,直线或角位移随之增加。脉冲频率高,则步进电动机的旋转速度就高;脉冲频率低,则步进电动机的旋转速度就低;分配脉冲的相序改变后,步进电动机的转向随之而变。步进电动机的运动状态与通常均匀旋转的电动机有一定的差别,它以步进的形式运动,故称其为步进电动机。从电动机绕组所加的电源形式来看,与一般交流和直流电动机也有区别,既不是正弦波,也不是恒定直流,而是脉冲电压,所以有时也称之为脉冲电动机。

步进电动机是受其输入信号,即一系列的脉冲信号控制而动作。脉冲发生器所产生的脉冲信号,通过环形分配器按一定的顺序加到电动机各相绕组上。为使电动机能够输出足够的功率,经环形分配器产生的脉冲信号还需进行功率放大。环形分配器、功率放大器以及其他控制线路组合称为步进电动机的驱动电源,它对步进电动机的控制来说是不可缺少的一部分。

步进电动机的特点,归纳起来主要有以下方面。

①步距值不受各种干扰因素的影响,如电压的大小、电流的数值和波形、温度的变化等等。简而言之转子运动的速度主要取决于脉冲信号的频率,而转子运动的总位移量取决于总的脉冲个数。

②误差不长期积累。步进电动机每走一步所转过的角度与理论步距值之间总有一定的误差。从某一步到任何一步,即走任意一定的步数以后,也总是有一定的累积误差,但是每转一圈的累积误差为零,所以步距的误差不长期积累。

③控制性能好。启动、停车、反转及其他任何运行方式的改变,都在少数脉冲内完成。在一定的频率范围内运行时,任何运行方式都不会丢失一步。

④可以用数字信号直接进行开环控制,整个系统简单廉价。位移与输入脉冲信号的个数相对应,可以组成结构较为简单而又具有一定精度的开环控制系统,也可在要求更高精度时组成闭环控制系统。

⑤无刷,电动机本体部件少,可靠性高。

⑥停止时可有自锁能力。

⑦步距角选择范围大,可在几十角分至180°大范围内选择。在小步距情况下,通常可以在超低速下高转矩稳定运行,通常可以不经减速器直接驱动负载。

⑧速度可在相当宽范围内平滑调节。用一台控制器可以同时控制几台步进电动机,可使它们完全同步运行。

⑨步进电动机带惯性负载的能力较差。

⑩由于存在失步和共振,因此步进电动机的加减速方法根据使用状态的不同而不同,会使其控制复杂化。

⑪不能直接使用普通的交直流电源驱动。

8.1.1 三相步进电动机工作原理

图 8−1 为最常见的一种小步距角三相反应式步进电动机的剖面示意图。电动机的定子上有六个等分的磁极,相邻两个磁极间的夹角为 60°,磁极上面装有控制绕组并联成 A、B、C 三相。转子上均匀分布 4 个齿,每个齿的齿距为 90°,而每个定子磁极的极距为 60°,所以每一个极距所占的齿距数不是整数。从图 8−2 所给出的步进电动机工作原理图中可以看出,当 A 极下的定、转子齿对齐时,B 极和 C 极下的齿就分别和转子齿相错三分之一的转子齿距,即 30°。这时若给 B 相通电,电动机中产生沿 B 极轴线方向的磁场,因磁通要按磁阻最小的路径闭合,就使转子受到反应转矩(磁阻转矩)的作用而转动,直到转子齿和 B 极上的齿对齐为止。此时 A 极和 C 极下的齿又分别与转子齿相错三分之一的转子齿距。由此可见错齿是促使步进电动机旋转的根本原因。

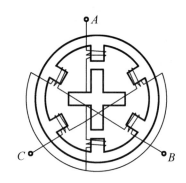

图 8−1 反应式步进电动机的结构示意图

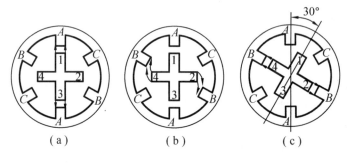

(a)　　　　　　(b)　　　　　　(c)

图 8−2 步进电动机转过一个步距角的动作示意图
(a)A 相通电时的稳定点;(b)A 相断电、B 相通电瞬间转子的受力情况;
(c)B 相通电时的稳定点

若断开 B 相控制绕组,而接通 C 相控制绕组,这时电动机中产生沿 C 极轴线方向的磁场;同理在反应转矩(磁阻转矩)的作用下,转子按顺时针方向转过 30°,使定子 C 极下的齿与转子齿对齐。依此类推,当控制绕组按 $A→B→C→A$ 顺序循环通电时,转子就沿顺时针方向以每个脉冲 30° 的规律转动起来。若改变通电顺序,即按 $A→C→B→A$ 顺序循环通电时,转子便按逆时针方向同样以每个脉冲转动 30° 的规律转动。这就是单三拍通电方式。

若采用三相六拍通电方式运行,即按 $A→AB→B→BC→C→CA→A$ 顺序循环通电,步距角将减小一半,即每个脉冲转过 15°。

以上讨论的是最简单的三相反应式步进电动机,它的步距角为 30°或 15°,在实际应用中常需要较小的步距角,因此必须把上述电动机的定子磁极和转子铁芯加工成多齿形。图 8-3 为一台小步距角的三相反应式步进电动机的原理图,它的定子上有三对磁极,每对磁极上绕有一相绕组,定子磁极上有小齿,转子齿数很多,这种形式的步进电动机的步距角可以做得很小。

设每个定子磁极上的小齿数量为 5,转子的齿数为 40,则相邻两个齿轴线之间的夹角(齿距角)为 $\theta_t = 360°/40 = 9°$,定子上的小齿轴线夹角与转子的相同。定子一个极距所占有转子齿数为 $40/(2 \times 3) = \dfrac{20}{3}$,不是整数,因此当 A 相绕组通电时,转子的齿轴线与定子磁极 A 上的齿轴线对齐,这时转子的齿轴线与定子磁极 B 上的齿轴线错开 2/3 齿距角,与定子磁极 C 错开 1/3 齿距角。当定子绕组按照 $A \rightarrow B \rightarrow C \rightarrow A$……的顺序通电时,转子沿着逆时针方向以每个脉冲 3°的规律一步一步转动起来,步距角是 3°。如果按照 $A - AB - B - BC - C - CA - A$ 的顺序通电时,转子沿着逆时针方向以每个脉冲 1.5°的规律一步一步转动起来,步距角是 1.5°。

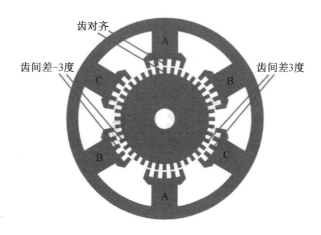

图 8-3　小步距角三相反应式步进电动机原理

8.1.2　步进电动机的主要技术性能指标

1. 步距角

$$\theta = 360°/(Z \cdot m \cdot K_s) \qquad (8-1)$$

式中　m ——步进电动机相数;

　　　Z ——转子齿数;

　　　K_s ——控制方式系数,是拍数与相数的比例系数。

厂家对于每种步进电动机给出两种步距角,彼此相差一倍。大步距角系指控制供电拍数与相数相等时的步距角;小步距角系指供电拍数是相数两倍时的步距角。

2. 齿距角

相邻两齿中心线间的夹角,通常定子和转子具有相同的齿距角。齿距角为

$$\theta_s = \frac{360°}{Z} \qquad (8-2)$$

3. 最大静转矩 M_{jmax}

当步进电动机不改变通电状态时,转子处在不动状态,即静态。如果在电动机轴上外加一个负载转矩,使转子按一定方向转过一个角度 θ_e,转子因而所受的电磁转矩 M 称为静态转矩,角度 θ_e 称为失调角。定转子间的电磁转矩随失调角 θ_e 变化情况如图8-4(a)所示。描述静态时电磁转矩 M 与 θ_e 之间关系的曲线称为矩角特性,如图8-4(b)所示。矩角特性上的电磁转矩最大值称为最大静转矩 M_{jmax}。在静态稳定区内,当外加转矩去除时,转子在电磁转矩作用下,仍能回到稳定平衡点位置($\theta_e = 0$)。

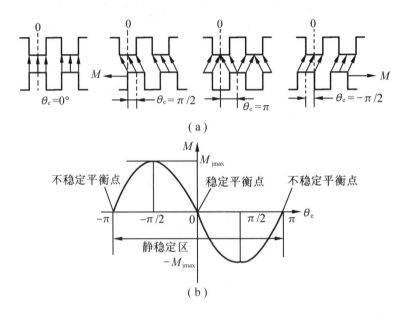

图8-4 静态矩角特性

4. 空载启动(突跳)频率

步进电动机在空载时由静止突然启动,进入不丢步正常运行的最高频率,称为启动频率或突跳频率。它是衡量步进电动机快速性能的重要技术数据。启动频率要比连续运行频率低得多,这是因为步进电动机启动时,既要克服负载力矩,又要克服运转部分的惯性矩,电动机的负担比连续运转时重。步进电动机带负载(尤其是惯性负载)的启动频率比空载的启动频率要低。

5. 启动频率特性

当步进电动机带着一定的负载转矩启动时,作用在电动机轴上的加速转矩与负载转矩并不相等。负载转矩越大,加速转矩越小,电动机就不易转起来,只有当每步有较长的加速时间(采用较低的脉冲频率)时,电动机才能启动,因此其启动频率随着负载的增加而下降。描述步进电动机启动频率与负载力矩的关系曲线称作启动频率特性。图8-5是90BF001步进电动机的启动矩频特性曲线。

6. 空载运行频率 f_{max}

步进电动机在空载启动后,能不丢步连续运行的最高脉冲频率称作运行频率 f_{max}。它也是步进电动机的重要性能指标,对于提高生产率和系统的快速性具有重要意义。

空载运行频率远大于空载启动频率,运行频率因受转动惯量的影响而比启动时大为减小。步进电动机在高速下启动或高速下制动,需要采用自动升降速控制。

运行频率因所带负载的性质和大小而异,与驱动电源也有很大关系。

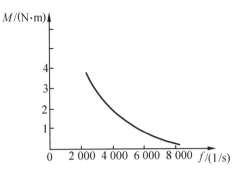

图 8 - 5　90BF001 启动矩频特性

7. 运行矩频特性

当负载不变时,运行矩频特性是描述步进电动机连续稳定运行时,输出转矩 M 与连续运行频率 f 之间的关系。它是衡量步进电机运转时承载能力的动态性能指标。矩频特性如图 8 - 6 所示。

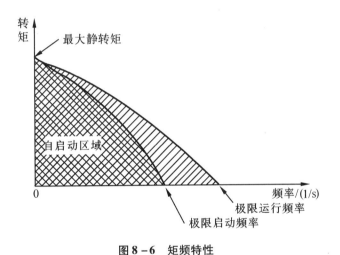

图 8 - 6　矩频特性

从图 8 - 6 可以看出,随着连续运行频率的上升,输出转矩下降,承载能力下降。因为频率越高,电动机绕组的感抗越大,使绕组中的电流波形变坏,幅值变小,从而使输出力矩下降。

8. 惯频特性

在负载力矩一定时,频率和负载惯量之间的关系称为惯频特性。惯频特性分为启动惯频特性和运行惯频特性,启动惯频特性如图 8 - 7 所示。

9. 精度

步进电动机的精度有两种表示方法,一种用步距误差最大值来表示,另一种用步距累计误差最大值来表示。最大步距误差是指电动机旋转一周内相邻两步之间最大步距和理想步距的差值,用理想步距的百分数表示。最大累计误差是指从任意位置开始经过任意步,角位移误差的最大值。

电机的共振点:步进电机均有固定的共振区域,二、四相感应子式步进电机的共振区一般在 180～250 pps 之间(步距角 1.8°)或在 400 pps 左右(步距角为 0.9°),电机驱动电压越

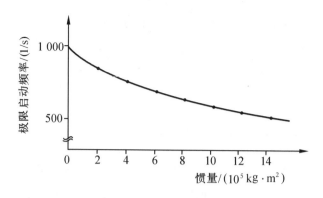

图 8 - 7　启动惯频特性

高,电机电流越大,负载越轻,电机体积越小,则共振区向上偏移,反之亦然。为使电机输出电矩大,不失步和整个系统的噪音降低,一般工作点均应偏移共振区较多。

8.1.3　步进电动机的驱动控制

1. 驱动控制器的组成

典型步进电动机控制系统如图 8 - 8 所示。变频信号源是一个脉冲频率从几赫兹到几十千赫兹可以连续变化的脉冲信号发生器,它为环形分配器提供脉冲序列。环形分配器则根据方向控制信号把脉冲信号按一定的逻辑关系加到功率放大器进行放大,以驱动步进电动机的转动。在这种控制方案中,控制步进电动机运转的时序脉冲完全由硬件产生,对于不同相数的步进电动机及同一型号电动机的不同控制方式需要不同的逻辑部件。

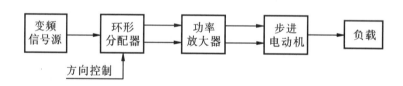

图 8 - 8　步进电动机控制框图

如果用计算机来控制步进电动机,则可以很方便地使不同相数的步进电动机按任一种可行的通电方式进行控制。典型计算机控制步进电动机系统原理框图如图 8 - 9 所示。

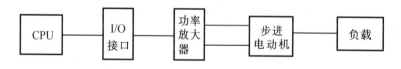

图 8 - 9　微机控制步进电动机系统框图

在这个控制系统中,计算机的主要作用是提供控制步进电动机的时序脉冲。每当步进电动机从脉冲输入端得到一个脉冲,便沿时序图所确定的方向前进一步。

2. 对驱动控制器的要求

（1）驱动控制器的相数、电压、电流和通电方式都要满足步进电动机的要求。

（2）驱动控制器的频率要满足步进电动机启动频率和连续运行频率的要求。

（3）能满足最大限度地抑制步进电动机启动频率和连续运行频率的要求。

（4）工作可靠，抗干扰能力强。

（5）成本低，效率高，安装和维护方便。

3. 驱动控制系统的分类

（1）步进电动机简单的控制过程可以通过各种逻辑电路来实现，如由门电路和触发器组成脉冲分配器。这种控制方法电路较复杂，成本高，一旦成型很难改变控制方案，缺少灵活性。

（2）由于步进电动机能直接接受数字量输入，因此特别适合微机控制。这种控制系统中，脉冲发生和脉冲分配功能可由微机软件来实现，电动机的转速也由微机来控制。采用微机控制，不仅可以用很低的成本实现复杂的控制过程，而且具有很高的灵活性，便于控制功能的升级和扩充。

（3）步进电动机的驱动控制系统还可以采用专用集成电路来构成，这种控制系统具有结构简单、性价比高的优点，在系列化产品中应该优先采用。

8.2　功率放大电路

步进电动机要拖动一定的负载做功，励磁绕组必须注入所要求的电流，于是要把从分配器输出的微弱信号进行放大。具体的放大电路要根据电动机所需的励磁电流大小来设计。

目前大功率步进电动机驱动器的末级功放使用的功率器件一般有两种：一种是可控硅元件，其特点是线路电压可以选得很高，但在高频工作时性能不够稳定；另一种是大功率晶体管，其特点是开关速度高，控制线路简单，一般中小功率驱动器均使用晶体管。

驱动电路中对步进电动机性能有明显影响的部分是输出级的结构，因此步进电动机驱动电路也往往以此来命名。我国最早采用单电压驱动器，后来逐步发展了双电压电路驱动器、恒流斩波电路驱动、调频调压和细分等新型驱动电路。

8.2.1　单电压电路

20 世纪 60 年代初期，国外就已大量使用单电压电路。此电路是一种结构最简单，实现较方便的电路形式。图 8 - 10 给出了一种最简单的单电压功率放大器。此电路就是一个反相放大器，大功率管 T 工作在开关状态，当输入高电平时 T 充分饱和导通；而在低电平输入时 T 截止。图中 L 为步进电动机某相励磁绕组的电感，R_c 为外接电阻，D 则是起泄放作用的二极管。

外接电阻是为了改善电路的高频特性而加的纯消耗性电阻，其主要作用是限制稳态电流。当控制脉

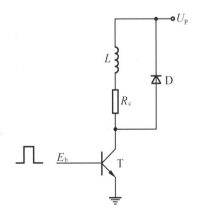

图 8 - 10　单电压电路

冲 E_b 到来时,T 导通,但感性绕组中的电流不能突变,只能按一定速度逐渐增加,其增长速度与电源电压 U_P 成正比。当电流增加到稳态值时,L 上的电压接近为零,而全部电压都加在 R_c 上,此时稳态电流 $i_L = U_P/R_c$,如图 8 - 11 所示。为提高步进电动机的高频特性,必须使绕组中电流的上升速度加快即要提高电源电压 U_P 的幅值,为保持稳态时电流不超过额定值必须相应地增加 R_c 值,此时 R_c 的功耗也相应增加使系统效率下降。可见此电路中电动机的高频性能的提高是以降低系统效率为代价。

由于步进电动机里是感性的绕组,在大功率晶体管 T 突然截止时,线圈将产生一个较高的反电势,电路中二极管 D 则是将反电势限制在电源电压 U_P 附近,从而保护大功率管不被击穿。如果在线路中二极管 D 的支路上串接一个泄放电阻 R_1,如图 8 - 12(a)所示,就能减小电路中电感放电的时间常数,使放电加快,对提高步进电动机的高频性能有利。但是它却使步进电动机的低频特性变坏,对转子的阻尼作用减弱,容易引起低频共振使运行不平稳,尤其是当二极管 D 开路时甚至会出现失步现象。

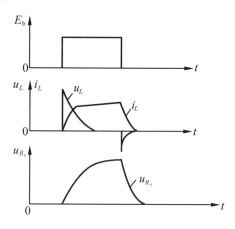

图 8 - 11 波形图

单电压电路的特点是结构简单,缺点是效率低,尤其是高频工作的步进电动机更严重。外接电阻的大功率消耗所产生的热量对驱动器正常工作极为不利,因此单电压电路常用于小功率步进电动机的驱动。

单电压电路还有一些改进形式,其一是在外接电阻上并联一个电容 C,如图 8 - 12(b)所示。并接电容的目的是为改善注入电流脉冲的前沿。当大功率管 T 导通瞬间,就有一个冲击电流注入电动机绕组,因此将明显地改善步进电

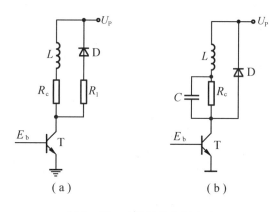

(a)　　　　　　　　(b)

图 8 - 12 改进的单电压电路

动机的高频特性,但低频时也会使振荡加剧,使低频特性变坏,因此使用时应给予足够的重视。

这种并接电容的电路的特点是在相同的电压和外接电阻条件下,能注入绕组的平均电流值增加,从某种意义上是提高了效率,因此这种并联电容的电路目前较为广泛,甚至在要求较高的场合中也有应用。

8.2.2 双电压电路

双电压电路习惯上又称为高低压电路。这种电路的特点是同时供给电动机绕组两种电压。一种是高压 U_{P1},一般设计在 80 ~ 200 V;另一种是低压 U_{P2},一般设计至 30 V。

这种电路是随着对步进电动机要求大功率和高频工作而出现,主要是加大绕组电流的注入量及注入速度,提高步进电动机的输出功率,但它并不是靠改变电路时间常数来提高电动机高频性能。

双电压电路如图 8 – 13 所示。图中 L 是步进电动机每相绕组的电感,R_c 为外接电阻,T_1 为高压开关管,T_2 为低压开关管,D_2 为泄放二极管,D_1 为隔离二极管。

其工作过程:环形分配器每相输出的脉冲信号分为两路,一路(如单电压电路中一样)直接用来控制低压开关管 T_2,在 T_2 导通时,U_{P2} 由 D_1、L、R_c、T_2 形成通路;另一路采用微分电路或单稳触发器使脉冲变窄,用来控制高压管 T_1 的导通或截止。在时间上这两路脉冲应同时到达。当两路信号的前沿同时到达时,T_1、T_2 同时导通,由于 T_1 的导通使二极管 D_1 截止,此时低电压 U_{P2} 支路无法供电,只有 U_{P1} 供电,绕组电路仅加上了 U_1 的高压。T_1 导通了 Δt 时间后截止,此时 T_2 继续导通,由 U_{P2} 供电。图 8 – 14 表示一相电路工作时,注入步进电动机绕组中的电流波形。

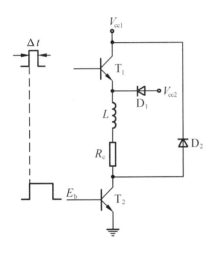

图 8 – 13　双电压电路

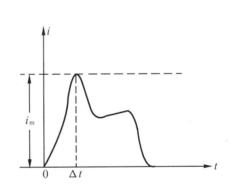

图 8 – 14　绕组电流波形

这种电路常用于大功率的驱动电源。由于高电压的冲击作用在低频工作时也存在,往往使低频时输出能量过大,造成步进电动机低频振荡加重;同时高压结束和低压工作的衔接处的电流波形呈凹形,使步进电动机的输出转矩有所下降,因此其动态性能将受到影响。

8.2.3　斩波电路

为了弥补双电压电路的高低压电流波形的凹形,避免转矩下降,常采用恒流斩波驱动电路,又称波顶补偿电路。斩波电路输出的波形如图 8 – 15 所示,其电路原理图可参见图 8 – 16。

斩波电路的工作过程:分配器输出的正脉冲使晶体管 T_1、T_2 导通,当绕组电流上升到额定值以上时,从取样电阻 R_s 上输出的电压将超过鉴幅门限,鉴幅输出低电平使与门关闭输出低电平,此时晶体管 T_1 截止;接着绕组电流下降,当降到额定值以下时,取样电阻上的电压也降低到鉴幅器门限电压以下,此时鉴幅输出变为高电平使与门再次打开,T_1 重新导通,绕组中电流又上升。这样反复进行,形成一个在额定电流上下波动呈锯齿形的电流波形,如图 8 – 15(b)所示。

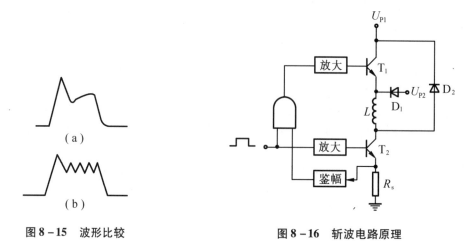

图 8 – 15 波形比较   图 8 – 16 斩波电路原理

斩波电路在结构上复杂一些,其优点:

①由于这种电路没有外接电阻 R_e,而取样电阻 R_s 又很小(一般为 0.2 Ω 左右),因此整个系统的功耗下降很多,相应提高了效率。

②由于电流波形自动调整,消除了高低压过渡时的电流下凹现象。

③对于小功率步进电动机,也可把大功率管 T_2 去掉,成为单电压电路的一种改进形式。

8.2.4 调频调压电路

上面介绍的几种功放电路都没有涉及步进电动机绕组中的电流在高频和低频时的差别,只在改善步进电动机高频特性方面采取了一些措施。这样将出现高频端步进电动机性能提高,而在低频端使主振区的振荡加剧,甚至形成失步区,因此在 20 世纪 70 年代初期发展成一种电压能随频率而变化的电路,即在低频时用低压,高频时用高压,这样既可使高频性能提高,又能避免低频可能出现的振荡,使步进电动机的频率特性曲线变得平坦。电压随频率变化可由不同方法来实现。最简单的办法是分频段调压,把步进电动机工作频段分为几段,每段工作电压不同,由此来弥补低频振荡的影响。更完善的办法是工作电压随着频率变化而成正比地变化。

图 8 – 17 为一种调频调压电路的原理图。末级功放仍是单电压的结构,只是增加了比较器和调压电路。其高频和低频时的电流波形如图 8 – 18 所示。

该电路工作过程:控制频率信号 f,一方面经分配器控制开关管 T_2 的导通或截止;另一方面经频率/电压转换器(F/V),将频率变换成与之成正比的电压 U_1,U_1 与周期为 T 的锯齿波电压 U_2 进行比较。在 $U_1 < U_2$ 期间(t_1 期间),比较器输出低电平使调压开关管 T_1 导通,输出脉冲电压 u_1;在 $U_1 > U_2$ 期间,比较器输出高电平使 T_1 截止,输出电压 u_1 为零,此脉冲电压经 D_1、L_1、C 组成的滤波器输出工作电压 u_2。当控制频率 f 升高时,U_2 随之升高,经比较器使 T_1 的导通角 α 变大($\alpha = t_1/T$),从而使工作电压 u_2($u_2 = \alpha u_1$)升高,同理当 f 下降时 u_2 也随之下降,由此实现了工作电压随频率成正比的变化。调频调压电路可较好地适应步进电动机工作频率的变化,是一种高性能宽频带驱动电路。

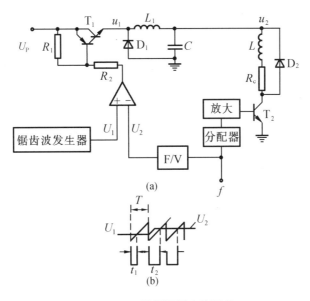

图 8 – 17 调频调压电路原理

图 8 – 18 调频调压电路的电流波形

（a）低频；（b）高频

8.2.5 细分驱动

以上介绍的步进电机各种驱动电路，步距角的大小只有两种，即半步或整步。如果要求步进电机有更小的步距角，更高的分辨率，或者为了减小电机振动和噪声，可以在每次输入脉冲时，不是将绕组电流全部通入或切除，而是只改变绕组额定电流的一部分，这样转子的每步运行的角度只有步距角的一部分。绕组电流不是一个方波，而是阶梯波，额定电流是台阶式投入或切除，电流分成多少个台阶，则转子就以同样的次数转过一个步距角，这种将一个步距角细分成若干步的驱动方式，称为细分驱动。细分驱动电路需控制绕组电流的大小。从前面介绍的各种驱动电路的原理可以看出，只有单电压驱动和恒流斩波驱动可用于细分驱动。细分驱动电路的特点如下：

①在不改变步进电机内部参数的情况下，能使步距角减小若干倍，并相应提高步距精度。但相应驱动电路的结构也复杂一些。

②能使步进电机运行平稳，提高匀速性，减弱或消除振动和噪声。

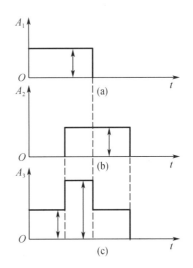

图 8 – 19 阶梯波的合成

步进电机细分控制线路除了要采用细分环形分配器之外,还必须要将等幅等宽的矩形波进行合成。如图 8 – 19 所示给出了两个等幅等宽的矩形波合成示意图。用阶梯波合成的方法直接控制一般的步进电机,由于高次谐波的存在,电机的转距波形失真,达不到采用细分控制的目的,因此在不改变步进电机结构参数的情况下,采用细分控制,必须加入平滑电路(滤波电路)。目前在具体的驱动器中实现阶梯波供电的方法有两种:

①先放大,后合成。这种方法是将由细分环形分配器所形成的各个等幅等宽的矩形波脉冲,先分别放大,经滤波后在电机绕组中再实现阶梯波合成。

②先合成,后放大。这种方法是将由细分环形分配器所形成的各个等幅等宽的矩形波脉冲,先用加法器进行合成,经滤波和放大后再去驱动步进电机。

图 8 – 20 所示为这两种方法的原理图。第一种方法把等幅等宽的方波,用几个完全相同的开关放大电路分别进行功率放大,经滤波后,最后在电机绕组上合成并形成阶梯电流。因此该电路又被称为开关型细分电路,这种电路的功放元件成 n 倍地增加,但元件的功率却成倍地降低,且结构简单,容易调整。这种电路特别适合应用于细分级数 n 不大的中、大功率的步进电机。第二种细分方法的优点是所需元件数量少,但功率要求大,故它适用于中、小功率的步进电机。

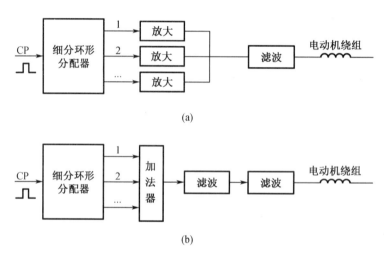

图 8 – 20　步进电机的细分控制框图
(a)先放大后合成;(b)先合成后放大

图 8 – 21 给出了采用第一种合成方法的单电压二细分功放的实用电路图。其工作过程分为如下三种情况:

①当细分环形分配器的输出 A_1、A_2 均为低电平时,电路中晶体管 T_1、T_2 均不导通,流过绕组的电流为零。

②当 A_1、A_2 中有一个为高电平时,对应晶体管 T_1(或)T_2 导通,则稳定后流过绕组的电流为 U/R_2,即为额定电流的一半。

③当 A_1、A_2 均为高电平时,晶体管 T_1 和 T_2 均导通,则稳定后流过绕组的电流为 $2U/R_2$,即为额定电流。此电路中的参数是按每相额定电流为 2 A 左右的电机而设计,可供设计电路时参考。

图 8 – 22 为由多路电流合成细分驱动的电路原理图,如果 $R_1 = R_2 = R_3 = R_4 = R$,则 T_1、

T_2、T_3、T_4 中任意一个导通时,可为绕组提供电流 U/R(晶体管压降 U_{ce} 忽略不计),取 $U/R = IN/4$,就可实现四细分,额定电流时四个晶体管均导通。如果取 $U/R_1 = IN/4$,$U/R_2 = 2IN/4$,$U/R_3 = 3IN/4$,$U/R_4 = IN$,则各台阶只有一个晶体管导通就可以。如果取 $U/R_1 = IN/15$,$U/R_2 = 2IN/15$,$U/R_3 = 4IN/15$,$U/R_4 = 8IN/15$,则可利用不同晶体管的导通组合实现十五细分。

在设计细分电路时应特别注意,电机绕组的磁路不能饱和,否则细分的步距角会不均匀,使电机转动平稳性下降。

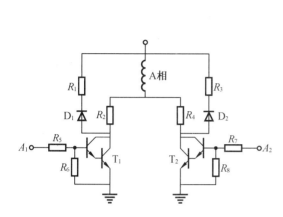

图 8 - 21　单电压二细分功放

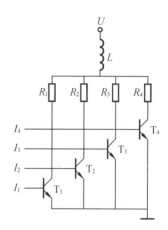

图 8 - 22　多路细分驱动电路原理

8.3　步进电动机控制电路

8.3.1　环形分配器

环形分配器的主要功能是把来自控制环节的脉冲按一定的规律分配给步进电动机驱动电源的各项输入端,以控制步进电动机励磁绕组的导通和截止。同时步进电动机有正反转的要求,所以这种环形分配器输出既有周期性,又有可逆性,因此环形分配器是一种特殊的可逆循环计数器,但这种计数器的输出不是一般编码,而是按步进电动机励磁状态要求的特殊编码。

以三相步进电动机为例,其通电方式有单三拍、双三拍和三相六拍三种。

单三拍通电顺序为 A - B - C - A,如图 8 - 23(a)所示;双三拍通电顺序为 AB - BC - CA - AB,如图 8 - 23(b)所示;三相六拍通电顺序为 A - AB - B - BC - C - CA - A,如图 8 - 23(c)所示。

环形分配器分为两大类,一类是用硬件构成的环形分配器,通常称硬环形分配器;另一类是用计算机软件设计的方法实现环形分配器要求的功能,通常称软环形分配器。

软环形分配器的脉冲分配和方向控制都用软件解决,硬件结构简单。图 8 - 24 是典型软环形分配器硬件结构框图。

软件环形分配器的设计方法有多种,如查表法、比较法、移位寄存器法等。其中查表法的基本设计思想是结合驱动电源线路,按步进电动机励磁状况转换表要求,确定软件环形分配器输出状态表(输出状态表与状态转换表相对应),将其存入内存(EPROM)中,根据步进电动机

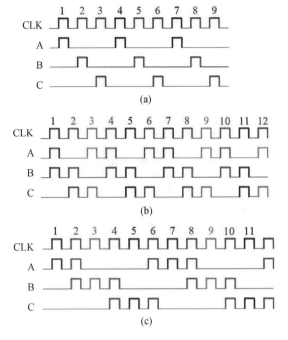

图 8 - 23 步进电动机环形分配器输出波形

的转动方向,按表地址的正向或反向顺序依次取出地址内容输出,电动机就正转或反转。

下面就以三相反应步进电动机的软环形分配器的设计为例说明查表软件过程。

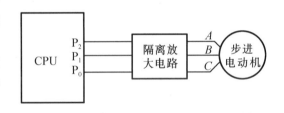

图 8 - 24 软环形分配器硬件结构框图

在表 8 - 1 中,若按节拍号 0 ~ 5 的顺序输出状态表内容为正转,则 5 ~ 0 的顺序输出状态表内容为反转。软环形分配器的硬件结构简单,但输出状态表内容要占用计算机 CPU 时间。

表 8 - 1   三相步进电动机三相六拍软环形分配器输出状态表

节拍序号	C	B	A	存储单元	
	P_2	P_1	P_0	地址	通电相
0	0	0	1	4000H	A
1	0	1	1	4001H	A,B
2	0	1	0	4002H	B
3	1	1	0	4003H	B,C
4	1	0	0	4004H	C
5	1	0	1	4005H	C,A
0	0	0	1	4000H	A

硬环形分配器种类很多,其中比较常用的是专用集成芯片或通用逻辑器件组成的环形分配器,如 L297、CH250、SJ 系列步进电动机环形分配器。

8.3.2　电机控制器 UC3717

UC3717 是 UNITRODE 公司生产的步进电机控制器,适用于小功率步进电机一相绕组双极性驱动。电流调节范围为 5 ~ 1 000 mA,供电电压范围为 10 ~ 45 V。利用外部逻辑电路构成的逻辑分配器或微处理器分配信号,由若干片这种电路和少量无源器件可组成一个完整的多相步进电机驱动系统,可实现整步、半步或微步控制。控制方式是双极性、固定关断时间的斩波电流控制。UC3717 有两种封装形式:DIP - 16 封装和 PLCC - 20 封装。图 8 - 25 所示是双列直插封装的 UC3717 的引脚图(顶视图)。

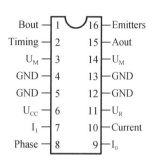

图 8 - 25　UC3717 引脚图

1. 组成与工作原理

UC3717 主要由逻辑输入、相位输入、电流控制、驱动输出及过热保护等环节组成。图 8 - 26 为其原理框图。

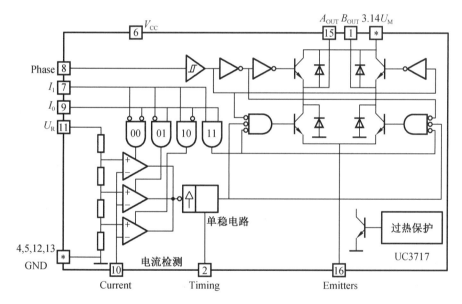

图 8 - 26　UC3717 原理框图

(1)驱动输出级

输出级由四个达林顿功率晶体管 T_1 ~ T_4 和附加的四个快速恢复肖特基二极管 VD_1 ~ VD_4 组成,形成典型的 H 桥电路结构,在晶体管关断时,二极管提供续流回路,如图 8 - 27 所示。在开关方式工作时,若相位输入信号(8 脚)为低电平,则 T_2、T_3 导通,有电流流过负载。在电流斩波控制"关断时间",T_3 关断,此时绕组电流通过 T_2 和二极管 VD_1 续流。

(2)逻辑输入

逻辑输入对应 UC3717 的 7 脚(I_1)、9 脚(I_0),由 I_1、I_0 的不同组合,选择 UC3717 的三个比较器中的一个,从而设定了绕组的峰值电流。当这几个脚悬空时,电路认为其为高电平,如表 8 - 2 所示。

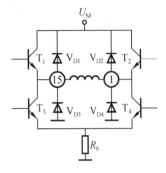

图 8 - 27　输出级简图

表 8 - 2　I_1、I_0 真值表和对电流的控制

I_1	I_0	绕组电流
1	1	0
1	0	19%
0	1	60%
0	0	100%

（3）相位输入

对应 UC3717 的 8 脚(Phase)，该脚的信号决定了绕组电流的方向。输入通道设有施密特触发器，有一个固定的延时电路，不但可抑制输入噪声，更重要的是防止 UC3717 中的 H 桥在电流反向时发生上下直通。如 Phase 为低电平时，T_2 和 T_3 导通，当 Phase 变为为高电平时，T_2 和 T_3 关断，绕组电流先经二极管 VD_4 和 VD_1 续流（在此期间 T_1 和 T_4 由于受到二极管的反向钳制作用，均不导通）。电流逐渐衰减直至为零以后，T_1 和 T_4 才导通工作，使绕组电流反向上升。

（4）电流控制

电流控制由基准分压电路，三个电平比较器、单稳电路等组成绕组电流的控制电路。由单稳电路固定的"关断时间"来实现恒流斩波控制。如果以一固定电压接于 11 脚，由电阻分压电路作用，三个电平比较器的输入基准电平从上到下依次为 100%、60%、19%。在16 脚外接采样电阻，绕组电流的采样电压经电路滤波后送至 10 脚。当 10 脚电平达到被选比较器的基准电平时，单稳电路被触发，绕组电流经 H 桥上回路续流并衰减，然后开始下一个导通周期。

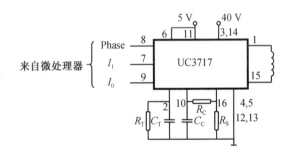

图 8 - 28　UC3717 单相绕组连接图

2. 在单相步进电机中的应用

如图 8 - 28 所示。3,14 脚接 40 V 电源。6,11 脚接 5 V 电源。1,15 脚之间接负载。Phase、I_0、I_1 接收来自微处理器的控制信号。16 脚接采样电阻 R_S，采样电压经 R_C 和 C_C 组成的滤波电路送至 10 脚。2 脚的 R_T 和 C_T 决定单稳电路的"关断时间" T_{OFF}。

$$T_{OFF} = 0.69 R_T C_T$$

通常取
$$R_T = 10 \text{ k}\Omega \sim 100 \text{ k}\Omega$$

3. 在两相步进电动机中典型应用

UC3717A 是 UC317 的改进型，如图 8 - 29 所示，由两片 UC3717A 可组成一个两相永磁式或混合式步进电动机的微机控制系统。由微型计算机的软件设计或由 TTL、CMOS 数字电路硬件可产生正确的 I_1、I_0、Phase 两相控制信号，实现几种运行方式的控制。

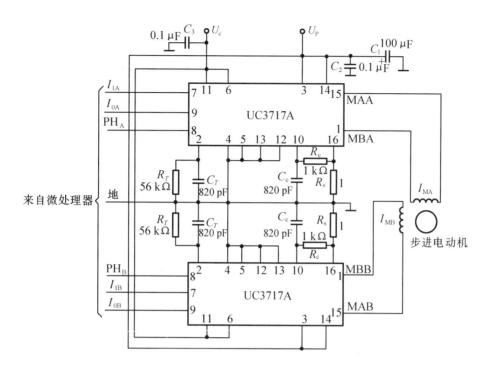

图 8 - 29　两相步进电动机驱动系统

（1）基本步距（整步）方式

以 A、B 表示两相绕组正向电流工作，$\bar{A}$、$\bar{B}$ 表示反向电流工作，可实现两相激励四拍整步工作方式，即

$$AB \rightarrow \bar{A}B \rightarrow \bar{A}\ \bar{B} \rightarrow A\ \bar{B}$$

或单相激励的四拍工作方式，即

$$A \rightarrow B \rightarrow \bar{A} \rightarrow \bar{B}$$

（2）半步工作方式

可实现八拍半步工作方式，即

$$AB \rightarrow B \rightarrow \bar{A}\ B \rightarrow \bar{A} \rightarrow \bar{A}\ \bar{B} \rightarrow \bar{B} \rightarrow A\ \bar{B} \rightarrow A$$

这种工作方式是两相激励与单相激励交替出现，每一拍的转矩不相等。在两相激励时，转矩由两相转矩矢量合成，比单相转矩要大（约 1.4 倍）。如果两相激励时，采用 $I_1 I_0 =$ 01 方式，使相电流降低到 60%，由于磁路原先有饱和效应，此时每相转矩可能增大到 70% 左右，两相合成转矩则接近于 1。从这里可见 UC3717A 三个电流比较器的作用。

（3）1/4 步距的工作方式

为了实现 16 拍工作，在半步方式下，步与步之间插入 1/4 步的状态。它是由一相 100% 电流和另一相选择分数电流达到。若取 $I_1 I_0 = 10$ 状态，即相电流为 19% 左右，可以得到稍均匀一点的步距。图 8 - 30 给出了三种工作方式下的整步、半步、1/4 步的转矩矢量合成示意图，它只给出了第 I 象限情况。

（4）微步距控制

利用 11 脚（基准电压 U_{ref}）对电流模拟控制的功能，可以实现对步距的细分控制。用一

个单片微型计算机和两片 DAC0808 8 bit D/A
转换电路即可实现 256 细分控制。

斩波驱动产生电气噪声会引起电磁干扰问
题,在靠近驱动级的电源和地之间并上
0.01~0.1 μF 的瓷片电容有效,电流采样电阻
的连接线应尽可能短一些。此外各相绕组并联
一个电容 C,然后串一个电感 L 再接至 H 桥输出
端。LC 低通滤波器的使用,既降低了电磁噪声,
同时也降低了步进电动机的损耗,从而降低了温
升。滤波器参数可依下式选择。

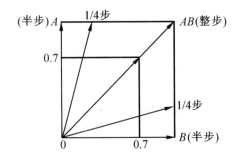

图 8-30　三种工作方式的转矩

$$L \approx L_M/10$$

$$C \approx \frac{4 \times 10^{-10}}{L}$$

式中 L_M 为步进电动机的相绕组电感。

图 8-31 给出了利用集成驱动片 3717 对小功率两相步进电动机进行细分驱动的例子,
细分步数为 256。U_R 端施加的台阶电平由微型计算机经 D/A 转换器、运算放大器提供。

和 UC3717A 类似的产品还有 SGS 公司的 PBL3717A 及 SILICON GENERAL 公司的
SG3718 等。

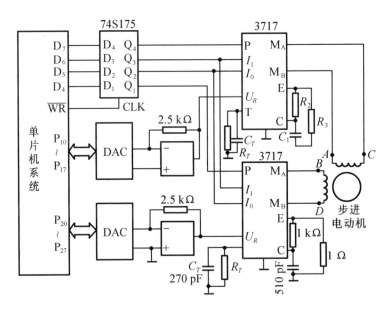

图 8-31　256 细分电路原理图

8.3.3 L297 两相步进电动机控制器

1. L297 的工作原理

L297 单片步进电动机控制器集成电路适用于双极性两相步进电动机或单极性四相步进电动机的控制。用 L297 输出信号可控制 L298 双 H 桥驱动集成电路,用来驱动电压为 46 V、每相电流为 2.5 A 以下的步进电动机。L297 也可用来控制由达林顿晶体管组成的分立电路,驱动更高电压、更大电流的步进电动机。L297 采用固定斩波频率的 PWM 恒流斩波方式工作。

(1)L297 步进电动机控制器

L297 采用模拟/数字电路兼容的 I^2L 工艺,20 脚 DIP 塑料封装,常以 +5 V 供电,全部信号线是 TTL/CMOS 的兼容。

如图 8 - 32 所示,L297 的核心是脉冲分配器。它产生三种相序信号,对应于三种不同的工作方式:

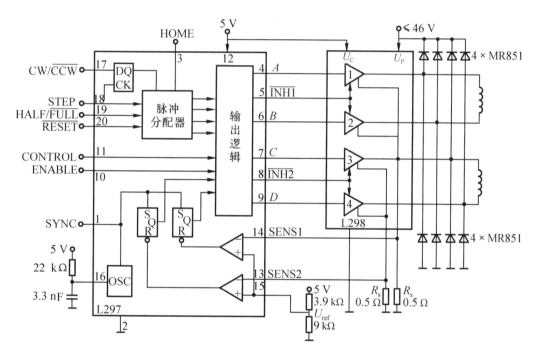

图 8 - 32　L297 原理框图和应用电路

①半步(HALF STEP)方式;

②基本步距(FULL STEP,整步),单相激励方式;

③基本步距,两相激励方式。

它接收从上位计算机来的信号有三个:

①CW/$\overline{\text{CCW}}$:正/反转(17 脚);

②HALF/$\overline{\text{FULL}}$:半步/基本步距(19 脚);

③STEP:步进脉冲(18 脚)。

脉冲分配器内部是一个 3 bit 可逆计数器,加上一些组合逻辑,产生每周期 8 步格雷码时序信号,这也就是半步工作方式的时序信号。此时 HALF/$\overline{\text{FULL}}$信号为高电平。半步工作方式输出波形见图 8 -33,它表示 8 步(拍)工作,初状态(HOME)是 $ABCD$ =0101。

若 HALF/$\overline{\text{FULL}}$取低电平,得到基本步距工作方式。当脉冲分配器工作于奇数状态(1、3、5、7),则为两相激励方式,如图 8 -34 所示。如果选择脉冲分配器工作于偶数状态(2、4、6、8),则为单相激励方式,如图 8 -35 所示。

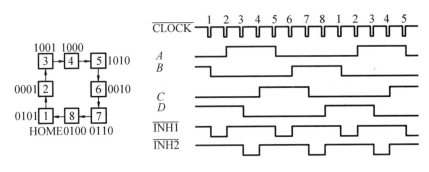

图 8 - 33 四相八拍模式波形图

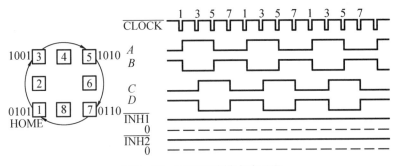

图 8 - 34 两相四拍模式波形图

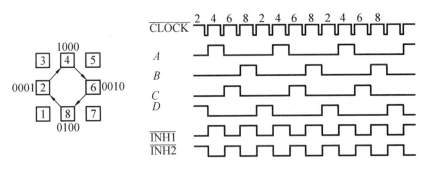

图 8 - 35 单相四拍模式波形图

禁止信号$\overline{\text{INH1}}$(5 脚)和$\overline{\text{INH2}}$(8 脚)接 L298 使能输入端,其作用是使进入关断状态的相绕组电流快速衰减。两个信号是低电平有效,但在两相激励基本步距工作方式时,两禁止信号保持为高电平,两相绕组一直处于工作状态,没有关断。

禁止信号的作用可由图 8 -36 说明。图中表示以 H 桥向一相绕组驱动,设 A 为高电平,B 为低电平,有电流经 T_1、T_4 和 R_s 流过相绕组。当 A 变为低电平,有环流流经 D_2、T_4、R_s 和绕组,衰减较慢,增加了在 R_s 上的损耗。若此时由 $\overline{INH1}$ 作用将四个晶体管都关断,环流改从地经 D_2、D_3 到电流 V_P 快速衰减,如图中虚线所示,从而加快了电动机的响应。此时 R_s 上不流过续流电流,可使用较小功率的电阻。

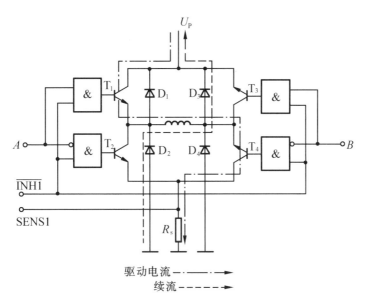

图 8 - 36　禁止信号的作用

两个禁止信号分别是由 A、B 和 C、D 以"或逻辑"得到。

$$\overline{INH1} = A + B$$

$$\overline{INH2} = C + D$$

信号 $\overline{RESET}$(20 脚)是异步复位信号,其作用是将脉冲分配器复位,回到零位(HOME),即状态 1,$ABCD = 0101$。此时状态输出信号(HOME)为 1。用此信号和系统的机械零位传感器信号共同作用,可精确确定系统的原点。

用使能信号 ENABLE(10 脚)控制输出逻辑,它为低电平时,$\overline{INH1}$、$\overline{INH2}$、A、B、C、D 均被强制为低电平。

L297 还设有两个 PWM 斩波器用来控制相绕组电流,实现恒流斩波控制,以获得良好的转矩 - 频率特性。每个斩波器由一个比较器、一个 RS 触发器和外接采样电阻组成,并设有一个公用振荡器,向两个斩波器提供触发脉冲信号。脉冲频率 f 是由外接 16 脚的 RC 网络决定,当 $R > 10 \text{ k}\Omega$ 时

$$f \approx \frac{1}{0.69RC}$$

当用多个 L297 控制多台步进电动机时,可用 1 脚(SYNC)实现其同步化。

振荡器脉冲使触发器置"1",电动机绕组相电流上升,采样电阻 R_s 的电压上升到基准电压 U_{ref} 时,比较器翻转,使触发器复位,功率开关关断,电流下降,等待下一个振荡器脉冲的到来。这样触发器的输出是恒频的 PWM 信号,调制 L297 的输出信号。相绕组电流峰值

由 U_{ref} 来决定。

CONTROL 信号(11 脚)用来选择斩波信号的控制。当它是低电平时,斩波信号作用于两个禁止信号;而它是高电平时,斩波信号作用于 A、B、C、D 信号。前者适用于单极性工作方式。对于双极性工作方式的电动机,这两个控制方式都可以采用。

(2)半步工作方式的改进

在半步工作方式时,有两种不同的激励状态:一种是两相激励;另一种是一相激励。它们交替出现,输出转矩不相等,引起步进电动机总转矩下降。采用禁止信号控制基准电压的方法可以得到改进。

半步工作方式下单相激励状态时,两个禁止信号$\overline{INH1}$和$\overline{INH2}$是低电平,利用它们控制给 L297 15 脚的基准电压输入值比两相激励状态时增大 1.4 倍左右,即可使步进电动机单相激励状态下的转矩相应增大约 1.4 倍,从而使 8 拍工作下每拍的转矩基本相等。实际应用时考虑到转矩 – 电流特性的非线性,依实际情况适当增大相电流增加的比例,如图 8 – 37 所示。

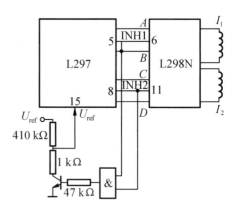

图 8 – 37　用禁止信号控制基准电压

2. 应用实例

这个实例是 L297 和 L298 应用的典型电路,L298 是 H 桥型功率放大器。这个电路驱动双极步进电动机绕组电流可以达到 2 A。电路中二极管是高速型,额定电流为 2 A。电路如图 8 – 38 所示。其中 $R_{s1} = R_{s2} = 0.5\ \Omega$,$D_1 \sim D_8$ 为高速二极管,$U_F < 1.2\ \text{V}$,$t_{rr} \leqslant 200\ \text{ns}$。

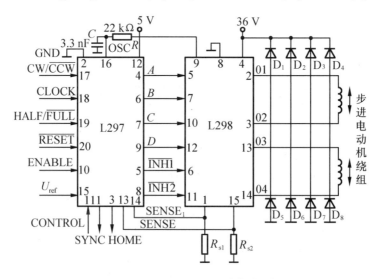

图 8 – 38　L297、L298 驱动电路实例

<h1 align="center">8.4　应用实例</h1>

步进电动机驱动的开环伺服系统,具有结构简单、容易调整的特点,在经济型数控机床、教学实验台等设备中,采用开环控制的步进电动机作为进给轴的驱动电机,带动工作台移动。

8.4.1　舞台黄金电脑灯

舞台黄金电脑灯不仅具有光线亮度变化的功能,还具有光束投射方向变化、色彩变化、投射图案变化、发散角变化等一系列功能,并能够和视频系统、音频系统连接,勾画出无限变化的光效。

舞台用黄金电脑灯采用上、下位机的控制方式。上位机(主控机)能够分析舞台音乐的节奏,发出指令使多台单一的黄金电脑灯按指定的运行轨迹动作。黄金电脑灯由下位机(单片机)控制,可以根据主控机的指令变换各种花色。图8-39为黄金电脑灯结构示意图。由光源发出的光线经过一花色盘,形成各种状态、各种颜色的光柱,经过反射镜反射到舞台上,变成图形别致、颜色各异的光块。各种图形的变换可以由电动机经

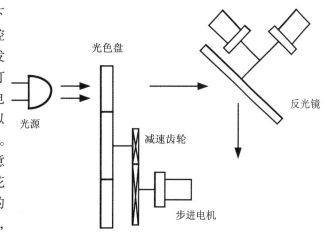

图 8-39　黄金电脑灯示意图

齿轮箱带动花盘旋转来完成,而光线的动态效果则可由另外两台在空间上呈垂直正交的电动机带动反光镜变换位置来实现。

8.4.2　自动化流水线

在自动化流水线系统中,常用到传送带。图8-40给出了一种传送带驱动方案,选择步进电机作为传送带的驱动元件,步进电机经减速器直接驱动主动滚轮,主动滚轮两侧配有2个辅助换向滚轮,实现步进电机带动传送带运行。传送带整体结构图如图8-41所示。

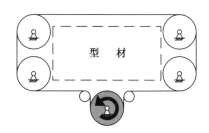

图 8-40　传送带驱动方案

图 8-41　传送带模块整体结构图

驱动电机采用42HB33-124型步进电机如图8-42所示,其矩频特性曲线如图8-43所示,其技术参数如表8-3所示。

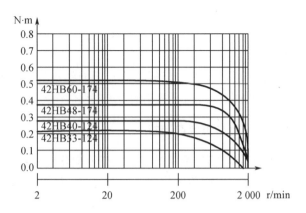

图 8 - 42 42HB 型步进电机

图 8 - 43 电机矩频特性曲线

表 8 - 3 二相步进电机技术参数表

电机型号	步距角	机身长度	额定电压	额定电流
42HB33 - 124	1.8°	33 mm	2.76 V	1.2 A
相电阻	相电感	保持转矩	转动惯量	质量
2.3 Ω	2.5 mH	0.22 N·m	35 g·cm²	0.23 kg

两相步进电机驱动器有很多,本文选择 DM556 数字式两相步进电机驱动器,驱动器外形如图 8 - 44 所示。采用 32 位 DSP 技术,输入为光隔离差分信号,具有参数自动整定等功能,过压、欠压、短路等保护功能,脉冲响应频率最高可达 200 kHz(更高可改),静止时电流自动减半,可驱动 4,6,8 线两相步进电机。振动噪声低,适合各种中小型自动化设备和仪器,如雕刻机、打标机、切割机、激光照排、绘图仪、数控机床、自动装配设备等。

图 8 - 44 步进电机驱动器

(1)工作(动态)电流设定

步进电动机工作电流设定有 2 种方式,第一种方式为 PC 软件设定,最大值为 5.6 A,分辨率为 0.1 A,默认电流为 1.4 A;第二种方式由 SW1、SW2、SW3 三个开关设定,可选电流为 1.5、1.9、2.3、2.7、3.1、3.5 或 4.0 A。

(2)静止(静态)电流设定

静态电流可用 SW4 拨码开关设定,off 表示为动态电流的一半,on 表示与动态电流相同。一般将 SW4 设成 off,使电机和驱动器的发热减少,可靠性提高。脉冲串停止后约 0.4 s 电流自动减至一半左右,发热量理论上减至 36%。

(3)细分设定

驱动器细分设定有 2 种方式,第一种方式为 PC 机软件或 STU 调试器设置,最小值为 1,分辨率为 1,最大值为 512,默认细分数为 16;第二种方式由 SW5、SW6、SW7、SW8 四个开关设定,可选细分数包括:400、800、1600、3200、6400、12800、25600、1000、2000、4000、5000、8000、10000、20000 或 25000。

（4）控制信号接口

控制信号包括 3 对差分信号,第 1 对为 PUL + / + 5 V 和 PUL – /PUL 脉冲控制信号,脉冲上升沿有效,TTL 逻辑。第 2 对为 DIR + / + 5 V 和 DIR – /DIR 方向控制信号,应先于脉冲信号至少 5 μs,电机的初始运行方向与电机的接线有关,互换任一相绕组(如 A + 、A – 交换)可以改变电机初始运行的方向,TTL 逻辑。第 3 对为 ENA + / + 5 V 和 ENA – /ENA 使能信号,当 ENA + 接 + 5 V,ENA – 接低电平(或内部光耦导通)时,电机处于自由状态。

（5）强电信号接口

强电信号包括电源 + V 和 GND,供电范围是 20 ~ 50 V,推荐使用电压为 + 36 V。A + 、A – 和 B + 、B – 分别接电机的 A 和 B 相线圈。

（6）232 通信接口

可以通过专用串口电缆连接 PC 机或 STU 调试器,禁止带电插拔。通过 STU 或在 PC 机软件 ProTuner 可以进行客户所需要的细分和电流值、有效沿和单双脉冲等设置,还可以进行共振点的消除调节。

控制信号连接:驱动器采用差分式接口电路,可适用差分信号、单端共阴及共阳等接口,内置高速光电耦合器,允许接收长线驱动器,集电极开路和 PNP 输出电路的信号。在环境恶劣的场合用长线驱动器电路,抗干扰能力强。PLC 输出端子为集电极开路形式,PLC 与驱动器接口电路如图 8 – 45 所示。注意:VCC 值为 5 V 时,R 短接;VCC 值为 12 V 时,R 为 1 kΩ、功率大于 1/8 W 的电阻;VCC 值为 24 V 时,R 为 2 kΩ、功率大于 1/8 W 的电阻。

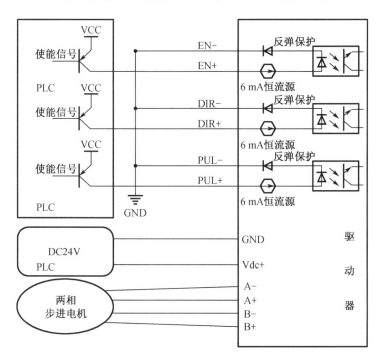

图 8 – 45　PLC 与驱动器接口电路

习 题

8-1 步进电动机有哪些特点?

8-2 步进电动机控制系统分哪几个部分?

8-3 步进电动机的基本参数有哪些?

8-4 步进电动机有哪几种典型驱动电路,各有什么特点?

8-5 说明双电压电路的工作原理。

8-6 简单说明细分驱动的原理。

8-7 细分驱动有哪些优点?

8-8 若采用两相四拍的工作方式,图8-38中各引脚的电平为何值?

8-9 说明图8-45的工作原理。

第9章 交流电动机的驱动与控制

9.1 概 述

电动机控制系统主要分速度控制和位置控制两大类。传统的电气传动系统一般为速度控制系统,广泛地应用于机械、矿山、冶金、化工、纺织、造纸、水泥、交通等工业部门。对于位置控制系统,目前国际上较多采用运动控制这一名称。运动控制系统通过伺服驱动装置将给定指令变成期望的机械运动,一般功率较小,并有定位要求和频繁启制动的特点,在导航系统、雷达天线、数控机床、加工中心、机器人、打印机、复印机、磁记录仪、磁盘驱动器、自动洗衣机等领域得到广泛应用。

9.1.1 交流电动机控制系统的发展和现状

20 世纪 70 年代初,一场石油危机席卷全球,工业发达国家投入大量人力、财力研究节能措施。人们发现占电动机用电量一半以上的风机、泵类负载是靠阀门和挡板来调节流量或压力,其拖动电动机一般工作在恒速状态,从而造成了大量的电能浪费。如果用改变电动机转速的方法调节风量或流量,那么在压力保持不变的情况下,一般可节电能 20% ~ 30%。在工业发达国家,经济型交流电动机调速装置已大量地使用在这类负载中,成为重要的节能手段。同时随着电力电子技术和微电子技术的迅速发展,高性能的交流电动机控制系统也出现了,人们期望随着技术的不断成熟,它将在几乎所有工业应用领域中取代直流电动机控制系统。

由于交流电动机控制系统的种种突出优点,国外大学和公司投入了大量人力、财力加以研究,并在 20 世纪 80 年代推出一系列商品化的交流电动机控制系统,我国也有许多单位在研究、开发和引进交流电动机控制系统的技术、元器件和装备。为进一步提高交流电动机控制系统的性能,有关研究工作正围绕以下几个方面展开。

1. 采用新型电力电子器件和脉宽调制(PWM)控制技术

电力电子器件的不断进步,为交流电动机控制系统的完善提供了物质保证,尤其是新的可关断器件,如双极型晶体管(BJT)、金属氧化物半导体场效应管(MOSFET)、绝缘栅双极型晶体管(IGBT)的实用化,使得高频化 PWM 技术成为可能。目前电力电子器件正向高压、大功率、高频化、组合化和智能化方向发展。如果说计算机是现代生产设备的大脑的话,那么上述电力电子器件则是支配手足(电动机)动作的肌肉和神经,即实现弱电控制强电的关键所在。典型电力电子变频装置有电流型、电压型和交 - 交型三种。电流型变频器的优点在于给同步电动机供电时可以实现自然换相,并且容量可以做得很大,但对于应用广泛的中小型异步电动机来说,其强迫换相装置则显得过于笨重,因此 PWM 电压型变频器在中小型电动机控制系统中无疑占主导地位。目前已有采用 MOSFET 和 IGBT 的成熟产品,开关频率可达 15 kHz ~ 20 kHz,实现无噪声驱动。值得注意的是,目前国外正在加紧研制新型变频器,如矩阵式变频器、串并联谐振式变频器等也开始进入实用阶段,这预示着新一代电动机控制系统即将产生。

2. 应用矢量控制技术及现代控制理论

交流电动机是一个多变量、非线性的被控制对象,过去的电压/频率恒定控制都是从电动机稳态方程出发研究其控制特性,动态控制效果均不理想。20世纪70年代初提出的用矢量变换的方法研究电动机的动态控制过程,不但控制各变量的幅值,同时控制其相位,并利用状态重构与估计的现代控制概念,巧妙地实现了交流电动机磁通和转矩的重构与解耦控制,从而促进了交流电动机控制系统走向实用化。目前国外用变频电源供电的异步电动机采用矢量控制技术已成功地应用于轧机主传动、电力机车牵引系统和数控机床中。此外为解决系统复杂性和控制精度之间的矛盾,又提出了一些新的控制方法,如直接转矩控制、电压定向控制和定子磁场定向控制等。尤其是从计算机用于实时控制之后,使得现代控制理论中各种控制方法得到应用,如二次型性能指标的最优控制和双位模拟调节器控制,可提高系统的动态性能,滑模变结构控制可增强系统的鲁棒性,状态观测器和卡尔曼滤波器可以获得无法实现的状态信息,自适应控制则能全面提高系统的性能。

3. 广泛应用计算机技术

随着微电子技术的发展,数字式控制处理芯片的运算能力和可靠性得到了很大提高,这使得以单片机为控制核心的全数字化控制系统取代以前的模拟器件控制系统成为可能。计算机的应用主要体现在两个方面。第一是控制用微机。交流电动机数字控制系统既可用专门的硬件电路,也可以采用总线形式,如STD、VME、Multibus Ⅰ和Ⅱ、GESPAC总线等,加上通用或单片微机模板组成最小目标系统。对高性能运动控制系统来说,由于控制系统复杂,要求存储多种数据和快速实时处理大量的信息,可采用微处理机加数字信号处理器(DSP,如TMS320、NEC7720)的方案,除实现复杂的控制规律外,也便于故障监视、诊断和保护、人机对话等功能的实现。计算机的第二个应用就是数字仿真和计算机辅助设计(CAD)。仿真时如发现系统性能不理想,则可用人机对话的方式改变控制器的参数结构以及控制方式,直到满意为止。这样得到的参数可直接加在系统上,避免了实际调试的盲目性及发生事故的可能性。目前已有多种软件,可用于指导系统的设计。

4. 开发新型电动机和无机械传感器技术

各种交流控制系统的发展对电动机本身也提出了更高的要求。电动机设计和建模有了新的研究内容,如三维涡流场的计算、考虑转子运动及外部变频供电系统方程的联解、电动机阻尼绕组的合理设计及笼条的故障检测等问题。为了更详细地分析电动机内部过程,如绕组短路或转子断条等问题,多回路理论应运而生。为了对电动机实现计算机实时控制,一些简化模型也脱颖而出。目前在小功率运动控制系统中得到重视和广泛应用的是永磁同步电动机,其物质基础是具有较大剩磁和矫顽磁力的新型材料(钐钴、钕铁硼)的迅速发展。此外开关变磁阻理论及新材料的发展使开关磁通量阻电动机迅速发展。开关磁阻电动机与反应式步进电动机相类似,在加了转子位置检测后可有效地解决失步问题,并可方便地启动调速或点控,成为未来伺服系统的一颗新星。一般来说为了满足高性能交流传动的需要,转速闭环控制必不可少。为了实现转速和位置的反馈控制,须用测速发电机或光电码盘(增量式或绝对式)来检测反馈量,对于方波同步电动机控制系统来说,还需要检测磁极位置。目前同时满足上述全部要求的传感器的安装带来了系统成本增加、体积增大、可靠性降低、易受工作环境影响等缺陷,使得成本合理、性能良好的无速度传感器交流调速系统成为近年来的一个研究热点。该技术是在电动机转子和机座上不安装电磁或光电传感器的情况下,利用检测到的电动机电压、电流和电动机的数学模型推测出电动机转子位置和转速的技术,具有不改造电动机、省去昂贵的机械传感器、降低维护费用和不怕粉尘与潮湿环境的影响等优点。

9.1.2　交流电动机调速系统的类型

不论是同步电动机还是异步电动机,采用矢量控制技术及新的控制方法后,系统性能均大大提高,可望取代直流电动机在电气控制领域中的主导地位。目前典型的已经应用或正在研究的高性能交流电动机控制系统有以下几种。

1. 同步电动机控制系统

(1)无换向器电动机控制系统

采用交-直-交电流型逆变器给普通同步电动机供电,整流及逆变部分均由晶闸管构成,利用同步电动机电流可以超前电压的特点,使逆变器的晶闸管工作在自然换相状态。同时检测转子磁极位置,用以选通逆变器的晶闸管,使电动机工作在自同步状态,故又称自控式同步电动机控制系统。其容量可以做得很大,电动机转速也可以做得很高,如法国地中海高速列车即采用此方案,技术比较成熟。

(2)交-交变频供电同步电动机控制系统

逆变器采用交-交循环变流电路,由普通晶闸管组成,提供三相正弦电流给普通同步电动机,采用矢量控制后可对励磁电流进行瞬态补偿,因此系统动态性能优良,已广泛应用在轧机主传动控制系统中。其特点是容量可以很大,但调速范围有一定限制,只能从 1/2 同步速度往下调。

(3)正弦波永磁同步电动机控制系统

电动机转子采用永磁材料,定子绕组仍为正弦分布绕组。如通以三相正弦交流电,可获得较理想的旋转磁场,并产生平稳的电磁转矩。采用矢量控制技术使 d 轴电流分量为零,用 q 轴电流直接控制转矩,系统控制性能可以达到很高水平。缺点是需要使用昂贵的绝对位置编码器,采用普通增量式码盘实现上述要求虽有一些限制,但采取一定措施后仍有可能。目前研究重点放在如何消除齿谐波及 PWM 控制等造成的转矩脉动。

(4)方波永磁同步电动机控制系统

其又称为无刷直流电动机控制系统。它的转子采用永磁材料,定子为整距集中绕组,以产生梯形磁场和感应电动势。如果通以三相方波交变电流,当电流和感应电动势同相位时,理论上可以产生平稳的电磁转矩。其主要特点是磁极位置检测与无换向器电动机一样,非常简单,选通及系统达不到理想的方波,在换相时刻的叠流现象会造成转矩脉动,对系统低速性能有一定影响。

2. 异步电动机控制系统

(1)坐标变换矢量控制系统

所谓矢量控制,即不但控制被控量的大小,而且要求控制其相位。在 Blasheke 提出的转子磁场定向矢量控制系统中,通过坐标变换和电压补偿,巧妙地实现了异步电动机磁通及转矩的解耦和闭环控制。此时参考坐标系放在同步旋转磁场上,并使 d 轴和转子磁场方向重合,于是转子磁场 q 轴分量为零。电磁转矩方程得到简化,即在转子磁通恒定的情况下,转矩和 q 轴电流分量成正比,因此异步电动机的机械特性和他励直流电动机的机械特性完全一样,得到方便的控制。为了保持转子磁通恒定,就必须对它实现反馈控制,因此人们想到利用转子方程构成磁通观测器。由于转子时间常数随温度上升变化的范围比较大,在一定程度上影响了系统的性能,目前提出了很多转子时间常数的实时辨识方法,使系统的动静态特性得到一定提高。

(2)转差频率矢量控制系统

有时为简化控制系统的结构,直接忽略转子的磁通的过渡过程,即在转子方程中,令 $\Psi_{\rm rd} \approx L_{\rm m} i_{\rm sd}$,于是得到 d 轴电流,而 q 轴电流可直接从转矩参考值,即转速调节器的输出中求得。这样构成的系统,磁通采用开环控制,结构大为简化,且适合电流型逆变器或电流控制 PWM 电压型逆变器供电的异步电动机控制系统。进一步简化,即只考虑稳态方程后,还可得出转差频率控制系统和开环的电压/频率恒定控制系统。其精度虽然不高,但在量大面广的风机、水泵负载调速节能领域中得到广泛应用。

(3)直接和间接转矩控制系统

直接转矩控制法是直接在定子坐标系上计算磁通的模和转矩的大小,并通过磁通和转矩的直接跟踪,即双位调节,来实现 PWM 控制和系统的高动态性能。从转矩的角度看,只关心转矩的大小,磁通本身的小范围误差并不影响转矩的控制性能,因此这种方法对参数变化不敏感。此外由于电压开关矢量的优化,降低了逆变器的开关频率和开关损耗。电压定向控制是在交流电动机广义派克方程的基础上提出的一种磁通和转矩间接控制方法。这种方法把参考坐标系放在同步旋转磁场上,并使 d 轴与定子电压矢量重合,并根据磁通不变的条件,求得其动态控制规律,间接控制了定转子磁通和电动机的转矩。为实现上述控制规律,须观测某些派克方程状态变量。此规律不但避免了传统矢量控制系统中繁杂的坐标变换,还可使磁通和转矩的控制完全解耦,因此在此基础上可方便地实现速度和位置的控制。

3. 高精度交流电动机运动控制

在坐标变换矢量的控制系统中,机械特性和电磁特性的解耦控制是通过把参考坐标系放在旋转磁场上来实现。这样构成的运动控制(位置伺服)系统具有反应快的特点,但是在电流环和转速环之外再加上一个位置环,整个系统调起来比较困难。于是在解耦控制的基础上,又提出了各种高精度和快响应位置伺服控制方法。

(1)滑模变结构控制

变结构控制使系统的结构可以在控制过程的各个瞬间,根据系统中某些参数的状态以跃变的方式有目的地变化,从而将不同的结构特性融合在一起,取得比固定结构系统更完善的性能指标。滑模控制方法是变结构控制中最主要的内容。在滑模变结构系统中,应使系统运动轨迹在速度和角度相平面上沿某一选定曲线运动至原点,而且不需精确地建模,因此系统结构简单,易于实现,且能获得优良的动静态特性。目前研究的重点是无静差滑模变结构控制。

(2)最优位置控制系统

在有效地控制了磁通的基础上,可以直接应用最佳控制理论设计位置环,此时只考虑电机的机械特性,从而使整个控制系统大大简化。如希望电动机到达给定位置时间最短及控制能量最小,可选用二次型函数作为目标泛函,应用最大值原理中的横截条件及庞特里来金关系式,即可得到系统的黎卡提方程。如果各系统矩阵均为二阶时,可用解析法解出最优控制规律。当系统阶数超过三阶时,实时求解则变得比较困难。

（3）速度及位置传感器

无论采用哪种控制方案,高精度交流电动机控制系统均离不开高精度的位置和速度传感器件。目前满足高精度位置和转速反馈的器材有测速发电机、光电编码器和解算器。测速发电机有交直流两种,无刷测速发电机目前已做得很精密。光电码盘有增量式和绝对式两种,一般绝对式码盘比较贵,但在高性能控制系统中必不可少。解算器的工作原理和旋转变压器相类似,为了实现无刷化,采用两个同轴线圈做变压器,给转子励磁绕组中通入高频正弦电压信号。当转子转动时,可以在两相定子绕组中感应出两相正交的输出电压。对这两个信号进行一定的处理和运算,即可得到所需的位置、速度和磁极位置信号。解算器又称为无刷旋转变压器。

（4）开关磁阻电动机控制系统

开关磁阻电动机又称为电流调节步进电动机,其结构和感应式步进电动机相类似,只是定子极对数和转子极对数不相等。定子绕组可以是三相也可以是四相,由于电磁转矩仅由定转子磁阻产生,因此每相绕组只需一个功率器件,即可产生所需转矩。由于结构简单、转矩转动惯量比高,开关磁阻电动机可实现高速驱动,并且常适合运动控制系统。其主要缺点是有转矩脉动和噪声,目前已提出多种方法来解决这些问题。总之随着技术的不断完善,开关磁阻电动机控制系统正显示出越来越宽阔的应用前景。

综上所述,由于交流电动机控制系统克服了直流控制系统维护困难及难以实现高速驱动等弱点,发展很快。目前传统的手动、继电器、模拟控制技术已让位于一个集电机、电力电子、自动化、计算机控制、数字仿真于一体的新兴学科。

9.2　异步电动机调压调速控制电路

由异步电动机电磁转矩和机械特性方程可知,异步电动机的转矩与定子电压的平方成正比,因此改变异步电动机的定子电压也就是改变电动机的转矩及机械特性,从而实现调速,这是一种既简单而又方便的方法。尤其是晶闸管技术的发展,以及晶闸管"交流开关"元件的广泛采用,从而彻底改变了过去利用笨重的饱和电抗器或利用交流调压器来改变电压的现状。晶闸管交流调压电路与晶闸管整流电路一样,也有单相与三相之分。

9.2.1　单相交流调压电路

单相晶闸管交流调压电路的种类很多,但应用最广泛的是两支单向可控硅反并联电路。现以此电路为代表分析它带电阻性负载及电感性负载的工作情况。

图9-1所示为单相交流反并联电路及其带电阻性负载时的电压、电流波形图。由图可见当电源电压为正半周时,在控制角为 α 的时刻触发 VS_1 使之导通,电压过零时,VS_1 自行关断;负半周时,在同一控制角 α 下触发 VS_2。如此不断重复,负载上便得到正负对称的交流电压。改变晶闸管控制角 α 的大小,就可以改变负载上交流电压的大小。对于电阻性负载,其电流波形与电压波形同相。

晶闸管交流调压的触发电路在原理上与晶闸管整流所用的触发电路相同,如图9-1（b）所示,只是要使每周期输出的两个脉冲彼此没有公共点且要有良好的绝缘。

当晶闸管调压电路带电感性负载（如异步电动机）,其电流波形由于电感上电流不能突变而有滞后现象,其电路和波形如图9-2所示。

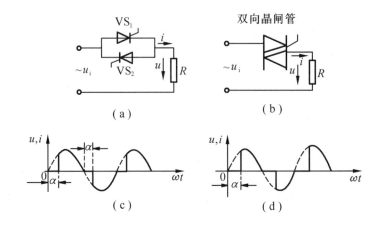

图9-1 单相交流反并联电路及波形图

(a)反并联晶闸管电路图;(b)双向晶闸管示意图;(c)α较小的电压、电流波形图;
(d)α较大的电压、电流波形图

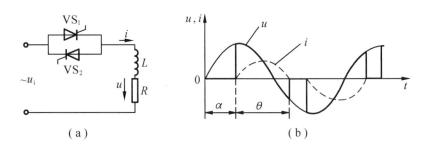

图9-2 带电感性负载的电路及波形图

(a)电路;(b)波形图

由于电感性负载中电流的波形滞后于电压的波形,因此当电压过零变为负值后,电流经过一个延迟角才能降到零,从而晶闸管也要经过一个延迟角才能关断。延迟角的大小与控制角 α、负载功率因数角 φ 都有关系,这一点和单相整流电路带电感性负载相似。

图9-1和图9-2都是单相电动机调压调速的原理示意图。下面介绍一种实用的交流调压调速闭环控制的电路,如图9-3所示。图中分为五个部分:电源部分、同步信号检测及触发电路、主回路、转速反馈及频压转换电路、PI 调节器电路。电源部分为由变压器及7812、7912构成的 ±12 V 双电源电路,转速反馈由码盘及 LM2907 构成的频压转换电路,PI电路由三个运算放大器 LM358 组成。这三部分电路在本书前面的章节中已经介绍,在这里不再讲解。

整个电路的工作过程:当给定一个转速指令时,由于转速还没有跟上指令的变化,经 PI电路输出一个电压,此电压控制移相触发电路的触发角发生变化,改变电动机两端的电压,转速发生相应改变,使系统跟踪指令的变化,最终达到系统稳定。

同步信号检测及触发电路的工作原理:交流正弦波信号经 TF_1 变成同相 15 V 交流信号,波型如图9-4(a)所示;经全波整流桥 Q_1 后波型图如图9-4(b)所示。经过整流后的脉动直流电压与固定的 0.7 V 电压做比较,如果比较器 LM393 的 1 脚输出端不接电容 C_1,该

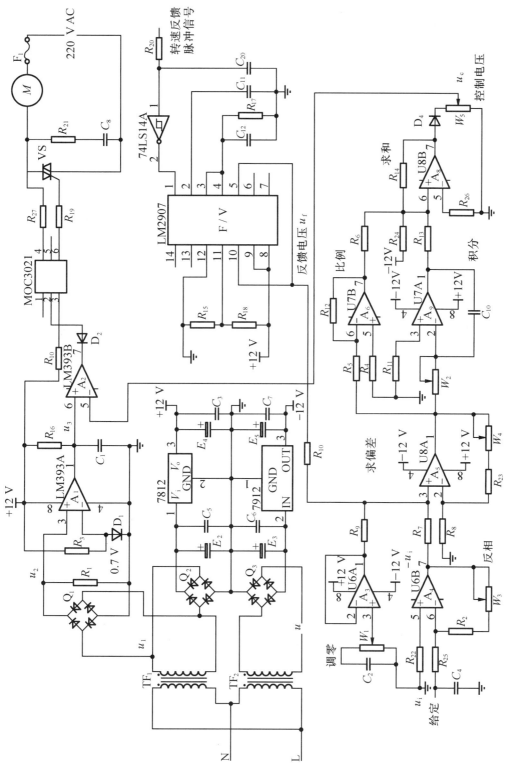

图9-3　单相电动机调压调速电路

点的输出波型如图9-4(c)所示。为了得到锯齿波，在LM393的1脚加上电容C_1，当LM393的1脚输出为高电平时，对电容C_1充电，电压逐渐上升。当LM393的3脚电压低于0.7 V时，LM393输出为低电平。由于LM393为集电极开路输出，电容C_1通过LM393的1脚迅速放电，电压快速下降，这样在LM393输出端1脚形成近似的锯齿波，如图9-4(d)所示。锯齿波与LM393B的5脚控制电压u_c相比较，用来触发MOC3021，随5脚电压的变化，触发角也变化，达到移相控制的目的。

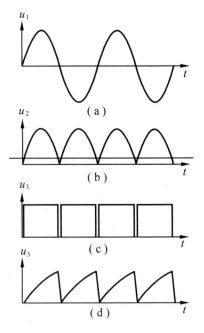

9.2.2　异步电动机的调压调速机械特性

一般而言异步电动机在轻载时，即使外加电压变化很大，转速变化也很小；而在重载时，如果降低供电电压，则转速下降很快，甚至停转，从而引起电动机过热甚至烧坏。因此了解异步电动机调压时的机械特性，对于了解如何改变供电压来实现均匀调速十分有益。

图9-4　触发电路各点波形图
(a)交流信号；(b)整流后波形；
(c)比较器输出；(d)LM393输出

如图9-5所示，对于普通异步电动机，当改变定子电压u时(u_N是电机的额定电压)，得到一组不同的机械特性。在某一负载转矩M_L的情况下，将稳定工作于不同的转速(如图9-5(a)中a、b、c三点对应的转速)。显而易见在这些情况下，改变定子电压，电动机的转速变化范围不大。如果要使电动机能在低速段运行(如点d)，一方面拖动装置运行不稳定，另外随着电动机转速的降低会引起转子电流的相应增大，可能引起过热而损坏电动机，所以为了使电动机能在低速下稳定运行又不致过热，要求电动机转子有较高的电阻。

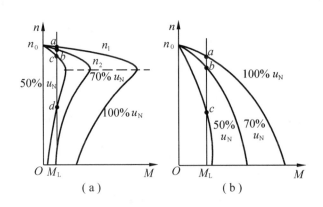

图9-5　异步电动机调压时的机械特性
(a)普通异步电动机；(b)笼型异步电动机

对于笼型异步电动机，可以将电动机转子的鼠笼由铸铝材料改为电阻率较大的黄铜条，使之具有如图9-5(b)所示的机械特性。即使这样调速范围仍不大，且低速时运行稳定性不好,不能满足生产机械的要求。

为了既能保证低速时的机械特性硬度,又能保证一定的负载能力,一般在调压调速系统里采用转速反馈构成闭环系统,其控制系统原理框图如图 9 - 6 所示。

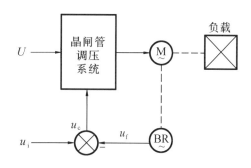

图中的晶闸管交流调压系统,可根据控制信号 u_c 的大小将电源电压 U 改变为不同的可变电压 u_x。控制信号的大小,由给定信号 u_i 和来自测速发电机的测速反馈信号 u_f 的差来调节。当负载稍有增加引起转速下降时,则正比于转速的 u_f 也将减小,由于 $u_c = u_i -$

图 9 - 6　测速发电机调压调速反馈控制系统

u_f,故随 u_f 的减小而自动增大,从而使输出电压 u_x 增大,电动机将产生较大的转矩以与负载转矩平衡。此时的机械特性基本上是一族平等的特性。

显而易见在这种闭环调速系统中,只要能平滑地改变定子电压,就能平滑调节异步电动机的转速,同时低速的特性较硬,调速范围变宽。

9.2.3　电动机调压调速时的损耗及容量限制

根据异步电动机的运行原理,当电动机定子接入三相电源后,定子绕组中建立的旋转磁场在转子绕组中感应出电流,两者相互作用产生转矩 M。这个转矩将转子加速直到最后稳定运转于低于同步转速 n_0 的某一速度 n 为止。由于旋转磁场和转子具有不同的速度,因此传到转子上的电磁功率 $P_\varphi = Mn_0/9\,550$ 与转子轴上产生的机械功率 $P_m = Mn/9\,550$ 之间存在着功率差

$$P_\varphi - P_m = M(n_0 - n)/9\,550 = SP_\varphi \quad (12.0)$$

这个功率称为转差功率,它将通过转子导体发热而消耗掉。由上式亦可看出在较低速时,转差功率将很大,所以这种调压调速方法不太适合于长期工作在低速的工作机械,如果要用于这种机械,电动机容量就要适当选择大一些。

另外如果负载具有转矩随转速降低而减小的特性(通风机类型的工作机构 $M_L = Kn^2$),则当向低速方向调速时转矩减小,电磁功率及输入功率也减小,从而使转差功率较恒转矩负载时小得多,因此定子调压调速的方法特别适合于通风机及泵类等机械。

9.3　异步电动机变频调速器

所谓变频调速就是通过改变电动机定子供电频率以改变同步转速来实现调速。在调速过程中,从高速到低速都可以保持有限的转差功率,因而具有高效率、宽范围和高精度的调速性能。可以认为变频调速是异步电动机调速最有发展前途的一种方法。

变频调速系统可以分为交 - 直 - 交变频调速与交 - 交变频调速两大类。前者常称为带直流环节的间接变频调速,后者则常称为直接变频调速。本节以交 - 直 - 交变频调速为例讲解变频调速的基本原理。

9.3.1 交流异步电动机变频调速原理

根据电机学理论,交流异步电动机的转速可由下式表示

$$n = \frac{60f}{p}(1 - S) \tag{9-1}$$

式中 n——电动机转速;

p——电动机磁极对数;

f——电源频率;

S——转差率。

由式(9-1)可知,影响电动机转速的因素:电动机的磁极对数 p、转差率 S 和电源频率 f。其中改变电源频率来实现交流异步电动机调速的方法效果最理想,这就是所谓变频调速。

9.3.2 交-直-交变频调速

变频调速实质上是向交流异步电动机提供一个频率可控的电源,能实现这一功能的装置称为变频器。变频器由两部分组成:主电路和控制电路。其中主电路通常采用交-直-交方式,即先将交流电转变成直流电(整流、滤波),再将直流电转变成频率可调的矩形波交流电(逆变)。图9-7是主电路的原理图,它是变频器常用的最基本的格式。

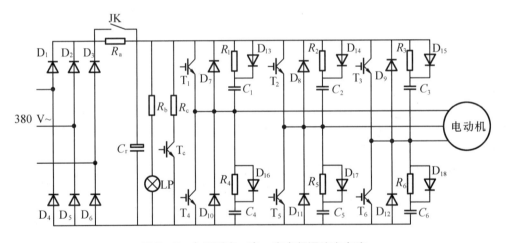

图9-7 电压型交-直-交变频调速主电路

1. 主电路中各元件的功能

(1)交-直电路

整流管 $D_1 \sim D_6$ 组成三相整流桥,对三相交流电进行全波整流。整流后的直流电压

$$U = 1.35 \times 380 \text{ V} = 513 \text{ V}$$

滤波电容 C_r 滤除整流后的电压纹波,并在负载变化时保持电压平稳。

当变频器通电时,瞬时冲击电流较大,为了保护电路元件,加限流电阻 R_a。延时一段时间后,通过控制电路使开关 JK 闭合,将限流电阻短路。

电源指示灯 LP 除了指示电源通断外,还可以在电源断开时,作为滤波电容 C_r 放电通路

和指示。滤波电容 C_r 容量通常很大,所以放电的时间较长(数分钟),几百伏的高电压会威胁人员安全,因此在维修时,要等指示灯熄灭后进行。

R_c 是制动电阻。电动机在制动过程中处于发电状态,由于电路是处在断开情况下,增加的电能无处释放,使电路电压不断升高,将会损坏电路元件,所以应给一个放电通路,使这部分再生电流消耗在电阻 R_c 上。制动时通过控制电路使开关管 T_c 导通,形成放电通路。

(2)直 - 交电路

逆变开关管 $T_1 \sim T_6$ 组成三相逆变桥,将直流电逆变成频率可调的矩形波交流电。逆变管可以选择绝缘栅双极晶体管(IGBT)、功率场效应管(MOSFET)。

续流二极管 $D_7 \sim D_{12}$ 的作用:当逆变开关管由导通状态变为截止时,虽然电压突变降为零,但由于电动机线圈的电感作用,储存在线圈中的电能开始释放,续流二极管提供通道,维持电流继续在线圈中流动。另外当电动机制动时,续流二极管为再生电流提供通道,使其回流到直流电源。

电阻 $R_1 \sim R_6$、电容 $C_1 \sim C_6$、二极管 $D_{13} \sim D_{18}$ 组成缓冲电路,来保护逆变开关管。由于开关管在开通和关断时,要受集电极电流 I_c 和集电极与发射极间电压 U_{ce} 的冲击,如图 9 - 8 所示,因此要通过缓冲电路进行缓解。当逆变开关管关断时,U_{ce} 迅速升高,I_c 迅速降低,过高增长率的电压对逆变开关管造成危害,所以通过在逆变开关管两端并联电容($C_1 \sim C_6$)来减小电压增长率;当逆变开关管开通时,U_{ce} 迅速降低,而 I_c 则迅速升高,并联在逆变开关管两端的电容($C_1 \sim C_6$)由于电压降低,将通过逆变开关管放电,这将加速电流 I_c 的增长率,造成逆变开关管的损坏,所以增加电阻($R_1 \sim R_6$),限制电容的放电电流。可是当逆变开关管关断时,该电阻又会阻止电容的充电。为了解决这个矛盾,在电阻两端并联二极管($D_{13} \sim D_{18}$),使电容在充电时,避开电阻,通过二极管充电;在放电时,通过电阻放电,实现缓冲功能。图 9 - 7 所示的缓冲电路的缺点是增加了损耗,所以它只适用于中小功率变频器。

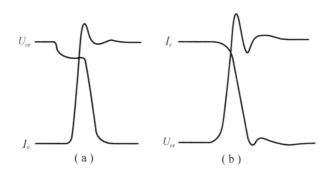

图 9 - 8　开关管开通与关断波形
(a)开关管开通波形;(b)开关管关断波形

缓冲电路还有其他形式,图 9 - 9 给出了另外三种形式,其中图 9 - 9(a)是交叉式缓冲电路,它避开了图 9 - 7 所示的缓冲电路的缺点,适用于大中功率变频器;图 9 - 9(b)是为了吸收高于直流电压的电压尖峰而设计,适用于小功率变频器;图 9 - 9(c)是在逆变开关管前面串联一个 di/dt 抑制电路,使缓冲效果更好。

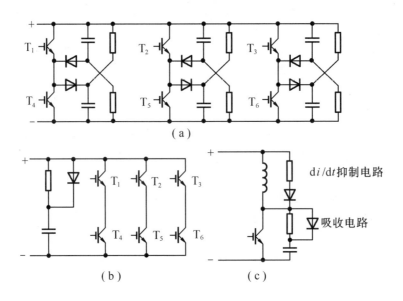

图 9 – 9　缓冲电路

2. 三相逆变桥的工作原理

三相逆变桥的电路简图如图 9 – 10(a)所示,图中 R、Y、B 为逆变桥的输出。图 9 – 10(b)是各逆变管导通的时序,其中深色部分表示逆变管导通。从图 9 – 10(b)可以看出每一时刻总有三只逆变管导通,另三只逆变管关断;并且 T_1 与 T_4、T_2 与 T_5、T_3 与 T_6 每对逆变管不能同时导通。

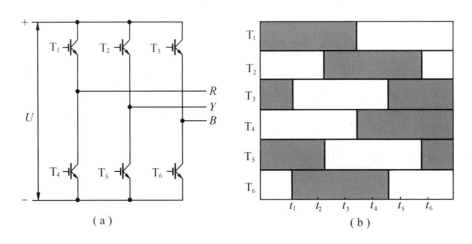

图 9 – 10　三相逆变桥工作原理

(a)电路简图;(b)逆变管通断时序

在 t_1 时间段,T_1、T_3、T_5 这三只逆变管导通,电动机线圈电流的方向是从 R 到 Y 和从 B 到 Y(设从 R 到 Y、从 Y 到 B、从 B 到 R 为正方向,下同),得到线电压为 U_{RY} 和 $-U_{YB}$。

在 t_2 时间段,T_1、T_5、T_6 这三只逆变管导通,电动机线圈电流的方向是从 R 到 Y 和从 R 到 B,得到的线电压为 U_{RY} 和 $-U_{BR}$。

在 t_3 时间段，T_1、T_2、T_6 这三只逆变管导通，电动机线圈电流的方向是从 R 到 B 和从 Y 到 B，得到的线电压为 $-U_{BR}$ 和 U_{YB}。

在 t_4 时间段，T_2、T_4、T_6 这三只逆变管导通，电动机线圈电流的方向是从 Y 到 R 和从 Y 到 B，得到的线电压为 $-U_{RY}$ 和 U_{YB}。

在 t_5 时间段，T_2、T_3、T_4 这三只逆变管导通，电动机线圈电流的方向是从 Y 到 R 和从 B 到 R，得到的线电压为 $-U_{RY}$ 和 U_{BR}。

在 t_6 时间段，T_3、T_4、T_5 这三只逆变管导通，电动机线圈电流的方向是从 B 到 R 和从 B 到 Y，得到的线电压为 U_{BR} 和 $-U_{YB}$。

线电压 U_{RY}、U_{YB}、U_{BR} 的波形如图 9-11 所示。从图中可以看出三者之间互差 120°，它们的幅值是 U。

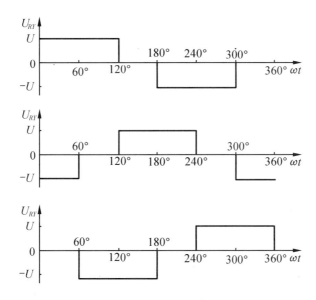

图 9-11　逆变输出线电压波形

因此只要按图 9-10(b)的规律控制六只逆变管的导通和关断，就可以把直流电逆变成矩形波三相交流电，而矩形波三相交流电的频率可在逆变时受到控制。

然而矩形波不是正弦波，含有许多高次谐波成分，将使交流异步电动机产生发热、力矩下降、振动噪声等不利结果。为了使输出的波形接近正弦波，可采用正弦脉宽调制波，有关这些内容将在下一节介绍。

9.3.3　变频与变压

1. 问题的提出

根据电机学理论，交流异步电动机的定子绕组产生反电动势是由定子绕组切割旋转磁场磁力线的结果，其有效值可由下式计算

$$E = Kf\Phi \tag{9-2}$$

式中　K——与电动机结构有关的常数；

　　　f——电源频率；

Φ——磁通。

在电源一侧,电源电压的平衡方程式为

$$U = E + ir + jix \qquad (9-3)$$

该式表示加在电动机绕组端的电源电压 U,一部分产生感应电动势 E,另一部分消耗在阻抗(线圈电阻 r 和漏电感 x)上。其中定子电流

$$i = i_1 + i_2 \qquad (9-4)$$

分成两部分:少部分(i_1)用于建立主磁场磁通 Φ,大部分(i_2)用于产生电磁力带动机械负载。

当交流异步电动机进行变频调速时,如频率 f 下降,则由式(9-2)可得 E 降低;在电源电压 U 不变的情况下,根据式(9-3),定子电流 i 将增加;此时如果外负载不变时,i_2 不变,由式(9-4)可知,i 的增加将使 i_1 增加,也就是使磁通量 Φ 增加;根据式(9-2),Φ 的增加又使 E 增加,达到一个新的平衡点。

理论上这种新的平衡对机械特性影响不大;但实际上由于电动机的磁通容量与电动机的铁芯大小有关,通常在设计时已经达到最大容量,因此当磁通量增加时,将产生磁饱和,造成实际磁通量增加不上去,产生电流波形畸变,削弱电磁力矩,影响机械特性。

为了解决机械特性下降的问题,一种解决方案是设法维持磁通量恒定不变,即设法使

$$E/f = K\Phi = 常数 \qquad (9-5)$$

这就要求当电动机调速改变电源频率 f 时,E 也应该做相应的变化,以维持它们的比值不变。但实际上 E 的大小无法进行控制。

由于在阻抗上产生的压降相对于加在绕组端的电源电压 U 很小,如果略去的话,则式(9-3)可简化成

$$U \approx E \qquad (9-6)$$

这说明可以用加在绕组端的电源电压 U 来近似地代替 E。调节电压 U,使其跟随频率 f 的变化,从而达到使磁通量恒定不变的目的,即

$$E/f \approx U/f = 常数 \qquad (9-7)$$

所以在变频的同时也要变压,这就是所谓 VVVF(variable voltage variable frequency)。

如果频率从 f 调到 f_x,则电压 U 也要调到 U_x。用频率调节比 K_f 表示频率的变化,用电压调节比 K_U 表示电压的变化,则它们分别可表示为

$$K_f = f_x/f_N \qquad (9-8)$$

$$K_U = f_x/U_N \qquad (9-9)$$

式中　f_N——电动机的额定频率;

　　　U_N——电动机的额定电压。

要使磁通量保持近似恒定,就要使

$$K_U = K_f \qquad (9-10)$$

2. 变频与变压的实现——SPWM 调制波

怎样实现变频的同时也变压?我们想起了脉宽调制 PWM。将图 9-11 所示的一个周期的输出波形用一组等宽脉冲波来表示,如图 9-12 所示。

在图 9-12 中,每个脉冲的宽度为 t_1,相邻脉冲的间隔为 t_2,$t_1 + t_2 = T_Z$(脉冲波周期)。则等宽脉冲的占空比 α 为

$$\alpha = \frac{t_1}{t_1 + t_2} \qquad (9-11)$$

调节占空比 α，就可以调节输出的平均电压；调节 PWM 波的频率 $1/T_t$，就可以改变电源频率，实现调速。通过控制电路，可以容易地实现对脉冲波的占空比和 PWM 波的频率分别进行调整。

但是虽然实现了变频与占空比的调整，可是逆变电路输出的电压波形仍然是一组矩形波，而不是正弦波，仍然存在许多高次谐波的成分，因此还要进行改变。

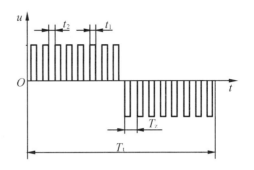

图 9 – 12　含有等宽载波的脉宽调制波形

一种方法是将等宽的脉冲波变成宽度渐变的脉冲波，其宽度变化规律应符合正弦的变化规律，如图 9 – 13 所示。我们把这样的波称为正弦脉宽调制波，简称 SPWM 波。SPWM 波大大地减少了谐波成分，可以得到基本满意的驱动效果。

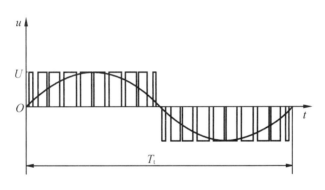

图 9 – 13　SPWM 波形

产生正弦脉宽调制波 SPWM 的方法是：用一组等腰三角形波与一个正弦波进行比较，如图 9 – 14 所示，其相等的时刻（交点）作为开关管"开"或"关"的时刻。

将这组等腰三角形波称为载波，而正弦波则称为调制波。正弦波的频率和幅值可以控制，如图 9 – 14 所示。改变正弦波的频率，就可以改变输出电源的频率，从而改变电动机的转速；改变正弦波的幅值，也就改变了正弦波与载波的交点，使输出脉冲系列的宽度发生变化，从而改变了输出电压。

对三相逆变开关管生成 SPWM 波的控制可以有两种方式：一种是单极性控制；另一种为双极性控制。

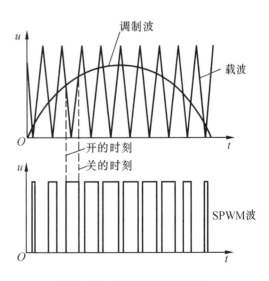

图 9 – 14　SPWM 波生成方法

采用单极性控制时,每半个周期内,逆变桥的同一桥臂的上、下两只逆变开关管中,只有一只逆变开关管按图 9 – 14 的规律反复通断,而另一只逆变开关管始终关断;在另外半个周期内,两只逆变开关管的工作状态正好相反。

三相逆变器中的六只逆变开关管的工作状态仍然可以用图 9 – 10(b) 进行描述。图中深色的部分是逆变开关管按图 9 – 14 的规律进行开通与关断的时间,而空白部分则是逆变开关管始终关断的时间。如 T_1 开关管在 t_1、t_2、t_3 时间段中按 SPWM 波的规律进行开通和关断,在 t_4、t_5、t_6 时间段则全关断;同一桥臂的 T_4 开关管正好相反,在 t_1、t_2、t_3 时间段全关断,而在 t_4、t_5、t_6 时间段则按 SPWM 波的规律进行开通和关断。三个桥臂工作的规律都相同,只是在相位上相差 120°。

采用双极性控制时,在全部周期内同一桥臂的上、下两只逆变开关管交替开通与关断,形成互补的工作方式。其各种波形如图 9 – 15 所示。

图 9 – 15(a) 表示了三相调制波与等腰三角形载波的关系。三相调制波是由 u_R、u_Y、u_B 三条正弦波组成,其频率和幅值都一样,但在相位上相差 120°。每一条正弦波与等腰三角形载波的交点决定了同一桥臂(同一相)的逆变开关管的开通与关断的时间。例如:u_R 与三角波的交点决定了 T_1 与 T_4(图 9 – 10(a) 组成 R 相的桥臂)的开通与关断的时间。

图 9 – 15(b)、(c)、(d) 表示了各相电压 U_R、U_Y、U_B 输出的波形。它们分别是各桥臂按对应的正弦波与三角载波交点所决定的时间,进行“开”与“关”所产生的输出波形。其波值正负交替,这就是所谓双极性,其中上臂开关管产生正脉冲,下臂开关管产生负脉冲。它们的最大幅值是 ±$U/2$,同样三相相电压波形的相位也互差 120°。

图 9 – 15(e) 是线电压 U_{RY} 输出的波形,它是由相电压合成($U_{RY} = U_R - U_Y$,同理也可以得到 $U_{YB} = U_Y - U_B$,$U_{BR} = U_B - U_R$)。线电压具有单极性。

3. 载波频率的选择

SPWM 波毕竟不是正弦波,它含有高次谐波的成分,因此尽量采取措施减少它。图 9 – 16 是 SPWM 电流波形,显然它仅仅是含有谐波的近似正弦波。

图中给出了载波在不同频率时的 SPWM 电流波形,可见载波频率越高,谐波波幅越小,SPWM 电流波形越好,因此希望提高载波频率来减小谐波。

4. 载波与调制波的频率调整

提高载波的频率要受逆变开关管的最高开关频率限制。第三代绝缘栅双极晶体管(IGBT)的工作频率可达 30 kHz,采用这样的器件作为逆变开关管,可以得到平滑的电流波形。这就是越来越多的变频器采用 IGBT 的原因之一。

另外高的载波频率使变频器和电动机的噪声进入超声范围,超出人的听觉范围,产生静音的效果。

载波与调制波的频率调整有以下三种形式。

(1)同步控制方式

同步控制方式是在调整调制波频率同时也相应地调整载波频率,使两者的比值等于常数。这使得在逆变器输出电压的每个周期内,所使用的三角波的数目不变,因此所产生的 SPWM 波的脉冲数一定。

这种控制方式的优点是在调制波频率变化的范围内,逆变器输出波形的正、负半波完全对称,使输出三相波形之间具有 120° 相差的对称关系。但是在低频时会使每个周期 SPWM 脉冲个数过少,使谐波分量加大,这是这种方式严重不足的地方。

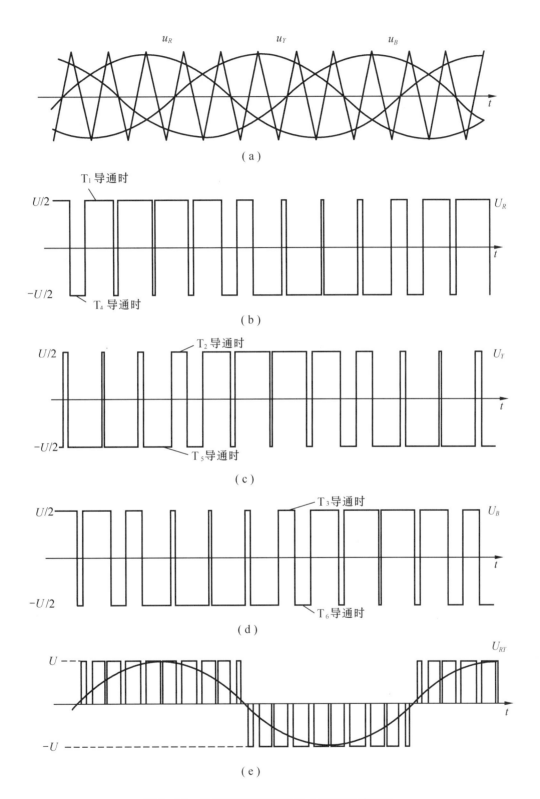

图 9 - 15   三相逆变器输出双极式 SPWM 波形图

(a)三相调制波与三角载波;(b)R 相相电压波形;(c)Y 相相电压波形;(d)B 相相电压波形;(e)U_{RY} 线电压波形

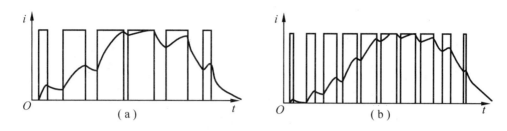

图9-16 SPWM 电流波形

(a)载波频率较低时的电流波形;(b)载波频率较高时的电流波形

(2)异步控制方式

异步控制方式是使载波频率固定不变,只调整调制波频率进行调速。它不存在同步控制方式所产生的低频谐波分量大的缺点,但是它可能会造成逆变器输出的正半波与负半波、三相波之间出现不严格对称的现象,这将使电动机运行不平稳。

(3)分段同步控制方式

针对同步控制和异步控制的特点,取它们的优点,就构成了分段同步控制方式。在低频段,使用异步控制方式;在其他频段,使用同步控制方式。该方式在实际中应用较多。

9.4 SLE4520 三相可编程脉宽调制器

SLE4520 是一种应用 ACMOS 技术制作的低功耗高频大规模三相 PWM 集成电路。该芯片于 1986 年由德国西门子公司推出。它是一种可编程器件,与 8 位或 16 位微处理器或微机配合使用,在适当的软件控制下,SLE4520 就能产生驱动三相逆变器的 SPWM 三相六路信号,波形不局限于正弦调制。由微处理器中的定时器决定逆变器的开关频率,具有内部封锁能力和可编程推迟时间的能力。SLE4520 输出的 SPWM 波的开关频率可达 20 kHz,基波频率可达 2 600 Hz,因此适用于 IGBT 变频器或其他中频电源变频器。

9.4.1 SLE4520 的引脚功能

SLE4520 为双列直插式 28 脚芯片,如图 9-17 所示。它有 13 个输入端、5 个控制端、8 个输出端、2 个电源端。分别如下:

1.13 个输入端

(1)XTAL1(2 脚)、XTAL2(3 脚) 外晶振输入端,可外接 12 MHz 晶振,为 SLE4520 内部各单元电路提供一个外接参考时钟。

(2)P7~P0(11 脚~4 脚) 8 位数据输入端,与 8 位 CPU 的数据总线相接。其功能是将微机输出的命令或数据送入 SLE4520。

(3)$\overline{WR}$(24 脚) 来自微机的脉冲信号输入端,与微机的 $\overline{WR}$ 相连。当该端为低电平(0)时,将来自微机的地址数据写到 SLE4520 中的地址锁存器内。

(4)ALE(25 脚) 来自微机的地址锁存允许脉冲信号输入端。与微机的 ALE 相连,它与来自微机的 $\overline{WR}$ 信号一起根据程序中设定的地址信号对 SLE4520 内部的 3 个 8 位数据寄存器、2 个 4 位控制寄存器进行选择。

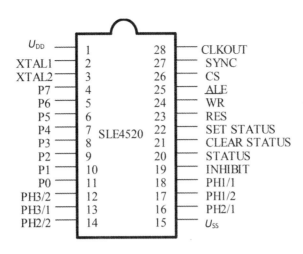

图 9-17　SLE4520 的引脚排列及功能

（5）SYNC（27 脚）　来自微机的触发脉冲信号输入端，与微机的输出端相连。该端输入信号控制 3 个可预置 8 位减法计数器是否开始进行递减运算。

2.5 个控制端

（1）CLEAR STATUS（21 脚）及 SET STATUS（22 脚）　状态触发器的两个输入端，即清零端和复位端。可接保护电路的输出或接微机的输出。清零端有效则开通 SLE4520 的 SPWM 信号输出端；复位端有效则关断 SPWM 信号输出端。

（2）RES（23 脚）　SLE4520 的复位端，可与微机复位电路的输出相连。该端为高电平时，使 SLE4520 内部各状态锁存器、计数器等复位，保证开机时从相同的状态开始工作。

（3）CS（26 脚）　SLE4520 的片选信号输入端，可与微机系统的译码电路输出端相连。该端为高电平时，SLE4520 芯片被选通工作；为低电平时，该芯片不工作。

（4）INHIBIT（19 脚）　脉冲封锁端，接保护电路的输出。该端为高电平时 SLE4520 的输出全被封锁，可用作变频器各种故障保护的封锁脉冲端。

3.8 个输出端

（1）PH1/1（18 脚）、PH1/2（17 脚）、PH2/1（16 脚）、PH2/2（14 脚），PH3/1（13 脚）、PH3/2（12 脚）　分别为变频器 U、V、W 三相上、下桥臂开关器件的控制信号输入端，接三相变频器驱动电路的输入端，提供驱动三相变频器的 SPWM 信号。

（2）STATUS（20 脚）　状态触发器的输出端，可接一个指示器，用以指示 SLE4520 的状态是在输出驱动变频器状态还是在封锁输出状态。

（3）CLKOUT（28 脚）　为晶振频率输出端，接微机的时钟信号输入端，使微机系统的时钟与 SLE4520 的时钟保持同步。

4.2 个电源端

（1）U_{DD}（1 脚）　为电源正端，接 +5 V 电源。

（2）U_{SS}（15 脚）　为电源负端，接地。

9.4.2 SLE44520 内部结构框图及工作原理

1. 内部结构

SLE4520 内部结构框图如图 9 - 18 所示,共包括 17 个单元电路:三个(对应于 U、V、W 三相)8 位数据锁存器,三个可预置数的 8 位计数器,二个过零检测器,一个 4 分频锁存器,一个可编程 1:n 预置分频器,一个 4 位死区时间寄存器,一个 1:4 地址译码锁存器,一个通断控制触发器,一个振荡器,以及一个脉冲放大器。这些单元电路分别与 SLE4520 内部数据总线或控制总线相连。

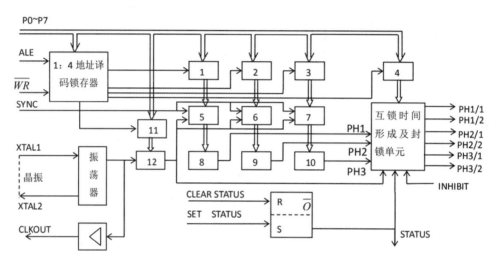

图 9 - 18   SLE4520 内部结构框图

1—U 相 8 位锁存器;2—V 相 8 位锁存器;3—W 相 8 位锁存器;4—死区时间寄存器;
5~7—可预置数计数器;8~10—过零检测器;11—四分频锁存器;12—可编程分频器

SLE4520 采用内部译码结构,各寄作器地址如表 9 - 1 所示。

表 9 - 1   SLE4520 内部寄存器地址表

地址	寄存器
00	U 相寄存器
01	V 相寄存器
02	W 相寄存器
03	死区位移寄存器
04	4 分频控制寄存器

2. 数字量如何转换为脉宽

在片选信号 CS 有效、SET STATUS 及 INHIBI 端信号无效的情况下,当 ALE、$\overline{WR}$ 信号有效时,由微机输出的地址数据经由数据总线 P0 ~ P7 写入地址译码锁存器。然后根据地址译码,由微机输出的 SPWM 脉宽数据分别写入 3 个 8 位数据锁存器。在 SYNC 端输入触发脉冲信号后,三相的脉宽数据同步地装入减法寄存器,并开始进行减 1 计算。一旦某一相减

1 计数器减到零,则该相过零检测器就发出信号,使该相输出由高电平(无效)变为低电平(有效),形成一个脉冲,计数器减到零后即停止工作,直到下一个 SYNC 端的同步触发脉冲到来,再使该相输出为高电平。

3. 开关频率的选择

减 1 计数器的减法速度由 4 位预分频器及可编程分频器控制。这样可以通过编程方便地改变开关频率,实现输出频率的微调。

可编程分频控制器的分频比率由分频控制寄存器设置。数值设置与分频比率的关系如表 9 - 2 所示。

表 9 - 2　计数器分频比率和延迟时钟分频比率表

设置数值	计数器分频比率	延迟时钟分频比率
0	1:4	1:4
1	1:6	1:6
2	1:8	1:4
3	1:12	1:6
4	1:16	1:4
5	1:24	1:6
6	1:32	1:4
7	1:48	1:6

确定计数器的分频比后,根据下述的方法选择开关频率,即开关频率的周期长度应正好是最大的脉冲宽度。如使用 8031 单片机,在 12 MHz 晶振下,计数器分频比为 1:12 时,则计数频率为 1 MHz,减 1 一次为 1 μs。若送入计数器的最大脉宽数据为 0(7 位),则 128 μs 时减 1 计数器到零,开关频率为 1/128 μs ≈ 7.8 kHz。若送入计数器的最大脉宽数据为 0(8 位),则 256 μs 后减 1 计数器到零,开关频率为 3.9 kHz。表 9 - 3 给出了若干计算结果。

表 9 - 3　不同分频比率时的开关频率表

分频比率	计数频率/MHz	减 1 计数器到零的时间/μs	开关频率/kHz	分辨率/bit
1:6	2	64	15.6	7
1:6	2	128	7.8	8
1:12	1	128	7.8	7
1:12	1	256	3.9	8
1:24	0.5	256	3.9	7
1:24	0.5	2×256	1.95	8
1:48	0.25	2×256	1.95	7
1:48	0.25	2×256	0.975	8

4.死区位移寄存器和死区时间设定

死区时间是把脉宽调制信号与一个延迟信号相结合而获得。具体地讲由于 SLE4520 每一路输出都是低电平有效,所以死区时间的形成是通过延迟脉冲负沿到来的时刻获得,而这个"延迟"又是通过一个 15 位位移寄存器来设定。位移寄存器的时钟,即延迟时钟的频率是由在可编程分频器的分频控制寄存器中设置的数值来决定。延迟时钟分频比率只有两种,或者是 1:4,或者是 1:6。可见死区时间决定于 3 个因素,即晶振频率、可编程控制器的设置数值以及位移寄存器的设置数值。

5.输出级

在没有死区时间的情况下,PH1/2 的输出信号与 PH1/1 的输出信号相反;PH2/2 的输出信号与 PH2/1 的输出信号相反;PH3/2 的输出信号与 PH3/1 的输出信号也相反,均为低电平有效。输出信号的负沿都向右延迟一个由程序设置的死区时间。输出级电流可达 20 mA,可直接驱动 TTL 电路或者隔离用的光耦。

输出级可以动态或静态封锁。在 INHIBIT(19 脚)信号有效期间,SLE4520 的六个输出端均被置为高电平。这时若输出是连接到光耦中发光二极管的阴极,则发光二被管无电流,变频器的六个开关器件全部被封锁。在开始工作时,封锁输出很重要。这是因为只有晶振输出已建立,并且在初始化程序执行后,才能有正确的脉宽调制脉冲输出。为此微机必须有一个输出口与 INHIBIT 端相连,在接通电源后微机将此输出口置为高电平,封锁输出,而在初始化程序结束后,再将此端口置为低电平,允许 SLE4520 输出。

封锁输出的另一种方法是将状态触发器的置位端 SET STATUS(22 脚)加一高电平。这种方法可用于各种故障保护。故障状态可由状态触发器的输出端 STATUS(20 脚)接指示器来指示,并可用此信号将故障状态通知微机。故障排除后给状态触发器的清零端 CLEAR STATUS(21 脚)输入一个高电平脉冲,即可解除封锁,开通 SLE4520 的 SPWM 信号输出。

9.4.3　SLE4520 的应用

如上所述,SLE4520 是一个可编程三相 PWM 集成电路,与微机配合使用,能把三路 8 位数字量转换成三路脉宽调制信号,形成三相 SPWM 波,驱动逆变桥上的六个开关器件。虽然也可以和 16 位微机配合使用,但因 SLE4520 是 8 位可编程芯片,一般情况下可与 8 位微机配合使用。下面介绍一个 SLE4520 与 8031 微机系统相连接的例子,如图 9 - 19 所示,对硬件电路简要说明如下。

(1)将 SLE4520 的 VCC 引脚接 +5V,VSS 引脚接地,XTAL1 与 XTAL2 之间接 12MHz 晶振。CLKOUT(28 脚)接到 8031 的 XTAL2,使 8031 的时钟与 SLE4520 的时钟保持同步。将 SLE4520 的 RES(23 脚)与 8031 的供电复位电路的输出相连,保证开机时以相同的状态开始工作。

(2)8031 的 P0 口与 SLE4520 的 P0 - P7 相连,为数据总线。SLE4520 的六路输出口(18、17 脚,16、14 脚,13、12 脚)接到接光耦发光二极管的阴极,以输出 SPWM 脉冲。

(3) SLE4520 的 SYNC 端接至 8031 的 P1.0 口,由 8031CPU 控制 SLE4520 内部的三个可预置的计数器同时启动。

(4) SLE4520 的 SET STATUS 接至外部故障电路的输出端,一旦故障电路中任一故障出现时,通过该端对 SLE4520 的六路输出进行封锁。

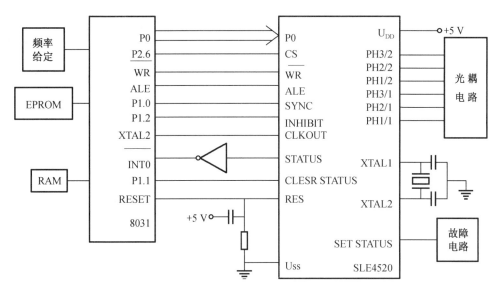

图 9 – 19　SLE4520 与 8031 单片机的连接

（5）将 SLE4520 的 STATUS（20 脚）与 8031 的 $\overline{\text{INT0}}$ 相连，当保护电路中有任一故障出现且 SLE4520 被封锁时，将进入 8031 $\overline{\text{INT0}}$ 的中断服务程序，进行软件封锁和故障显示及报警。

（6）给定频率由电位器 RP 设定，经积分电路和 ADC0809 模数转换器读入 8031 中。

（7）采用定时器 T0 定时和开关频率的周期 T。

可将 SLE4520 与后面介绍的智能功率模块 IPM 配合使用，完成对三相异步电动机的驱动与控制。

9.5　智能功率集成电路 IPM

9.5.1　智能功率集成电路 IPM 概述

机电一体化技术的发展始终与电子技术的发展息息相关，从 20 世纪 80 年代中期以来，国际上在电子技术领域内出现了一种全新的功率集成电路——智能功率集成电路。所谓智能功率集成电路指的是该电路至少把逻辑控制电路和功率半导体管集成在同一芯片上，通常是指输出功率大于 1 W 的集成电路。在这个电路上还包括过电流、过电压、超温和欠电压等保护电路，有的还将电路内部状态作为一个诊断信号输出。在这个定义下智能功率集成电路包括了汽车电路、工厂自动化设备、办公自动化设备和消费类电子设备所使用的电机控制器、平板显示驱动器以及高压多路调制解调器等。

智能功率集成电路的出现，打破了以往微电子与电力电子长期分割的局面，实现了人们多年的愿望。智能功率集成电路可使电力电子装置缩小体积，减轻重量，而且它更适合大规模生产，从而使成本降低。功率集成电路是强电与弱电连接的桥梁，是机与电统一起来实现机电一体化的重要手段。目前它的功率水平可达 150 A/1 200 V。它们所采用的功率器件有双极型器件（晶体管、晶闸管）、单极型器件（场效应晶体管）或复合器件（BIMOS），控制电路大部分采用 MOS 技术。

　　智能功率集成电路实现了集成电路功率化,功率器件集成化和智能化,使功率与信息控制统一在一个器件内,成为机电一体化系统中弱电与强电的接口。它不但提供一定功率输出能力,而且具有逻辑、控制、传感、检测、保护和自诊断等功能,从而将智能赋予功率器件。通过智能作用对功率器件状态进行监控,如负载开路、过电流、输出短路、电源短路、电源欠电压、过电压、过热等不正常故障出现,电路即作出保护,并输出故障诊断信号。大多数功率集成电路的输入都是 TTL 或 CMOS 电平兼容,可以直接由微处理器控制,状态信息也可反馈至微处理器。

　　智能功率集成电路的使用给电机控制系统装置带来极大方便,简化开发和调整工作,缩小体积,减轻重量,提高可靠性和抗干扰能力,改善性能,而且也节约成本。它具有小型、多功能、使用方便等优点,适合于交流 220 V 电网的应用。下面以日本富士电机 R 系列 IPM 为例,进行详细介绍。

9.5.2　R 系列 IPM 概述

　　R 系列 IPM 是富士电机第三代的 IGBT – IPM,适用于通用变频器等,内设欠压、过热、过流保护等功能,开关频率范围为 1～20 kHz。

　　1. R – IPM 的特点

　　(1)具有与 N 系列模块、N – IPM 同等的电气持性　通过软开关性能实现低浪涌、低噪声,采用 U_{ce} 和 SW 损耗折中的方法,使总损耗降低。

　　(2)高可靠性　仅仅由硅半导体芯片组成,与以往品种(J – IPM、N – IPM)相比,元器件数量大幅度减少,具有优良的性价比。通过探测 IGBT 芯片结温来提供温度保护,防止芯片异常过热损坏,使可靠性更高。

　　(3)封装互换性　主端子、控制端子、安装孔位置与以往的品种(J – IPM、N – IPM)兼容,高度比以往品种低、小巧。

　　2. 型号所表示含义

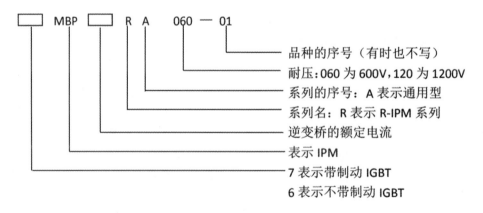

　　如 7MBP300RA060 表示主元件为带制动的 IGBT,耐压 600 V,额定电流 300 A 的通用 R – IPM。

3. 部分 R 系列 IPM(表 9-4)

表 9-4 部分 R 系列 IPM

型号	U_{CES}	封装	有无制动	额定电流 I_C	
				逆变器	制动器
7MBP 50RA060		P610		50 A	30 A
7MBP 75RA060		P610	有	75 A	50 A
7MBP100RA060		P611		100 A	50 A
7MBP150RA060	600 V	P611		150 A	50 A
6MBP 50RA060		P610		50 A	
6MBP 75RA060		P610	无	75 A	无
6MBP100RA060		P611		100 A	
6MBP150RA060		P611		150 A	

9.5.3 R-IPM 的接线端子及功能说明

1. 封装及接线端子

图 9-20 为 R-IPM 的 P610 封装图。R-IPM 的外形尺寸为 109 mm × 88 mm × 22 mm。由于用陶瓷基板作绝缘构造,基板上有 $4×\phi5.5$ 孔,可将其直接安装到散热器上,散热性能良好。控制端子为 2.54 mm 的标准间距的单排封装,可以用一个通用的连接器连接,因有导向插针,容易插入印刷电路板用连接器。主电源输入(P,N),制动输出(B)及输出端子(U,V,W)分别就近配置,主配线容易连接。主端子用 M5 螺钉,可实现电流传输。固定用螺钉与主端子相同也为 M5。电气连接使用螺钉和连接器,无须焊接,拆卸容易。表 9-5 为接线端子的符号及含义。

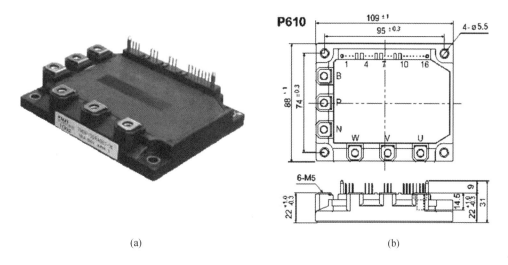

(a) (b)

图 9-20 R-IPM 的封装

(a)外形;(b)外形尺寸

表 9-5 接线端子符号与含义

端子符号	含义	端子符号	含义
P	变频装置整流、滤波后主电源(U_d)输入端,U_d的范围 200~400 V。P:正端;N:负端	(10)GND	下桥臂共用驱动电源(U_{CC})输入端 U_{CC}:正端;GND:负端
N		(11)U_{CC}	
B	制动输出端子,减速时用以释放再生电能的端子	(12)U_{IN}DB	下桥臂制动单元控制信号输入端
		(16)ALM	保护电路动作时的异常信号 ALM 输出
U	变频器三相输出端	(2)U_{IN} U	上桥臂 U 相控制信号输入端
V		(5)U_{IN} V	上桥臂 V 相控制信号输入端
W		(8)U_{IN} W	上桥臂 W 相控制信号输入端
(1)GND U	上桥臂 U 相驱动电源输入端 U_{CC} U:正端;GND U:负端	(13)U_{IN} X	下桥臂 X 相控制信号输入端
(3)U_{CC} U			
(4)GND V	上桥臂 V 相驱动电源输入端 U_{CC} V:正端;GND V:负端	(14)U_{IN} Y	下桥臂 Y 相控制信号输入端
(6)U_{CC} V			
(7)GND W	上桥臂 W 相驱动电源输入端 U_{CC} W:正端;GND W:负端	(15)U_{IN} Z	下桥臂 Z 相控制信号输入端
(9)U_{CC} W			

U_{CC} 的范围为 13.5~16.5 V,典型值为 15 V。电源建立的顺序是:在 U_{CC} 上升到 13.5~16.5 V 之后,才可加主电源 U_d。

2. 功能说明

(1)三相逆变桥用 IGBT、FWD(续流二极管) IPM 内部含有三相逆变器用 IGBT 及 FWD,并且三相都已连接好。只要把 P、N 端接到主电源,把 U、V、W 端接到三相输出端子就完成了主电路的配线工作。

(2)制动用 IGBT、FRD(制动用续流二极管) IPM 内含制动用 IGBT 及 FRD,并接到 B 端子上,控制 IGBT 并经制动电阻释放能量。可抑制 PN 端十间电压的上升。6MBP 口的 RA060 内虽不包含制动用 IGBT 和 FRD,但仍有 B 端子。

(3)三相逆变桥及制动用 IGBT 的驱动功能 所有 IGBT 的驱动功能都已包含在内,6MBP 系列内包含驱动功能。本驱动电路有如下优点。

没使用栅极电阻 Rg,通过驱动元件的软开关,控制 IGBT ON/OFF 时栅极电压的 dU/dt;驱动电路与 IGBT 之间配线很短,以降低配线阻抗,因此用单电源驱动,不加反向偏压也能工作。下桥臂的 IGBT 是共发射极,用一个电源驱动。整个 IPM 的驱动需要四个相互绝缘的电源;电路设计时已做成关断时 IGBT 的栅极为低阻抗接地,从而防止由于噪声等造成误导通。

(4)所有 IGBT 都有过电流保护功能(OC) IGBT 的过电流保护是通过检测集电极电流进行。

(5)所有 IGBT 部有短路保护功能(SC) OC 保护功能里所有 SC 保护功能都联动,从而抑制负载短路时的峰值电流。

(6)驱动电源欠电压保护功能(UV)

(7)外壳温度过高保护功能(T_{COH})

(8)芯片温度过高保护功能(T_{jOH})

（9）报警输出功能（ALM） 下桥臂侧 OC、UV、T_{jOH} 及 T_{COH} 动作时，在过电流保护动作发生后 2 ms 内输出 ALM；仅上桥臂侧 OC、UV、T_{jOH} 动作时，不输出 ALM。下桥臂各驱动电路的 ALM 端相互连接在一起，输出 ALM 时，下桥臂侧所有 IGBT 都停止工作。

9.5.4 R－IPM 的应用

1. 应用电路图及注意事项

图 9－21 为包含制动单元的应用电路。使用时必须注意：

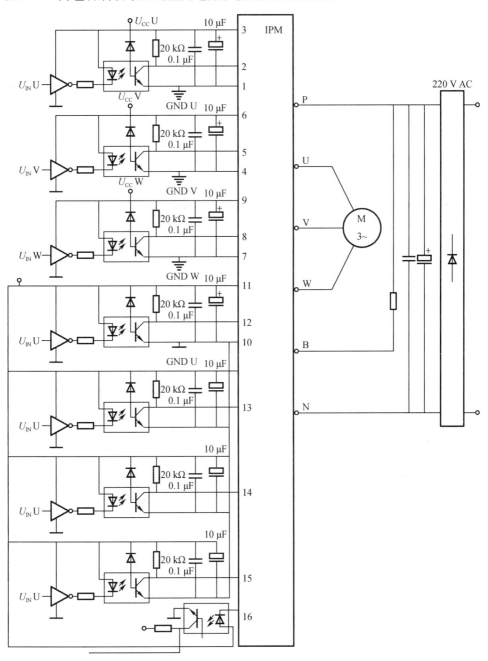

图 9－21 应用电路实例（内含制动单元）

(1)控制电源必须是上桥臂侧3组,下桥臂侧1组,总计4组独立电源。使用市售的电源组件时,电源输出侧的 GND 端子不要互连。另外应尽量减少各电源与地间的杂散电容。

(2)4组电源的结构应互相绝缘(输入部分连接器及印刷电路板)。4组电源间以及与主电源间都应绝缘,此外因 IGBT 在开关时有很大的 dU/dt 施加于绝缘上,应确保足够的绝缘距离(推荐大于2 mm)。

(3)下臂侧控制电源 GND 与主电源 GND 已在 IPM 内部连接,因而绝对不要在 IPM 的外部进行连接。若再连接,下臂与 IPM 的外部连线间将因 di/dt 引起环流,可能导致光耦、IPM 的误动作,甚至破坏 IGBT 的输入电路。

(4)各控制电源均接有10 μF 及0.1 μF 的滤波电容,保持电源平稳,修正线路阻抗,其他地方接滤波电容也是必要的措施。此外由于从10 μF 及0.1 μF 电容到控制电路的线路阻抗可能引起过渡过程,应尽可能靠近 IPM 端子安装。应选择频率特性好,阻抗低的电解电容器,将其与高频薄膜电容并联使用效果更好。

(5)控制输入应接20 kΩ 的上拉电阻连于 U_{CC},另外在内置制动单元的 IPM 中,当不使用制动时,也应将 DB 输入端子接20 kΩ 的上拉电阻连于 U_{CC},否则 dU/dt 可能引起误动作。

(6)缓冲器直接连到 P、N 端子上。P612 封装时,在两侧的 P、N 端子上,分别接上缓冲器。无制动单元的封装类型,建议将 B 端子接到 N 或 P 端子上,避免在悬空状态使用。

(7) R 系列 IPM 大都是采用1种连接器,推荐使用 HINOYA 电机公司生产的连接器 MDF7 – 25S – 2.54DSA。

不包含制动单元的 IPM 应用电路和此电路类似,只需将12脚和 B 端子悬空即可。

9.6　直角坐标焊接机器人

随着电子技术、计算机技术、数控及机器人技术的发展,自动弧焊机器人工作站从二十世纪60年代开始用于生产以来,其技术已日益成熟,主要有以下优点:(1)稳定和提高焊接质量;(2)提高劳动生产率;(3)改善工人劳动强度,机器人可在有害环境下工作;(4)降低了对工人操作技术的要求;(5)缩短了产品改型换代的准备周期(只需修改软件和必要的夹具即可),减少相应的设备投资。因此在各行各业已得到了广泛的应用。该系统一般多采用熔化极气体保护焊(MIG、MAG、CO_2 焊)或非熔化极气体保护焊(TIG、等离子弧焊)方法。设备一般包括:焊接电源、焊枪和送丝机构、焊接机器人系统及相应的焊接软件及其他辅助设备等。常见的焊接机器人有关节型和直角坐标型两种。

直角坐标型焊接机器人机构简图如图9 – 22所示。焊接机器人本体包括水平(X 轴)、前后(Y 轴)、垂直(Z 轴)和焊枪旋转(φ 轴)4个自由度。X,Y,Z 三个轴的直线运动由滚珠丝杠螺母机构加线性滑轨实现,在两端设有限位开关。

焊接机器人控制系统设计指标如下。

工作空间:$X \times Y \times Z = 800$ mm $\times 600$ mm $\times 600$ mm

焊枪姿态角度范围:330°

送丝速度范围:2 ~ 22 m/min

伺服控制循环时间:1 ms

直线定位精度:0.1 mm

直线最高速度:不低于200 mm/s

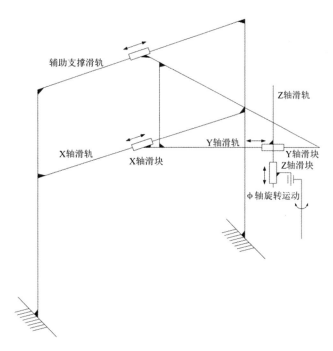

图9-22 4自由度直角坐标焊接机器人机构简图

回转定位精度:0.1°

回转轴 φ 轴负重:0~5 kg

编程方式:工件示教、计算机辅助自动编程

适用于气体保护焊和氩弧焊。

9.6.1 焊接机器人控制系统总体方案

焊接机器人采用交流伺服驱动,焊接机器人的四个轴运动都由交流伺服电机完成,每个伺服电机由交流伺服驱动器控制。4个交流伺服驱动器由1个运动控制器控制,实现焊缝的跟踪与焊接。采用触摸屏进行人机交互,操作人员采用示教再现的方式进行焊缝轨迹的设置,触摸屏与运动控制器采用 RS232 总线连接。控制系统总体结构如图9-23所示。

9.6.2 电机与交流伺服驱动器

(1)交流伺服电机选择的原则

惯量比:惯量比是电机的转动惯量与负载惯量的比。按通常标准,750 W以下的电机惯量比应在1~30之间。

最高转速:机器以最高速工作时电机的转速。机器运转时所需的电机最高转速应小于所选电机的额定转速。

峰值转矩:机器运转过程中(主要是加减速时)的电机所需的最大转矩。峰值转矩应小于所选电机最大转矩的80%。

有效转矩:运转、停止全过程所需转矩的平方平均值的单位时间数值。有效转矩应小于电机的额定转矩的80%。

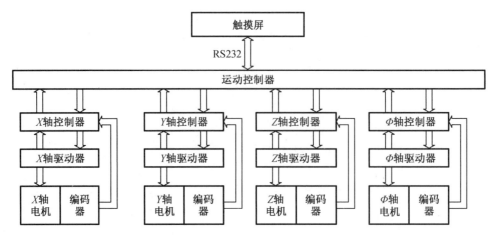

图9-23　4自由度直角坐标焊接机器人控制系统框图

(2)交流电机选择

φ轴主要是带动焊枪头做沿电机轴中心的旋转运动,平时用来对准焊缝,速度不宜过快,以便点动控制时容易掌握焊枪的姿态,因此为了安全和使用方便平时工作时焊枪旋转的速度为30°/s。最高的旋转速度为100°/s。换算为电机的转速最高速度为17 r/min,功率为200 W的交流伺服电机的额定转速都高于17 r/min,符合额定速度要求。

Z轴负载即为φ轴的电机及其所带焊枪的重量。Z轴的滑块最大负重为6.4 kg;焊接任务中,Z轴实现了焊枪在垂直面内的上下动作,最高运动速度为200 mm/s,行程为600 mm。Z轴模组选取SATA模组,交流伺服电机功率选取200 W。

Y轴模组选取行程为600 mm长的SATA模组,交流伺服电机功率选取200 W。

X轴模组选取行程为800 mm长的SATA模组,交流伺服电机功率选取400 W。

(3)伺服驱动器选型

交流伺服驱动器选取与交流伺服电机配套的驱动器。各轴电机与伺服驱动器型号如表9-6所示。四个轴的驱动器和电机虽型号不同,但是外形基本相同,如图9-24所示。使用旋转型伺服电机时的位置控制接线图如图9-25所示。

图9-24　伺服电机(右)及
配套驱动器(左)

表9-6　焊接机器人各轴电机对应驱动器型号

轴	电机型号	驱动器型号
X	MHMD042G1C	MADHT1507
Y	MSME022G1C	MADHT1507
Z	MSME022G1D	MBDHT2510E
φ	MHMD022G1D	—

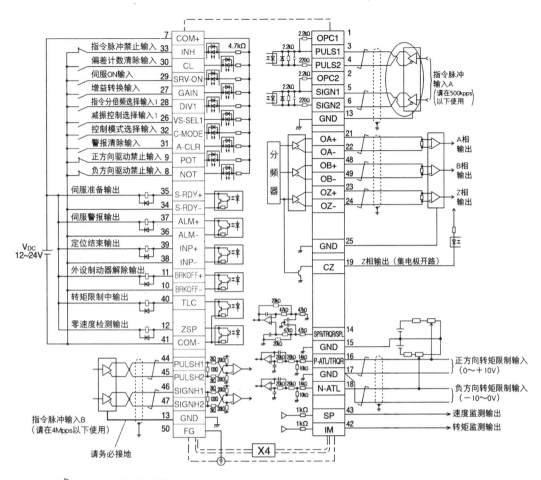

*1. ┴ 表示双股绞合屏蔽线。

*2. 在使用绝对值编码器时连接，但在使用带电池单元的编码器电缆时，请勿连接备用电池。

*3. DC24 V电源请用户自备。此外，DC24 V电源请使用双重绝缘或强化绝缘的设备。

*4. 输出信号请务必通过线性接收器接收。

(注)使用24 V制动器时，DC24 V电源请务必与输入输出信号（CN1）用等电源分开，另行准备其它电源。电源通用时，会导致输入输出信号的误动作。

图 9 – 25　位置控制时接线图

9.6.3　焊接机器人控制系统

1. 主控制器

按照控制系统的要实现的功能可分析得主控制器至少要具有下列功能。

（1）可控制四路伺服电机，需要分别给四路电机发送脉冲和方向信号。

（2）支持触摸屏应用，为与触摸屏相连以及调试阶段与电脑相连有一个串口。

（3）可编程，编程改变焊接路径，使机器人可以适用于不同焊接轨迹的焊接任务。

（4）至少具有数字隔离输入 12 个，分别实现每个轴两端限位以及一个原点信号。

（5）至少具有数字隔离输出 6 路，分别用于实现 Z 轴和 φ 轴制动器的控制，以及四个轴的驱动器使能。

（6）交流伺服电机脉冲频率应可以达到 4 MHz。

考虑应符合以上要求,并至少预留3个I/O口,结合成本,稳定性以及与触摸屏的兼容性,本方案中选择了深圳市雷泰控制技术有限公司开发的SMC6490运动控制器。SMC6490运动控制器可控制最多4个电机同时工作,四个电机可以是步进电机或伺服电机,并且可以提供最高达到5 MHz的脉冲频率可控制四轴电机相对运动完成圆弧插补。除了提供4个电机控制端口,SMC6490还有很多数字输入输出口和其他通信口:四个轴的编码器输入,双路PWM信号输出,16路数字隔离输入,8路数字隔离输出,更可以外接IO扩展卡增加输入输出借口;一个网口、两个串口,SMC6490可以通过网口或串口与上位机通信,上位机可以是计算机、文屏、触摸屏等。SMC6490实物图如图9-26所示。

2. 控制器硬件线路设计

控制系统的硬件线路主要包括以下几个部分:驱动器控制线路、限位信号采集线路、制动器控制线路。本小节将分别对每个部分进行硬件线路设计。

(1)驱动器控制线路

主控制器SMC6490给四个轴交流伺服驱动器发送位置指令,并控制其使能、采集各轴模组的到位信号。主控制器SMC6490与X轴伺服驱动器X4连接器接线如图9-27所示,Y、Z、φ轴伺服驱动器X4连接器与控制器的接线方式完全相同,只是对应所接的控制器脚号不同。

图9-26　SMC6490运动控制器

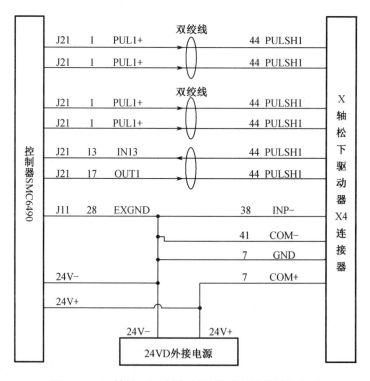

图9-27　X轴松下驱动器X4连接器与控制器接线图

(2)限位信号采集线路

X、Y、Z轴模组有限位开关均需要与主控制器SMC6490相连。Y、Z轴的驱动单元限位开关和控制器的接线方式与 X 轴的一致,只是与控制器连接的相应引脚号有所不同。主控制器于 X 轴模组限位开关接线如图 9 – 28 所示。

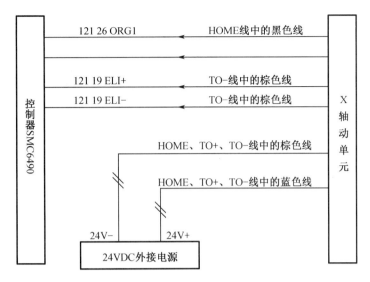

图 9 – 28 主控制器与 X 轴模组限位开关接线图

(3)制动器控制线路

由于 Z 轴为竖直放置,而 φ 轴的焊枪一般离工件最近最容易发生干涉,故 Z 轴和 φ 轴为保证安全性配有制动器。Z 轴和 φ 轴制动器的开合由主控制器控制,制动器与主控制器及其电源间的接线如图 9 – 29 所示。

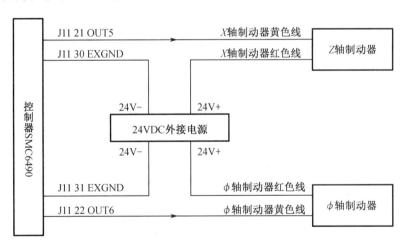

图 9 – 29 主控制器与制动器接线图

3. 控制系统软件设计

触摸屏中嵌入了用 EB8000 开发的用户操作界面,用户可以通过触摸屏对焊接机器人进行控制。焊接机器人的人机交互操作软件的主要功能如图 9 – 30 所示,其中"参数设定""故障诊断"一般为机器出厂前厂家统一设置完成后即设定密码,不交由用户任意改动。"上传下载"功能是触摸屏支持的对外接设备的 G 代码读取和写入 G 代码文件的功能。

"手动操作"只有各轴的电动按钮,无法实现连续运动,故一般只供厂家调试使用,不用于工厂连续生产。工厂生产中为了实现自动化焊接,用户将使用到的操作主要是"自动加工"和"程序编辑"功能。

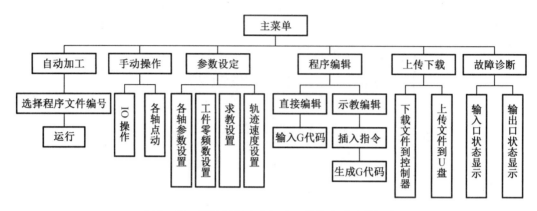

图9-30　焊接机器人人机交互软件主要功能框图

用户操作本控制软件实现自动化焊接的步骤简单易懂,具体步骤如图9-31所示。

用户进入主界面后,若机器内已存有焊接所需要的G代码,则可直接点击"自动加工"进入自动加工界面如图9-32所示,选择所要使用的G代码文件号,直接点击"运行"即可进行加工。

若用户所要进行的焊接任务并未有可用的G代码存储在控制器中,则必须先点击"程序编辑"按钮进入程序编辑界面(图9-33)编写焊接所需要的G代码后,再进入自动加工界面利用编好的G代码进行自动加工。

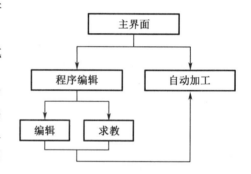

图9-31　自动化焊接实现步骤

编写焊接所需G代码时,可以在程序编辑界面内点击"编辑"按钮直接编写G代码,直接编辑界面如图9-34所示,也可以在程序编辑界面内点击"示教"按钮,通过示教的方式编写G代码,示教界面如图9-34所示。

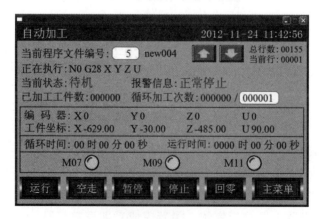

图9-32　自动加工界面

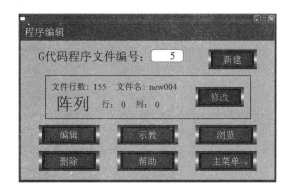

图 9-33 程序编辑界面

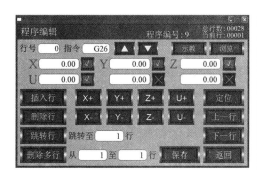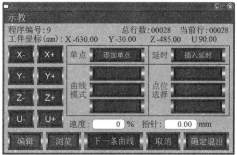

图 9-34 编辑界面(左)及示教界面(右)

9.6.4 系统调试

实验样机单轴实验时,将交流伺服电机驱动器分别与电脑相连,用调试软件设置控制参数,采集电机运行中的相关数据,并绘制出实验曲线。图 9-35 和图 9-36 分别为 X 轴交流伺服电机控制系统实验的速度和位置响应曲线。

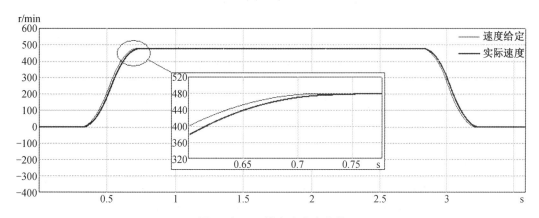

图 9-35 X 轴实验速度曲线

图 9-35 和图 9-36 是根据 X 轴在静止的情况下突加一个 100 mm 位移的移动指令得

到,并且按照一般焊接时的需求将速度设置为 40 mm/s。如图 9 - 35 所示,X 轴电机速度在 0.5 s 内加速到 480 r/min 后保持稳定,并且在电机即将达到给定位置式开始减速,速度曲线成梯形,保证了运行的平稳性,从而保证焊缝平滑。如图 9 - 36 所示,X 轴电机在 2.8 s 内到达给定位置。

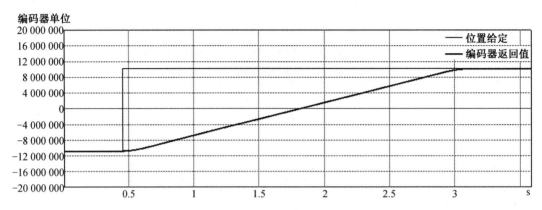

图 9 - 36　X 轴实验位置曲线

　　图 9 - 37 和图 9 - 38 是根据 Y 轴在静止的情况下突加一个 100 mm 位移的移动指令得到,速度设置为 40 mm/s。如图 9 - 37 所示,Y 轴电机速度在 0.4 s 内加速到 480 r/min 后保持稳定。如图 9 - 38 所示,Y 轴电机在 2.6 s 内到达给定位置。

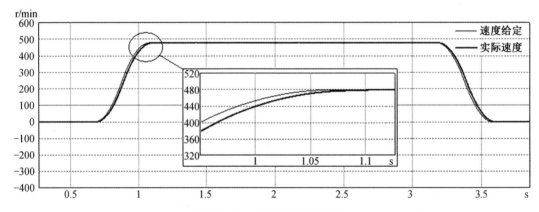

图 9 - 37　Y 轴实验速度曲线

　　图 9 - 39 和图 9 - 40 是根据 Z 轴在静止的情况下突加一个 100 mm 位移的移动指令得到,速度设置为 40 mm/s。如图 9 - 39 所示,Z 轴电机速度在 0.4 s 内加速到 480 r/min 后保持稳定。如图 9 - 40 所示,Z 轴电机在 2.8 s 内到达给定位置。位置响应无超调,无静态误差,与仿真结果相同。

　　4 自由度直角坐标焊接机器人控制系统如图 9 - 41 所示。焊接效果如图 9 - 42 ~ 图 9 - 44 所示,从图中可以看出焊缝表面光滑,焊点整齐,宽窄匀称,满足设计要求。

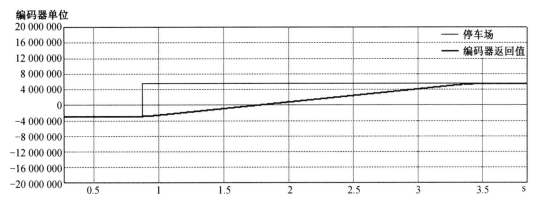

图 9 - 38　Y 轴实验位置曲线

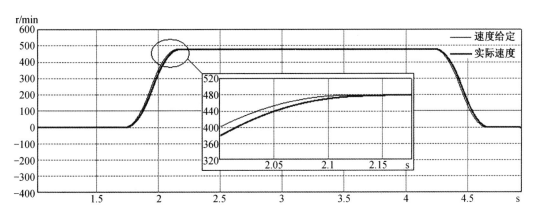

图 9 - 39　Z 轴实验速度曲线

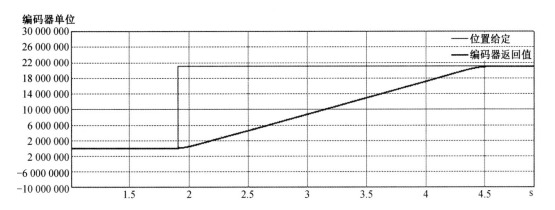

图 9 - 40　Z 轴实验位置曲线

图 9-41　实验样机及配套工装

图 9-42　单条焊缝焊接实物

图 9-43　多焊缝自动焊接　　　　　　图 9-44　大批量焊接实验实物

习　题

9-1　与直流调速相比,交流调速有哪些优缺点?

9-2　说明图 9-3 各部分电路的功能。

9-3　与调压调速相比,变频调速有哪些优点?

9-4　简述 SPWM 的含义。

9-5　简述 SA4828 芯片的功能。